CHEFÃO

CHEFÃO

COMO UM HACKER SE APODEROU DO SUBMUNDO BILIONÁRIO DO CRIME CIBERNÉTICO

KEVIN POULSEN

Editor sênior da Wired.com

ALTA BOOKS
EDITORA
RIO DE JANEIRO, 2013

ISBN: 978-85-7608-772-4

Erratas: No site da editora relatamos, com a devida correção, qualquer erro encontrado em nossos livros. Procure pelo título do livro

Impresso no Brasil

Produção Editorial
Editora Alta Books

Gerência Editorial
Anderson Vieira

Supervisão Gráfica & Editorial
Angel Cabeza

Supervisão de Qualidade Editorial
Sergio Luiz de Souza

Conselho de Qualidade Editorial
Adalberto Taconi
Anderson Vieira
Angel Cabeza
Pedro Sá
Sergio Luiz de Souza

Editoria de Projetos Especiais
Marcelo Vieira

Equipe de Design
Bruna Serrano
Iuri Santos
Marco Aurélio Silva

Equipe Editorial
Ana Lucia Silva
Brenda Ramalho
Camila Werhahn
Claudia Braga
Cristiane Santos
Daniel Siqueira
Evellyn Pacheco
Jaciara Lima
Juliana de Paulo
Licia Oliveira
Milena Souza
Natália Gonçalves
Paulo Camerino
Rafael Surgek
Thiê Alves
Vanessa Gomes
Vinicius Damasceno

Tradução
Artur M. Piva Antoniazzi

Copidesque
Tássia Carvalho

Revisão Gramatical
Vinicius Ulhôa

Diagramação
K2 Design

Capa
Marco Aurélio Silva

Marketing e Promoção
Daniel Schilklaper
marketing@altabooks.com.br

1ª Edição, 2013

Dados Internacionais de Catalogação na Publicação (CIP)

P875c Poulsen, Kevin.
Chefão : como um hacker se apoderou do submundo bilionário do crime cibernético / Kevin Poulsen. – Rio de Janeiro, RJ : Alta Books, 2013.
288 p. ; 23 cm.

Inclui bibliografia.
Tradução de: Kingpin.
ISBN 978-85-7608-772-4

1 1. Crime por computador - Estados Unidos - Estudo de casos. 2. Hackers - Estados Unidos - Estudo de casos. 3. Criminosos comerciais - Estados Unidos - Estudo de casos. I. Título.

CDU 343.232:004(73)
CDD 364.16

Índice para catálogo sistemático:
1. Crime por computador : Estados Unidos 343.232:004(73)
(Bibliotecária responsável: Sabrina Leal Araujo – CRB 10/1507)

Rua Viúva Cláudio, 291 – Bairro Industrial do Jacaré
CEP: 20970-031 – Rio de Janeiro – Tels.: 21 3278-8069/8419 Fax: 21 3277-1253
www.altabooks.com.br – e-mail: altabooks@altabooks.com.br
www.facebook.com/altabooks – www.twitter.com/alta_books

Para Lauren,
minha cúmplice da vida, sem culpa.

SUMÁRIO

TIRAS E CARDERS

Max Vision, nome verdadeiro Max Butler. Comandou o Carders Market sob a alcunha Iceman. Também conhecido como Ghost23, Generous, Digits, Aphex e Whiz.

Christopher Aragon, também conhecido como Easylivin', Karma e Dude. Parceiro de Max no Carders Market, responsável por administrar uma rede lucrativa de cartões de crédito falsos graças aos dados roubados por Max.

Script, vendedor de cartões de crédito ucraniano e fundador do CarderPlanet, o primeiro fórum para carders.

King Arthur, Phisher da Europa Oriental e rei dos saques em caixas automáticos, o qual assumiu o controle do CarderPlanet de Script.

Maksik, o carder ucraniano Maksym Yastremski, que substituiu Script como o maior vendedor de dados de cartão de crédito no submundo.

Albert Gonzalez, também conhecido como Cumbajohnny e SoupNazi. Um administrador do Shadowcrew, o maior site de crimes na internet até o Serviço Secreto derrubá-lo.

David Thomas, também conhecido como El Mariachi. Um velho golpista que comandou um fórum de cartões chamado Griffers como uma operação de recolhimento de informação da inteligência para o FBI.

John Giannone, também conhecido como Zebra, Enhance, MarkRich e Kid. Um jovem carder de Long Island que trabalhou online com Max e com Chris Aragon na vida real.

J. Keith Mularski, também conhecido como Mestre Splyntr, Pavel Kaminski. O agente do FBI em Pittsburgh que assumiu o controle do DarkMarket em uma operação secreta de alto risco.

Greg Cabb, um inspetor dos correios dos Estados Unidos e mentor de Keith Mularski, que passou anos rastreando os ardilosos líderes internacionais do submundo.

Brett Johnson, também conhecido como Gollumfun. Um dos fundadores do Shadowcrew, o qual se tornou um administrador do Carders Market.

Tea, também conhecida como Alenka. Tsengeltsetseg Tsetsendelger, uma imigrante da Mongólia que ajudou a administrar o Carders Market a partir de uma casa de segurança, em Orange County.

JiLsi, Renukanth Subramaniam, o cidadão britânico nascido no Sri Lanka que fundou o DarkMarket.

Matrix001, Markus Kellerer, um administrador alemão do DarkMarket.

Silo, Lloyd Liske, um hacker canadense que se transformou em um informante para a polícia de Vancouver.

Th3C0rrupted0ne, um ex-traficante de drogas e hacker por diversão que trabalhou como administrador do Carders Market.

PRÓLOGO

O táxi estava parado em frente à loja de conveniência no centro de São Francisco. Max Vision pagava o motorista e se desdobrava para sair pela porta traseira do carro com seu 1,95 m e seus cabelos grossos e castanhos, formando um elegante rabo de cavalo. Ele entrou na loja e esperou o táxi desaparecer rua abaixo antes de se lançar em uma caminhada de dois quarteirões até sua casa de segurança.

Ao seu redor, lojinhas e bancas de jornal acordavam sob o céu nublado, e trabalhadores engravatados entravam nas imensas torres de escritórios. Max também ia trabalhar, mas seu trabalho não o traria de volta para casa após nove horas para uma boa noite de sono. Dessa vez, ele ficaria enclausurado por dias. Uma vez colocado o plano em ação, não haveria mais retorno para casa. Nenhuma escapadinha para jantar fora. Nenhum encontro à noite no multiplex. Nada até que ele tivesse terminado.

Este era o dia que ele declarava guerra.

Sua longa marcha o levou ao Post Street Towers, uma grade de 5 cm x 14 cm com janelas salientes idênticas, com cores da ponte Golden Gate. Ele viera a esse conjunto de apartamentos durante meses, dando o seu melhor para se misturar com os estudantes de intercâmbio, atraídos pelos preços baixos de aluguel. Ninguém sabia seu nome — ao menos não o verdadeiro. E ninguém conhecia seu passado.

Aqui, ele não era Max Butler, o criador de problemas do interior movido pela obsessão por um momento de violência que mudaria sua vida, e também não era Max Vision, o autonomeado especialista em segurança de computadores que recebia 100 dólares por hora para reforçar as redes das companhias do Vale do Silício. Ao entrar no elevador do prédio, Max se transformou em outra pessoa: "Iceman" — um líder ascendente em uma economia criminosa responsável pelo roubo de bilhões de dólares de empresas americanas e de consumidores.

E Iceman estava irritado.

Durante meses, ele vasculhou comerciantes ao redor do país, recolhendo pilhas de números de cartões de créditos que deviam valer centenas de milhares de dólares no mercado negro. Mas o mercado estava falido. Dois anos antes, os agentes do Serviço Secreto tinham passado uma escavadeira virtual no maior ponto de encontro do submundo da informática, prendendo os chefões sob a mira de uma arma e enviando os demais para salas de bate-papo e pequenos fóruns da internet — todos vigiados por sistemas de segurança, ao lado de federais e informantes. Foi uma confusão.

Ao sair do elevador, Max parou no corredor para olhar para trás, então andou até a porta do apartamento e entrou no calor opressivo do estúdio alugado. O calor era o maior problema da casa de segurança. Os servidores e os laptops amontoados no local geravam um bafo que se espalhava pela sala. Ele trouxera ventiladores ao longo do verão, mas eles forneciam pouco alívio e deixavam a conta de luz tão alta que o síndico do prédio suspeitava que Max estivesse fabricando drogas. Mas eram apenas máquinas, envoltas a uma rede de cabos, com o mais importante serpenteando em direção a uma antena parabólica gigante, mirando para fora da janela como um rifle sniper.

Ignorando seu desconforto, Max foi para o teclado e treinou um pouco em fóruns da internet, nos quais criminosos da informática se reúnem — cantinas virtuais com nomes como DarkMarket e TalkCash. Por dois dias, ele hackeou, com seus dedos movendo-se a velocidades sobrenaturais conforme ele violava as defesas dos sites, roubando seus conteúdos, logins, senhas e endereços de e-mail. Quando se cansou, apagou sobre a cama dobrável do apartamento por uma ou duas horas, e então retornou, com olhos turvos, ao seu trabalho.

Para terminar, utilizou alguns comandos que limparam o banco de dados dos sites com a mesma facilidade com que um incendiário acende um fósforo. Em 16 de agosto de 2006, ele enviou um e-mail em massa aos usuários dos sites que ele tinha destruído: todos agora eram membros do Cardersmarket.com, do próprio Iceman, de repente o maior mercado criminoso do mundo, com 6 mil usuários efetivos e a única atração da cidade.

Por meio de um ataque, Max minara anos de um cuidadoso trabalho da polícia, revitalizando um submundo criminoso de um bilhão de dólares.

Na Rússia e na Ucrânia, na Turquia e na Grã-Bretanha, e em apartamentos, escritórios e casas pela América, os criminosos acordavam para o anúncio da primeira tomada hostil de poder do submundo. Alguns deles mantiveram armas sob o travesseiro para proteger seus milhões roubados, mas não podiam se proteger disso. O FBI e os agentes do Serviço Secreto, que tinham passado meses ou anos se infiltrando nos agora destruídos fóruns do submundo, liam a mensagem com o mesmo espanto e, por um momento, todos eles — os grandes hackers, os pequenos criminosos russos, os mestres das identidades falsas e os tiras que juraram pegá-los — estavam unidos com um único pensamento.

Quem é Iceman?

CHEFÃO

1

A Chave

Assim que a picape subiu pelo meio-fio, os geeks agachados na calçada sabiam que haveria confusão. "Malditos wavers!", gritou um dos caubóis pela janela. Uma garrafa de cerveja voou da picape e bateu no asfalto. Os geeks, que saíram do bar para conversar sem o barulho da música, já tinham presenciado tudo isso antes. Em Boise, no ano de 1988, ser visto em público sem uma grande fivela de cinto e um chapéu de caubói era uma ofensa digna de garrafadas.

Então, um dos geeks fez algo que os caubóis não esperavam: ele se levantou. Alto e de ombros largos, Max Butler criou uma figura um tanto imponente, realçada por seu corte de cabelo, uma cabeleira punk-rock espetada que o deixava 2,5 cm mais alto. "Waver?", Max perguntou calmamente, fingindo não entender a gíria de Boise para os fãs de música New Wave e para outros malucos. "O que é isso?" Os dois caubóis gritaram e xingaram, e, por fim, foram embora cantando os pneus.

Desde que se conheceram no colegial, Max se tornara o segurança não oficial do grupo de geeks em Meridian, Idaho, uma cidade dormitório na época separada de Boise por 12 km de fazendas mal distribuídas. Os fundadores da cidade a tinham chamado de Meridian um século antes, graças à sua localização exata no Meridiano de Boise, uma das 37 linhas invisíveis no sentido norte-sul que formam os eixos Y no sistema americano de registro de terras. Mas isso era provavelmente a única coisa geek sobre a cidade, onde o time de rodeio do colegial pegava todas as garotas.

Os pais de Max casaram cedo e se mudaram de Phoenix para Idaho quando ele era criança. Em alguns aspectos, Max trazia as melhores qualidades dos pais: Robert Butler era um veterano do Vietnã e fascinado por tecnologia, e, além disso, gerenciava uma loja de computadores em Boise. Natalie Skorupsky era filha de imigrantes ucranianos — humanista e pacífica, ela gostava de relaxar assistindo ao Weather Channel e a documentários sobre natureza. Max herdou os valores de vida saudável de sua mãe, abstendo-se de carne vermelha, cigarros, álcool e drogas, exceto por um experimento malsucedido com tabaco mastigável. De seu pai, Max herdou uma profunda paixão por computadores. Ele cresceu cercado por máquinas exóticas, desde os gigantes computadores para empresas, os quais tinham o dobro do tamanho de uma mesa de escritório, aos primeiros computadores "portáteis", da IBM, do tamanho de uma mala. Max podia brincar com eles livremente. Ele começou a programar em BASIC quando tinha oito anos.

Mas Max perdeu seu chão no momento em que seus pais se separaram quando ele tinha catorze anos. Seu pai se afundou em Boise, enquanto Max vivia em Meridian com sua mãe e com sua irmã mais nova, Lisa. O divórcio acabou com o adolescente e pareceu reduzi-lo a dois estados: relaxado e completamente insano de tédio. Quando seu lado maníaco aflorava, o mundo era lento demais para acompanhá-lo; seu cérebro movia-se à velocidade da luz e se concentrava como um raio laser em qualquer que fosse a tarefa à sua frente. Após tirar a carteira de motorista, ele dirigia seu Nissan prata como se o acelerador fosse um botão de liga e desliga, correndo entre cada placa de pare, usando óculos de laboratório como um cientista maluco conduzindo um experimento sobre a física de Newton.

Enquanto Max protegia seus amigos, eles tentavam proteger Max de si mesmo. Seu melhor amigo, uma criança genial chamada Tim Spencer, achava o mundo de Max emocionante, mas estava constantemente controlando a impetuosidade do amigo. Um dia, ele saiu de casa e encontrou Max parado sobre um gramado em chamas, as quais apresentavam um padrão geométrico elaborado. Max tinha encontrado um galão de gasolina ali perto. "Max, esta é nossa casa!", Tim gritou. Max cuspiu desculpas enquanto os dois tentavam apagar as chamas com os pés.

. . .

Foi por causa do lado impulsivo de Max que seus amigos decidiram não contar a ele sobre a chave.

Os geeks de Meridian tinham encontrado o chaveiro em uma mesa destrancada no fundo do laboratório de química. Por um tempo, eles apenas o observavam entre o vão da gaveta da mesa quando o professor do laboratório não estava, para ver se o objeto ainda estava lá. Até que eles o roubaram, levando-o do laboratório, e começaram a testar as chaves discretamente em várias fechaduras do Meridian High. Foi assim que descobriram ser uma delas a chave-mestra de toda a escola; ela abria a porta da frente e todas aquelas que vinham atrás.

Fizeram quatro cópias, uma para cada um: Tim, Seth, Luke e John. O chaveiro foi devolvido para a escuridão da mesa do laboratório, após ter sido cuidadosamente limpo a fim de retirar as impressões digitais. Todos concordaram que Max não deveria saber de nada. A chave-mestra do colégio é um talismã muito especial, que deve ser manuseado com extremo cuidado — e não utilizado para besteiras. Então, os alunos juraram guardar a chave para um trote épico, no último ano de estudo. Eles entrariam na escola e carregariam o sistema de som, tocando músicas em todas as classes. Até aquele dia, as quatro chaves permaneceriam escondidas, um fardo suportado em silêncio pelos quatro.

Ninguém gostava de esconder segredos de Max, mas eles viam que ele já estava em rota de colisão com os administradores da escola. Zombava da grade curricular e, enquanto os professores escreviam sobre a história ou esboçavam equações na lousa, Max ficava em sua carteira olhando folhetos de computação sobre boletins de sistemas de conexão discada e a internet pré-web. Sua leitura favorita era um boletim informativo sobre hackers online chamado Phrack, um produto do final da década de 1980 sobre o mundo dos hackers. Em seus textos rasos e mal elaborados, Max podia seguir as explorações dos editores Taran King e Knight Lightning, e de contribuidores como Phone Phanatic, Crimson Death e Sir Hackalot.

A primeira geração a desfrutar a era da computação doméstica estava saboreando o poder com a ponta dos dedos, e o *Phrack* foi um choque de informação subversiva de um mundo muito além das fronteiras adormecidas de Meridian. Um exemplar típico trazia tutoriais sobre redes de comutação de pacotes como Telenet e Tymnet, guias para computadores de empresas telefônicas como COSMOS, além de imagens em grande escala de dentro de sistemas operacionais que faziam funcionar mainframes e minicomputadores em salas com ar-condicionado ao redor do globo.

O Phrack também rastreava assiduamente relatórios na fronteira da guerra entre hackers e seus oponentes para aplicação das leis estaduais e federais, as quais apenas começavam a conhecer os desafios impostos pelos hackers de fim de semana. Em julho de 1989, um universitário de Cornell chamado Robert T. Morris Jr. foi enquadrado em uma nova lei federal sobre crimes da informática após ter lançado o primeiro worm da internet — um vírus que se espalhou por seis mil computadores, entupindo a banda da rede e fazendo sistemas pararem. No mesmo ano, na Califórnia, um jovem Kevin Mitnick era preso pela segunda vez por suas atividades como hacker, recebendo um ano de prisão — uma pena surpreendentemente dura para a época.

Max se tornou "Lord Max" nos quadros de aviso de Boise e se aprofundou como hacker de telefonia — uma tradição hacker que data os anos 1970. Quando usava seu modem Commodore 64 a fim de procurar códigos gratuitos para interurbanos, ele teve seu primeiro contato com o governo federal: um agente do Serviço Secreto do escritório de Boise visitou Max na escola e o confrontou com as provas de seus atos como hacker de telefone. Por ser muito jovem, ele não foi condenado, mas o agente o aconselhou a mudar de caminho antes que ele se complicasse de verdade.

Max prometeu que tinha aprendido a lição.

Então, o impensável aconteceu. Ele notou um formato estranho no chaveiro de John e perguntou o que era. John contou a verdade.

Max e John entraram na escola na mesma noite e foram à loucura. Um deles ou ambos rabiscaram mensagens nas paredes, apertaram os extintores de incêndio nos corredores e saquearam o armário trancado no laboratório de química. Max pegou diversos tipos de produtos químicos e os colocou no banco de trás de seu carro.

O telefone de Seth tocou logo cedo na manhã seguinte. Era Max; ele tinha deixado um presente para Seth no jardim de frente da sua casa. Seth saiu e encontrou as garrafas com produtos químicos empilhadas em seu gramado. Em pânico, ele as recolheu e as levou para os fundos, onde pegou uma pá e começou a cavar um buraco.

Sua mãe também saiu e pegou Seth no ato, enterrando a evidência.

"Você sabe que agora eu preciso contar para a escola, certo?", ela disse.

Seth foi levado à sala do diretor e interrogado, mas se recusou a entregar Max. Um a um, os demais geeks da Meridian High foram arrastados pelo segurança uniformizado da escola para serem questionados, alguns até algemados. Quando foi a vez de John, ele entregou todo mundo. A escola chamou a polícia, que encontrou uma mancha amarela de iodo na traseira do Nissan de Max.

O roubo de produtos químicos foi levado muito a sério em Meridian. Max foi expulso da escola e processado como menor de idade. Ele assumiu a culpa por dano a propriedade e roubo, passando duas semanas em uma unidade de tratamento para avaliação psiquiátrica, onde foi diagnosticado pela equipe médica como bipolar. Sua sentença final foi liberdade condicional. Sua mãe o mandou para Boise a fim de que ele morasse com o pai e frequentasse a Bishop Kelly, única escola católica de ensino médio no estado.

A primeira condenação de Max foi pequena. Mas a impulsividade e a maldade corriam na personalidade de Max. E ele estava destinado a possuir várias outras chaves-mestras.

2

Armas Mortais

ESTA *é a Sala de Recreação!!!!*

Esta grande sala escura não tem nenhuma saída óbvia. Uma multidão relaxa com travesseiros em frente a uma tela gigante de TV, e há uma geladeira cheia e um bar.

Essas palavras davam as boas-vindas aos visitantes do TinyMUD, um mundo virtual online dentro de um computador bege do tamanho de um frigobar no chão do escritório de um universitário de Pittsburgh. Em 1990, centenas de pessoas ao redor do globo se projetaram para o mundo por meio da internet. Max, agora no segundo ano na Boise State University, era um deles.

À época, a internet tinha sete anos e por volta de três milhões de pessoas a acessavam por intermédio de aproximadamente 300 mil computadores em campos militares, empresas de defesa e, expandindo-se cada vez mais, também em faculdades e universidades. No mundo acadêmico, a rede foi vista como importante demais para expô-la diretamente aos estudantes, mas isso acabou mudando e, naquele momento, qualquer faculdade decente dos Estados Unidos permitia o acesso online dos alunos. Os MUDs — "multi-user dungeons" — tornaram-se a diversão favorita.

Como quase qualquer coisa na era pré-internet, um MUD era uma experiência puramente textual — um universo todo definido pela prosa e navegável por comandos simples como "north" e "south". TinyMUD era diferente por ser o primeiro mundo online a se livrar do *Dungeons and Dragons* — regras inspiradas que limitavam os primeiros MUDs. Em vez de limitar o poder de criação a administradores e a "mágicos" selecionados, por exemplo, o TinyMUD garantia a todos os seus habitantes a habilidade de alterar o mundo à sua volta. Qualquer um podia criar um lugar só seu, definir as características, demarcar as fronteiras e receber visitantes. Os habitantes adotaram com rapidez a sala de recreação criada pelos usuários como o centro social do mundo, construindo até mesmo suas saídas e entradas conectadas diretamente a lugares do TinyMUD, como o Flat do Ghondahrl, o Palácio da Perversão, de Majik, e outros duzentos lugares.

Outra ausência do TinyMUD era o *D & D* — um estilo de sistema de recompensas que enfatizava o acúmulo de riquezas, o complemento de missões e os assassinatos de monstros. Agora, em vez de batalhas com orcs e definição de suas características com pontos de experiência, os usuários conversavam, flertavam, lutavam e faziam sexo virtual. Libertar o jogo das amarras do universo Tolkieniano o tornou mais parecido com a vida real, fazendo com que ficasse ainda mais viciante. Uma piada popular dizia que MUD significava "multi-undergraduate destroyer" (destruidor de universitários em massa — em tradução livre). Para Max, isso se provaria mais do que uma simples piada.

Sob a insistência de Max, sua namorada, Amy[1], se juntou a ele em um dos TinyMUDs. O original, na Carnegie Mellon University, fechara em abril. Mas, àquela altura, o mesmo software gratuito abastecia diversos MUDs sucessores pela rede. Max se tornou Lord Max, e Amy assumiu o codinome Cymoril, heroína trágica na série de livros e contos Elric de Melniboné, de Michael Moorcock, uma das favoritas de Max.

Nas histórias, Cymoril é a amada de Elric, um albino fraco transformado em um terrível mago imperador pelo poder de uma espada mágica chamada Stormbringer. Para Max, a espada mágica fictícia era uma metáfora do poder de um computador — se manipulado corretamente, pode transformar um homem comum em um rei. Mas, para Elric, a Stormbringer também foi uma maldição: ele ficou preso a ela, lutando para domá-la, e, no fim, foi definitivamente dominado por ela.

O épico romance condenado que Elric mantinha com Cymoril representava bem a visão plena e descomprometida de amor romântico que Max criara

---

[1] Amy não é seu nome real.

após o divórcio de seus pais: Cymoril encontra seu destino durante uma batalha entre Elric e seu primo odiado, Yyrkoon. Cymoril implora para que Elric coloque a Stormbringer na bainha e pare a luta, mas ele, possuído pela raiva, continua, atingindo Yyrkoon com um golpe mortal. Em seu último suspiro, Yyrkoon desfere uma vingança desoladora, puxando Cymoril para cima da ponta da Stormbringer.

> *Então, a verdade sombria pousou em seu cérebro que se clareava, e ele gemia de dor, como um animal. Matara a mulher que amava. A espada caiu de seu punho, manchada com o sangue de Cymoril, e foi batendo escada abaixo. Agora soluçando, Elric abaixou-se ao lado da garota morta e a levantou em seus braços.*
>
> *"Cymoril", ele gemeu, seu corpo todo latejando. "Cymoril, eu matei você".*

Quando Amy o encontrou pela primeira vez, ela pensou que Max fosse um punk do tipo descolado e rebelde — diferente da multidão habitual de Boise. Mas, conforme eles passavam mais tempo juntos, ela começou a ver um lado mais sombrio e obsessivo de sua personalidade, especialmente após ele apresentá-la à internet e ao TinyMUD.

No começo, Max estava emocionado por sua namorada compartilhar da mesma paixão pelo mundo online. Mas, quando Amy começou a fazer seus próprios amigos no MUD, incluindo rapazes, ele tornou-se ciumento e combativo. Para Max, não fazia diferença se Amy o traía no mundo virtual ou no real: era traição do mesmo jeito. Ele tentou impedi-la de se conectar, mas ela se recusou, fazendo com que o casal discutisse não apenas online, mas também offline.

Por fim, Amy se cansou; eles estavam brigando por causa de um jogo de computador idiota? Em uma noite de quarta-feira, no começo de outubro de 1990, o casal estava em uma sala de outro usuário no TinyMUD quando Amy finalmente disse a Lord Max que não tinha tanta certeza de que eles, no fim das contas, haviam sido feitos um para o outro.

Foi a primeira relação séria de Max, e sua reação foi poderosa. Eles tinham jurado passar a vida juntos. Agora ambos deveriam morrer, e não apenas se separar, ele escreveu no MUD. Então ele deu detalhes, dizendo a ela como iria matá-la. Os outros usuários assistiam a tudo com uma apreensão crescente conforme sua fúria assumiu um tom de uma ameaça séria. O que eles deveriam fazer?

Um dos magos do mundo virtual conseguiu o endereço IP de Max a partir do servidor — um identificador único que era facilmente rastreado até a Boise State University. Os jogadores de MUD procuraram o número do telefone do Departamento de Xerife do Condado de Ada em Boise e avisaram que um potencial caso de homicídio-suicídio se desenhava.

O ano tinha começado de forma esperançosa para Max. Ele se sobressaiu no emprego de meio período que seu pai havia lhe dado na loja de computadores, HiTech Systems, fazendo serviço de escritório, entregas com a van da empresa, além de montar computadores na loja. E ele deu um jeito de ficar livre das violações da condicional — embora tivesse parado de tomar sua medicação bipolar; seu pai não o queria drogado e, de qualquer forma, Max não concordou com o diagnóstico.

Ele começou a namorar Amy em fevereiro de 1990, quatro meses depois de encontrá-la no Zoo, uma danceteria em Boise que reunia jovens menores de idade. Um ano mais nova que Max, ela era loira com olhos azuis, e ele a viu pela primeira vez nos braços de seu amigo Luke Sheneman, um daqueles que tinham a chave do Meridian. Quando Max concluiu o último ano do ensino médio, as coisas começaram a ficar mais sérias.

Ele não escondia seus sentimentos, e sua devoção por Amy era absoluta. Ela planejava estudar na Boise State University, então Max se matriculou lá, adiando seu sonho de estudar na CMU ou no MIT. Ele a levou para casa com o intuito de conhecer seu computador e acabaram jogando Tetris juntos. A relação entre os dois era tudo o que a de seus pais não tinha sido. Ambos achavam que jamais terminaria.

Seus velhos amigos mal conseguiram vê-lo nas férias de verão. E, no outono, as aulas retornaram na Boise State. Max decidiu se formar em ciências da computação e se inscreveu para diversos cursos: cálculo, química e uma aula de informática sobre estrutura de dados. Como todos os estudantes, ele recebeu uma conta para o sistema compartilhado UNIX da escola. Como alguns deles, ele começou a hackear o computador imediatamente. O caminho de Max foi facilitado por outro aluno, David, que já abrira terreno para várias contas da faculdade. Eles passaram horas na sala de computadores da BSU, olhando para o verde texto luminoso dos terminais e batendo nos teclados barulhentos. Entravam nas caixas de e-mail da faculdade enquanto mantinham longas conversas silenciosas, enviando e recebendo mensagens pela sala por meio do computador. David lutava para acompanhar a mente acelerada de Max bem como sua velocidade de digitação, e Max sempre ficava impaciente. "O que você está esperando?", Max digitava quando David ficava para trás na conversa. "Responda".

Uma pequena atividade hacker local era tolerada pelos administradores. Mas então Max começou a cutucar as defesas de outros sistemas de internet, causando-lhe um breve banimento dos computadores da BSU. Quando seu acesso foi liberado, ele estava de volta ao TinyMUD, brigando com Amy.

O xerife ligou para o administrador da rede da BSU às duas da manhã a fim de avisá-lo sobre a ameaça de homicídio-suicídio. A polícia queria uma cópia dos arquivos do computador de Max para procurar evidências — um pedido que causou difíceis questões sobre privacidade para a faculdade. Após algumas discussões com o advogado da universidade, os administradores decidiram não entregar nada voluntariamente. Em vez disso, eles preservariam os arquivos de Max em uma fita e o excluiriam do computador de uma vez por todas.

Amy estava preocupada com o que Max poderia fazer em seguida, mesmo se terminasse com ele aos poucos. Ela ainda se importava com Max; além disso, testemunharia mais tarde, e estava preocupada que ele realmente se machucasse.

Max continuou a ligar para ela após o incidente no TinyMUD, e as conversas seguiam um padrão previsível. Max começaria bem — mostrando o lado amigo, de quem se importa, o qual seus amigos e sua família conheciam bem. Então, ele passaria a sentir pena de si mesmo e a fazer ameaças antes de desligar com raiva.

Em 30 de outubro, Max disse a Amy que queria falar com ela pessoalmente. Ainda esperando encerrar o relacionamento de forma amigável — ela estava fadada a encontrar Max no campus, e não queria que ele a odiasse —, Amy concordou em aparecer.

Max tinha acabado de se mudar de volta para a casa de sua mãe, em Meridian, uma casa com estilo de rancho em uma rua tranquila, a um quarteirão de sua antiga escola. Ele se encontrou com Amy na porta e, após garantir a ela que não faria loucura alguma, ela o seguiu até seu quarto, nos fundos da casa. Sua mãe não estava, e sua irmã de catorze anos assistia à TV.

Sua cama ainda estava desmontada, então eles sentaram no colchão, sobre o chão, e começaram a expor seus sentimentos. Amy confessou que conhecera outro garoto no TinyMUD. Seu nome era Chad e morava na Carolina do Norte. O relacionamento tinha ido além do teclado; eles trocaram fotos pelo correio e ela ligava para ele.

Max lutou para controlar as emoções, segurando as lágrimas. Ele se sentiu traído, disse. Ao mesmo tempo, quase não conseguia acreditar no que ouvia. Ele pediu pelo número do telefone de Chad, pegou um cartão telefônico e ligou para seu rival online.

Uma tensa ligação a três se seguiu; Max se apresentou a Chad e, então, deixou que Amy assumisse a situação. Ela contou a Chad como se sentia. Depois, Chad pediu o número do telefone de Amy. Ela o fez, e a conversa assumiu um tom descompromissado, que apenas serviu para deixar Max mais agitado. Ele agarrou o fone e desligou.

Amy observava Max cuidadosamente, enquanto sua respiração se intensificava e seus olhos rolavam pelo quarto.

"Eu vou te matar", ele finalmente disse. "Eu vou — você vai morrer agora".

Ela disse a Max que não se sentia como se o tivesse traído e que não se desculparia. Max começou a tremer. Em seguida, suas mãos estavam em volta da garganta dela e ele a empurrava para baixo, em direção ao colchão.

"Certo", Amy disse. "Por que você não me mata, então?"

Uma vez recuperado seu autocontrole, Max queria que Amy saísse da sua frente. Ele a tirou do colchão, empurrou-a para fora do quarto e a arrastou para fora de casa pela porta da frente.

"Vá, agora", ele disse. "Só saia daqui, porque eu não quero te matar. Mas eu posso mudar de ideia". Amy pulou em seu carro e saiu rapidamente.

Enquanto voltava para Boise, ela repassava o acontecido em sua cabeça. Imersa nos pensamentos, não viu o outro carro até que batesse nele com um solavanco e ouvisse o triturar do metal contra metal.

Ambos os carros ficaram destruídos, mas ninguém se feriu gravemente. Quando os pais de Amy souberam do confronto na casa de Max, começaram a temer pela vida da filha. Uma semana após o acidente, Amy foi à polícia, e Max foi preso.

Max disse aos amigos que Amy estava exagerando sobre o incidente. Na versão de Amy, Max a tinha mantido presa em seu quarto por uma hora, suas mãos voltando à garganta dela repetidamente, chegando quase a sufocá-la. Na versão de Max, ele colocara seus dedos, de modo frouxo, em volta da garganta de Amy por um minuto, mas ele não a sufocara, e ela estava livre para sair. Amy disse que Max continuava a ligar para ela obsessivamente após o incidente, fazendo mais ameaças; Max disse que a deixou em paz após expulsá-la de casa. Até onde ele sabia, Amy o estava sacrificando para escapar da culpa pelo acidente de carro.

O promotor do condado ofereceu a Max um acordo por mau comportamento. Mas, um mês antes de receber a sentença de 45 dias do juiz, Max — livre de sua pena — viu Amy andando de mãos dadas com um novo namorado pela University Avenue.

De novo, as emoções de Max superaram sua razão. Por um impulso, ele pegou a van da loja de seu pai e estacionou em um terreno. Seu corpo estava enrijecido de tensão enquanto os seguia a pé.

"Olá", ele disse.

"Você não deve chegar perto de mim", Amy protestou.

"Você não se lembra do que vivemos juntos?"

O companheiro de Amy levantou a voz, e Max lhe deu um aviso: "Melhor tomar cuidado, amigo", partindo em seguida. Instantes depois, o ronco de um motor. Max tinha voltado à van, correndo pela rua em direção ao casal na calçada. Ele passou perto de Amy o suficiente para que ela sentisse o vento da van enquanto esta arrancava.

O acordo foi condenado. O promotor estendeu a lei para atingir Max com uma acusação de agressão com arma mortal — suas mãos. Foi algo questionável: as mãos de Max não eram mais mortais do que as de qualquer outra pessoa.

O ministério público ofereceu-lhe um novo acordo: nove meses de prisão, se Max admitisse ter sufocado Amy. Ele se recusou. Após um julgamento de três dias, e apenas uma hora e meia de discussão, o júri o considerou culpado. No dia 13 de maio de 1991, Tim Spencer e outros geeks do Meridian High foram ao tribunal e viram a juíza Deborah Bail condenar seu amigo a cinco anos de prisão.

3

Os Programadores Famintos

Max encontrou a casa de Tim Spencer empoleirada no topo das colinas que separam as áreas suburbanas da Península de São Francisco das cidadezinhas tranquilas e pouco desenvolvidas agarradas à costa do Pacífico. Mas "casa" era uma palavra muito pequena. Era uma casa de campo, dois mil metros quadrados espalhados por cinquenta hectares de terreno observando do alto a sonolenta cidadezinha costeira de Half Moon Bay. Max passou pelas colunas da entrada que davam para uma porta dupla e entrou na cavernosa sala de estar, onde uma parede curva de janelas alongava-se do chão até o teto.

Isso ocorreu um ano após sua condicional, e Max fora a São Francisco para recomeçar. Tim e alguns de seus amigos de Idaho alugavam a casa que eles chamavam de "Solar dos Famintos", nome em referência à primeira empresa que abriram quando se mudaram para a região da baía um ano antes. Eles tinham planejado entrar para a economia do Vale do Silício por meio de um negócio de consultoria de informática chamado Programadores Famintos — que vão codificar para comer. Em vez disso, o vale alçou rapidamente os geeks ao emprego por período integral, e a Programadores Famintos transformou-se em um clube não oficial para os amigos de Tim da época do Meridian High e da Universidade de Idaho, duas dúzias no total. O Solar dos Faminto era a casa de festas do grupo e lar de cinco deles. Max seria o sexto.

Ele entrou no solar com poucos pertences, mas muita bagagem, com um profundo ressentimento sobre o tratamento que recebeu da justiça. Em 1993, enquanto cumpria seu segundo ano de prisão, a Corte Suprema de Idaho julgou um caso parecido de que mãos "ou outras partes do corpo ou apêndices" não podiam ser considerados armas mortais.

Isso significava que Max jamais deveria ser condenado por lesão corporal grave. Apesar da decisão, o apelo de Max foi negado por razões processuais: a juíza reconheceu que Max não era tecnicamente culpado pela agressão por que estava pagando a pena, mas seu antigo advogado não fez a apelação dentro do prazo, e agora era tarde demais.

Quando Max finalmente recebeu a condicional, em 26 de abril de 1995, ele saiu sabendo que cumprira uma pena de mais de quatro anos na Penitenciária do Estado de Idaho por algo que, pela lei, deveria ter sido uma pena de seis dias na cadeia do condado. Ele passara por maus bocados em função de uma decisão judicial injusta, enquanto, além das grades da prisão, seus amigos terminavam a faculdade, recebiam seus diplomas e deixavam Idaho para iniciar carreiras promissoras.

Ele tinha se mudado com seu pai para perto de Seattle, e Tim, Seth e Luke vieram de São Francisco para uma festa com os velhos geeks do Meridian High. Eles se impressionaram com o porte físico de Max conquistado na prisão e com seu aparente otimismo sem limites, apesar de não ter diploma algum e carregar uma condenação grave por agressão em sua ficha criminal. Max sabia que era uma época de oportunidades: um cientista da computação britânico tinha criado a World Wide Web três meses depois da sentença de Max. Agora havia quase 19 mil sites, incluindo um para a Casa Branca. Provedores de internet discada faziam-se presentes em todas as grandes cidades, e a America Online e a CompuServe estavam adicionando acesso a web em suas ofertas.

Todo mundo ficava online; Max não era mais o esquisitão viciado em uma rede que ninguém tinha ouvido falar. Acontece, agora, que ele estava na cabeça de um pelotão que crescia para incluir milhões de pessoas. Ainda assim, graças à sua ficha, Max lutou para conseguir um emprego com computadores em Seattle, trabalhando em cargos estranhos como suporte técnico por intermédio de uma agência temporária.

Online, Max se divertia em vizinhanças barras-pesadas. Procurando pelos desafios técnicos que seus cargos lhe negavam, retornou a uma rede de salas de bate-papo chamada IRC, Internet relay chat, um vestígio sobrevivente da velha internet dos seus tempos de adolescência. Quando esteve na prisão, o IRC era o ponto de encontro social mais procurado. Mas, com a popularização da internet, a maioria dos usuários migrou para os programas de conversação instantânea, mais simples de usar, e para salas de bate-papo da web. Aqueles que permaneceram no IRC tendiam a ser geeks hardcore ou pessoas de má reputação — hackers e piratas explorando os túneis esquecidos e os corredores abaixo da superfície da internet comercializada, que crescia sobre eles.

Max se imaginava como uma presença invisível, espectral, no ciberespaço. Ele escolheu "Ghost23" como sua identidade no IRC — 23 era seu número da sorte, e, entre outros significados, estava o hexagrama I Ching representando o caos. Ele entrou para o universo da pirataria do IRC, no qual aqueles que zombam da lei criam sua reputação pirateando músicas, softwares e jogos pagos. Lá, as habilidades computacionais de Max encontraram um público apreciativo. Max encontrou um servidor de arquivos FTP desprotegido em um provedor de internet em Littleton, Colorado, e o transformou em um esconderijo de softwares roubados para ele e seus amigos, repleto de cópias piratas de programas como NetXray, Laplink e pcAnywhere, da Symantec.

Isso foi um erro. O provedor notou o roubo de banda larga e seguiu os uploads de Max até os escritórios corporativos da CompuServe, em Belevue, onde Max acabara de começar a trabalhar como temporário. Ele foi demitido. Quase um ano após sair da prisão, seu nome estava sujo.

Foi aí que Max decidiu recomeçar, mais uma vez, no Vale do Silício, onde a economia computacional estava definitivamente madura, e um gênio dos computadores podia escolher um emprego sem ser perguntado sobre o passado.

Ele precisaria de um novo nome, imaculado de suas loucuras do passado. Max era conhecido por um apelido, abreviado de uma revista ciberpunk que ele fizera na máquina de escrever da prisão: *Maximum Vision*. Era um nome claro e otimista que exemplificava tudo o que ele queria ser, além de cristalizar sua clareza e sua esperança.

Enquanto via Seattle distanciando-se por seu espelho retrovisor, ele disse adeus a Max Butler. De agora em diante, ele seria Max Ray Vision.

. . .

Max Vision achou boa aquela vida no Solar dos Famintos. Cercado por pradarias por todos os lados, a casa tinha duas alas, quatro quartos, um quarto para empregada, uma sala de jantar completa, um curral e um forno de tijolo para assar pizza, além de uma churrasqueira interna em uma sala ventilada ao lado da vasta cozinha iluminada por luz solar. Os Famintos haviam transformado a biblioteca em um laboratório de informática e sala de servidores, abarrotando-a de diversos computadores para jogos que eles mesmos montaram. Passaram cabos de rede por todos os cômodos, alimentando-os com um link de conexão de alta velocidade que fez com que a companhia telefônica tivesse que paralisar parcialmente a autoestrada 92 para que ela passasse os cabos ao lado da pista. Um aparelho telefônico vintage conectava a ala oeste com a leste. Como toque final, um dos programadores Famintos trouxe uma banheira de água quente e a colocou no solo, sob as estrelas.

Max não poderia pedir por uma plataforma de lançamento melhor para sua nova vida. Um dos moradores do solar conseguiu-lhe um emprego como administrador de sistemas na Mpath Interactive, uma nova empresa de jogos de computadores no Vale do Silício, a qual recebia grande capital de risco. Ele mergulhou de cabeça no emprego. Desafiando o estereótipo de nerd de computador, deu o melhor de si em suas funções como suporte. Ele gostava de ajudar as pessoas.

Mas não demorou para que seus problemas em Seattle chegassem até ele. Uma manhã, um intimador apareceu em seu cubículo para lhe entregar uma ação judicial de 300 mil dólares, movida pela Software Publishers Association — um grupo industrial que havia decidido usar os atos de pirataria de Max para enviar um recado. "Esta ação é um aviso aos usuários da internet que acreditam que podem infringir os direitos autorais dos softwares sem medo de ser expostos ou de receber uma punição", a associação proclamou em uma nota para a imprensa.

Como primeira ação judicial desse tipo, o caso gerou a Max Butler um pequeno artigo na revista *Wired* e uma menção em uma audiência do congresso sobre pirataria na internet. No entanto, Max Vision saiu dessa completamente ileso — poucos que o conheciam em sua vida nova fizeram a conexão com o homem nomeado na ação judicial.

Passado o interesse da imprensa, a SPA estava disposta a encerrar o caso sem alarde por 3,5 mil dólares e uma consultoria computacional gratuita. Toda essa situação trouxe até mesmo uma cereja no bolo. Max foi apresentado ao FBI.

Chris Beeson, um jovem agente integrante da equipe de crimes computacionais de São Francisco, deu a deixa para Max. O FBI poderia utilizar a assistência de Max para navegar pelo submundo computacional. Os hackers de fim de semana não eram mais o alvo da agência, ele disse. Havia uma forma nova, mais perigosa, de crime computacional surgindo: criminosos "de verdade". Eles eram ladrões virtuais, pedófilos, até mesmo terroristas. O FBI não mais procurava por pessoas como Max e sua laia. "Nós não somos o inimigo", disse Beeson.

Max queria ajudar, e, em março de 1997, ele foi oficialmente integrado no programa de Informantes Criminais do FBI. Seu primeiro relatório escrito para a agência foi um curso de introdução sobre o código de um vírus, a pirataria e a situação dos hackers de computadores. Seu relatório seguinte, dez dias depois, destrinchava sites comprometidos de transferência de arquivos — como aquele que ele tinha explorado em Seattle — e uma gangue de pirataria de música chamada Rabid Neurosis que estreara em outubro passado, com um lançamento pirateado do disco *Ride the Lightning*, do Metallica.

Quando Max colocou as mãos sobre uma versão pirata do AutoCAD, circulada por uma equipe chamada SWAT, o FBI o recompensou com um pagamento de 200 dólares. Beeson fez com que Max assinasse o recibo com o código da agência para seu novo ativo: o Equalizer.

Max tinha gostado do agente do FBI e o sentimento parecia ser mútuo. Nenhum dos dois sabia que Chris Beeson, um dia, colocaria seu Equalizer atrás das grades novamente, iniciando a transformação de Max em um daqueles criminosos "de verdade" que Beeson esperava prender.

4

O White Hat

Max construía sua nova vida em um momento de profundas mudanças no mundo hacker.

As primeiras pessoas a se identificarem como hackers foram os estudantes de software e eletrônica do MIT, na década de 1960. Eles eram jovens espertos, com uma abordagem irreverente e antiautoritária com relação à tecnologia da qual seriam pioneiros — um contrapeso maltrapilho para a cultura infeliz, de jaleco, a qual seria sintetizada pelos tipos como a IBM. Os trotes faziam parte da cultura hacker, assim como a pirataria de telefone — a exploração normalmente ilegal das portas dos fundos proibidas das redes telefônicas. Mas hackear era, acima de tudo, um esforço criativo, que seria um momento divisor de águas na história da computação.

A palavra "hacker" assumiu uma conotação mais obscura no início dos anos 1980, quando os primeiros computadores domésticos — os Commodore 64, os TRS-80, os Apples — chegaram aos quartos dos adolescentes nos subúrbios e nas cidades ao redor dos Estados Unidos. As próprias máquinas eram um produto da cultura hacker; o Apple II, e todo seu conceito de computação doméstica, nasceu de dois piratas de telefone chamados Steve Wozniak e Steve Jobs. Mas nem todos os adolescentes se contentavam com as máquinas, e, na impaciência da juventude, eles não estavam inclinados a esperar até a faculdade para se aprofundar no poder de processamento verdadeiro ou explorar as redes mundiais que podiam ser alcançadas com uma ligação no guinchar de um modem. Então, eles iniciaram incursões ilícitas a sistemas corporativos, governamentais e acadêmicos, e deram seus primeiros passos hesitantes na ARPANET, a precursora da internet.

Quando esses primeiros jovens invasores começaram a ser pegos em 1983, a imprensa nacional saiu à procura de uma palavra para descrevê-los, escolhendo uma que as crianças tinham dado a elas: "hackers". Como a geração anterior de hackers, elas forçavam os limites da tecnologia, burlando o estado e fazendo coisas que deveriam ser impossíveis. Entretanto, para elas, isso evoluiu rumo à violação de computadores corporativos, à tomada de interruptores telefônicos e à invasão de sistemas governamentais, universidades e redes de defesa. A geração anterior não gostou da comparação, mas, daquele momento em diante, a palavra "hacker" teria dois significados: um programador talentoso que começou na função por conta própria, e um invasor de computadores de fim de semana. Para deixar tudo mais confuso, muitos deles eram ambos.

Agora, no meio dos anos 1990, a comunidade hacker dividia-se novamente. O FBI e o Serviço Secreto tinham prendido invasores famosos como Kevin Mitnick e Mark "Phiber Optik" Abene, um pirata telefônico de Nova York, e a perspectiva de prisão estigmatizou a invasão recreativa, elevando o risco muito além das recompensas egocêntricas e de aventura. O ímpeto de invadir computadores também diminuía: a internet estava aberta a qualquer um agora, e os computadores pessoais ficaram poderosos o suficiente para rodar os mesmos sistemas operacionais e as linguagens de programação que abasteciam as grandes máquinas negadas aos amadores. Acima de tudo, era possível ganhar dinheiro de verdade defendendo computadores para que ninguém os atacasse.

Invadir sistemas saía de moda. Aqueles que possuíam uma mente hacker estavam rejeitando, de forma crescente, a invasão e migrando para um legítimo trabalho com segurança. E os invasores começaram a pendurar seus chapéus pretos para se juntarem a eles. Eles se transformaram nos "hackers de chapéus brancos" — em referência aos antigos heróis com queixos quadrados dos filmes de faroeste —, usando suas habilidades com computadores para o lado da verdade e da justiça.

Max se considerava um dos chapéus brancos. Procurar por novos tipos de ataques e vulnerabilidades emergentes estava agora na descrição de seu cargo, e, como Max Vision, ele começava a contribuir com algumas listas de e-mail sobre segurança computacional, nas quais os últimos desenvolvimentos eram discutidos. Mas ele não podia exorcizar completamente o Ghost23 de sua personalidade. O fato de ele continuar invadindo sistemas era um segredo dividido pelos amigos de Max. Quando ele encontrava algo novo ou interessante, não via mal algum em experimentar.

Um dia, Tim estava trabalhando quando recebeu uma ligação de um envergonhado administrador de sistemas de outra empresa que rastreara uma invasão a partir do Hungry.com — a casa online dos Programadores Famintos, onde eles hospedavam projetos, exibiam seus currículos e mantinham endereços de e-mail que permaneciam os mesmos ao longo das mudanças de empregos e de outros percalços. Havia dezenas de geeks no sistema compartilhado, mas Tim logo soube quem era o responsável. Ele colocou o administrador em espera e ligou para Max.

"Pare de hackear. Agora", ele disse.

Max gaguejou uma desculpa — era o terreno em chamas acontecendo de novo. Tim retornou à outra linha, na qual o administrador de sistemas alegremente relatou que o ataque não aparecia mais nas trilhas.

A reclamação surpreendeu e confundiu Max — se seus alvos soubessem que cara bom ele era, eles não causariam problemas por umas invasões inofensivas. "Max, você precisa de permissão", Tim explicou. Ele deu um conselho de vida. "Veja, apenas imagine que todos estão de olho em você. Essa é uma boa forma de assegurar que você faz o que é certo. Se estivesse parado ali, ou se seu pai estivesse ali, você se sentiria da mesma forma fazendo isso? O que nós diríamos?"

Se havia algo de que Max sentia falta em sua vida nova era um parceiro para compartilhar. Ele conheceu Kimi Winters, de dezenove anos, em uma rave chamada Warmth, realizada no primeiro andar de um depósito vazio da cidade — Max se tornara figurinha carimbada no cenário das raves, dançando com uma graça fluida e surpreendente, girando seus braços como um autêntico malabarista de rave. Kimi era estudante de uma faculdade comunitária e barista de meio período. Trinta centímetros mais baixa que Max, ela ostentava uma aparência andrógina em seu agasalho preto com toca, o qual ela gostava de usar quando saía. Mas, olhando com mais cuidado, ela era definitivamente fofa, com bochechas de maçã e pele cor de cobre, herdado de sua mãe sul-coreana. Max convidou Kimi para uma festa em sua casa.

As festas no Solar dos Famintos eram lendárias, e, quando Kimi chegou, a sala de estar já estava lotada com dezenas de convidados das turmas de computação do Vale do Silício — programadores, administradores de sistemas e web designers. Max se alvoroçou quando a viu. Ele a levou para uma volta pela casa, mostrando os equipamentos geeks que os Programadores Famintos tinham conseguido.

O passeio terminou no quarto de Max, na ala leste. Devido a toda grandiosidade da casa, o quarto dele tinha o charme de uma cela de um monge — nenhum móvel, mas com um futon no chão, nenhum conforto além de um computador. Para a festa, Max treinara fazer um aguardente de hortelã nas cores azul e vermelha — seu único vício. Kimi voltou para jantar na noite seguinte, e havia um único item em seu cardápio vegetariano: massa de biscoito crua. Ele cortou a massa açucarada em pedaços e a serviu para sua convidada com o aguardente. Por que, afinal de contas, alguém *não* comeria massa crua de biscoito para o jantar, dadas as condições?

Kimi ficou intrigada. Max precisava de tão pouco para ser feliz. Ele era como uma criança. Quando seu aniversário chegou, logo após a festa, ela lhe enviou uma caixa de balões decorada em seu escritório na Mpath, e Max quase foi às lágrimas pelo gesto.

Ela era sua "garota dos sonhos", ele lhe disse mais tarde. Ambos, então, começaram a conversar sobre construir uma vida juntos.

Em setembro, o senhorio do Solar dos Famintos, descontente com o estado de conservação do imóvel, pediu a casa de volta, e, após uma última tentativa frustrada de ficar com a mansão comunitária, os Famintos se espalharam por casas de aluguel ao redor da baía. Max e Kimi ficaram juntos em um lugar em Mountain View, um estúdio apertado em um complexo de apartamentos parecidos com um quartel ao lado da rodovia 101, a principal via congestionada do Vale do Silício.

Max retomou seu trabalho para o FBI, e seu fascínio pelo IRC o levou a uma nova oportunidade — sua chance de despontar como um hacker chapéu branco. Ele fizera um amigo nas salas de bate-papo, o qual iniciava um verdadeiro negócio de consultoria em São Francisco e estava interessado em contar com Max. Ele foi até a cidade para visitar Matt Harrigan, também conhecido como "Digital Jesus".

Harrigan, de apenas 22 anos, era um dos quatro chapéus brancos que teve seu perfil em uma matéria de capa da *Forbes* no ano anterior, e ele utilizou sabiamente seus quinze minutos de fama para juntar o dinheiro inicial para um negócio: uma loja destinada a hackers profissionais no distrito financeiro de São Francisco.

A ideia era simples: corporações pagariam sua empresa, a Microcosm Computer Resources, para colocar suas redes sob um ataque hacker de verdade, culminando em um relatório detalhado sobre os pontos fortes e fracos da segurança do cliente. O negócio de "teste de penetração" — como era chamado — tinha sido dominado pelas cinco grandes empresas de contabilidade, mas Harrigan já conseguia clientes ao admitir algo que nenhum escritório de contabilidade anunciaria: que sua experiência veio do hacker da vida real, e ele estava contratando livremente outros ex-hackers.

A MCR cobraria entre 300 e 400 dólares por hora, Harrigan explicou. Max trabalharia como subempreiteiro, ganhando entre 100 e 150 dólares. Tudo para fazer duas das coisas de que ele mais gostava no mundo: hackear de forma destruidora e escrever relatórios.

Max tinha encontrado seu nicho. Sua mentalidade única o tornou um ser nativo do teste de penetração: ele era imune a frustrações, martelando a rede do cliente por horas, indo de um ataque vetor a outro até que encontrasse um modo de entrar.

Com Max ganhando dinheiro de verdade na MCR, Kimi largou o emprego como barista e encontrou um emprego mais gratificante, ensinando alunos autistas. O casal se mudou do apartamento apertado em Mountain View para um duplex em San Jose. Em março, casaram-se em uma igreja em um campus de uma faculdade em Lakewood, Washington, onde a família de Kimi morava.

Tim Spencer e a maioria dos Programadores Famintos foram até Washington para ver seu filho problemático se casar. Os pais de Max, sua irmã, a família de Kimi, dezenas de amigos e suas famílias por extensão apareceram para a cerimônia. Max vestia um smoking, e portava um largo sorriso; Kimi brilhava em seu véu e vestido de casamento brancos. Cercados pela família e por amigos queridos, eles eram a imagem perfeita de um jovem casal começando uma vida juntos.

Eles posaram lá fora: o pai de Kimi, um militar, em uma posição orgulhosa, sua mãe vestindo um *hankok* coreano tradicional. Ao lado de seus pais, Max sorriu para a câmera, enquanto nuvens de tempestade se juntavam sobre o céu do Noroeste do Pacífico.

Fazia quase três anos que Max havia deixado a prisão, e agora ele tinha tudo — uma esposa devotada, uma carreira promissora como um hacker White Hat, uma bela casa. E, em apenas algumas semanas, ele jogaria tudo isso fora.

5

Guerra Cibernética!

De volta para casa, em São Francisco, uma tentação escrita em código de computador esperava por Max.

```
bcopy(fname, anbuwf, alen = (char *) *cpp - fname):
```

Era uma das 9 mil linhas envolvendo o Berkeley Internet Name Domain, uma antiga viga da infraestrutura da internet, tão importante quanto qualquer roteador ou cabo de fibra ótica. Desenvolvido no início dos anos 1980, com uma bolsa da Defense Advanced Research Projects Agency (DARPA) do Pentágono, o BIND implementou a escala Domain Name System (DNS), um tipo de diretório telefônico distribuído que traduz domínios como Yahoo.com, os quais humanos conseguem entender, para os endereços numéricos que a rede compreende. Sem o BIND, ou um dos programas concorrentes que o sucederam, nós leríamos nossas notícias online a partir do número 157.166.226.25 em vez de ser da página CNN.com e acessaríamos o 74.125.67.100 para fazer uma busca no Google.

O BIND foi uma das inovações que possibilitou o crescimento explosivo da internet — ele substituiu um mecanismo arcaico, que não poderia ter se expandido com a rede. Mas, na década de 1990, também foi um desses programas herdados que estava moldando o maior problema de segurança da internet moderna. O código era um produto de uma época mais simples, quando a rede estava isolada e as ameaças eram poucas. Agora, os hackers vasculhavam seu subterrâneo e retornavam com um fornecimento de falhas na segurança, aparentemente sem fim.

Um alto sacerdócio de especialistas da rede se apoderou do código do Internet Software Consortium e começou a reescrevê-lo furiosamente. Mas, enquanto isso, as redes mais modernas e sofisticadas do mundo, com novíssimos servidores e terminais, rodavam um programa com bugs de outra era.

Em 1998, especialistas em segurança descobriram a mais nova falha no código. Ele se resumia a uma única linha. Aceitava um pedido da internet, como deveria fazer, e o copiava byte a byte no buffer temporário "anbuf" da memória do servidor. Mas o código não necessariamente checava o tamanho dos dados recebidos. Como consequência, um hacker poderia transmitir uma consulta deliberadamente longa para um servidor BIND, transbordar o buffer e derramar os dados no restante da memória do computador como se fossem petróleo da *Exxon Valdez*.

Realizado de forma atropelada, tal ataque talvez fizesse com que o programa travasse. Mas um hacker cuidadoso poderia fazer coisa muito pior. Ele poderia carregar o buffer com seu próprio fragmento de um código executável, para, em seguida, seguir em frente, passeando cuidadosamente por todo o caminho que levasse ao topo de espaço da memória do programa, onde fica uma área de armazenamento de curto prazo chamada "stack".

A stack é onde o processador mantém o controle do que ele está fazendo — toda vez que um programa desvia um computador a uma sub-rotina, o processador manda o endereço de sua memória atual para a stack, como um marcador de livros, então a memória sabe para onde retornar quando a tarefa estiver pronta.

Uma vez na stack, o hacker pode sobrescrever o último endereço de retorno com a localização de seu próprio arquivo malicioso. Quando o computador termina sua sub-rotina, ele não retorna ao seu local de origem, mas sim para onde o hacker determinou — e, em função de o BIND rodar sob a conta administrativa toda poderosa "root", o código de quem está atacando roda também. O computador agora está sob controle do hacker.

Duas semanas depois do casamento de Max e Kimi, a Equipe de Resposta para Emergências Computacionais (Computer Emergency Response Team — CERT), financiada pelo governo, da Carnegie Mellon University — que administra um tipo de sistema de transmissão de emergência para falhas de segurança — enviou um alerta sobre a falha do BIND, junto com um link para a simples correção: duas linhas adicionais de código que rejeitavam consultas muito longas. Mas o alerta foi dado com outras duas vulnerabilidades do BIND que eram de poucas consequências e minimizavam a importância da falha. Consequentemente, nem todo mundo gostou da gravidade da situação.

Max entendeu muito bem.

Ele leu o comunicado da CERT admirado. O BIND vinha instalado por padrão com o Linux, e rodava em servidores de redes corporativas, provedores de internet, sem fins lucrativos, educacionais e militares. Ele estava por toda a parte. Assim como a linha de código com defeito. A única coisa separando o frenesi de ataques era que ninguém tinha escrito um programa para explorar a falha de segurança. Mas isso era apenas questão de tempo.

Como era de se esperar, no dia 18 de maio, um programa de exploração apareceu no Rootshell.com, um site sobre notícias de segurança computacional administrado por gente da área. Max pegou o telefone e ligou para a casa de seu contato no FBI, Chris Beeson. A situação era séria, ele explicou. Qualquer um que não tivesse instalado o patch do BIND poderia ser hackeado por qualquer script marotamente capaz de fazer o download de um programa e de digitar um comando.

Se a história servia como guia, os computadores do governo estariam particularmente vulneráveis. Apenas um mês antes, um bug menos sério no sistema operacional Sun Solaris permitiu que um hacker invadisse dezenas de computadores das bases militares americanas, o que um vice-secretário de defesa chamou de "o mais organizado e sistemático ataque até hoje" aos sistemas de defesa americanos. Esses ataques espalharam um alarme falso sobre a guerra cibernética: o Pentágono deu aos invasores o codinome "Solar Sunrise" e considerou Saddam Hussein o principal suspeito até que as investigações rastrearam os ataques a um jovem hacker israelense que apenas se divertia.

Max ligou para Beeson mais uma vez no dia seguinte, quando um grupo de hackers chamado ADM lançou uma versão aprimorada da exploração do BIND feita para examinar a internet aleatoriamente à procura de servidores sem o patch, a fim de então invadi-lo, fazer sua instalação e utilizar o computador recém-comprometido como uma plataforma para mais exames e invasões. Agora era uma certeza que alguém ia se apoderar de toda a internet. Só restava saber quem.

Ele desligou e ficou pensando. *Alguém* ia fazer isso...

Max compartilhou seus planos com sua nova esposa em um tom animado e infantil. Ele criaria seu próprio ataque ao BIND. Sua versão acabaria com as falhas onde quer que as encontrasse. Ele limitaria seus ataques aos alvos que tinham maior urgência de um upgrade na segurança: os sites do exército e do governo civil americano.

"Não seja pego", disse Kimi, que tinha aprendido a não discutir com Max quando ele estava naquele estado, com sua mente presa a uma ideia.

Max estava lutando com a natureza de sua dupla personalidade: o homem profissional casado, com muita coisa a perder no mundo a seu redor, e a criança impulsiva, tentada por qualquer tipo de travessura. A criança venceu. Ele pegou o teclado e mergulhou, de modo intempestivo, na programação.

Seu código funcionaria em três estágios rápidos. Ele começaria mandando um gancho virtual por meio da falha do BIND, executando comandos que forçariam a máquina a vasculhar a internet e a importar um script de 230 bytes, o qual, por sua vez, conectaria esse gancho a um servidor diferente, infiltrado por Max, onde faria o download de um pacote robusto do mal chamado "rootkit".

Um rootkit é um conjunto de programas de sistemas padrões que foram corrompidos para servir secretamente ao hacker: um novo programa de login opera como se fosse o real, mas agora inclui uma porta lateral por onde o invasor pode entrar novamente na máquina. O programa "passwd" ainda permite que o usuário altere sua senha, além de gravar e armazenar, silenciosamente, onde a nova senha pode ser recuperada mais tarde. O novo programa de lista elenca o conteúdo de um diretório, como deveria fazer, mas tem o cuidado de esconder qualquer arquivo que seja parte do rootkit.

Uma vez colocado o rootkit em seu lugar, o código de Max conseguiria fazer o que o governo falhou em conseguir: um upgrade, no computador hackeado, da última versão do BIND, acabando com a falha na segurança pela qual tinha entrado. O computador agora estaria a salvo de quaisquer ataques futuros, mas Max, o intrometido benevolente, ainda conseguiria entrar no sistema à vontade. Ele estava, de uma só vez, consertando um problema e o explorando; era um hacker chapéu preto e branco ao mesmo tempo.

O ataque completo levaria apenas alguns minutos em cada vez. Em algum momento, o computador seria controlado pelos administradores; então, com o gancho, o script e o rootkit, o computador estava nas mãos dele.

Max ainda estava programando quando o FBI ligou de volta para ele, pedindo por um relatório completo sobre o problema com o BIND. Mas os federais já tinham tido sua chance; o código de Max falaria por ele agora. Ele demorou um pouco para invadir algumas máquinas de faculdades a fim de usá-las como alicerce, então, no dia 21 de maio, uma terça-feira, ele se conectou na internet por intermédio de uma conta roubada da Verio... e deu o comando.

Os resultados foram instantâneos e altamente satisfatórios. O código do gancho de Max foi feito para indicar o sucesso da operação em seu computador pela rede discada da Verio, assim, ele podia ver o ataque se espalhando. Máquinas hackeadas espalhadas pelo país passavam-lhe relatórios, e havia uma janela Xterm pipocando em sua tela para cada uma delas. Base da Força Aérea de Brooks — agora propriedade de Max Vision. McChord, Tinker, Offutt, Scott, Maxwell, Kirtland, Keesler, Robins. Seu código se infiltrou nos servidores da Força Aérea, nos computadores do exército, numa máquina no escritório de um secretário de gabinete. Cada máquina tinha agora uma porta lateral que Max poderia usar sempre que quisesse.

Ele anotava as conquistas militares como pontos em um vídeo game. Quando seu código entrou no espaço da internet da marinha, ele encontrou tantos servidores sem o patch do BIND que o fluxo de janelas pipocando em sua tela se transformou em uma avalanche. Seu próprio computador lutava contra a tensão, e, então, travou.

Após uma sintonia fina, Max voltou. Por cinco dias, ele estava absorto em seu domínio crescente sobre o ciberespaço. Desse modo, ignorou o e-mail do FBI, que ainda queria aquele relatório. "Onde é que está?", o agente Beeson escreveu. "Ligue, por favor".

Tinha que haver mais que ele pudesse fazer com o poder de invadir qualquer rede que quisesse. Max aprimorou seu explorador do BIND nos servidores da Id Software, em Mesquite, Texas, uma empresa de jogos desenvolvendo uma terceira versão para o jogo de tiro em primeira pessoa, de enorme sucesso, Quake. Max amava esse tipo de jogo. Ele entrava na rede como um raio e, após explorar um pouco, voltava com seu troféu. Anunciou a Kimi que tinha acabado de obter o código-fonte — as blueprints virtuais — de Quake III, o jogo mais esperado do ano.

Kimi ficou paralisada. "Você pode devolver?"

Max logo percebeu que seus ataques estavam chamando alguma atenção. No Laboratório Nacional Lawrence Berkeley, um pesquisador chamado Vern Paxson encontrou a exploração de Max utilizando um novo sistema que ele tinha desenvolvido chamado BRO, para Big Brother. O BRO era um experimento de um tipo de contramedida de segurança relativamente nova, com um sistema de detecção de invasores — um alarme cibernético com a função de ficar quieto em uma rede, peneirando por todo o tráfego atividades suspeitas, alertando os administradores quando encontram algo que não parece certo.

Paxson escreveu um relatório completo para a CERT sobre o ataque. Max o interceptou e ficou impressionado. O pesquisador não apenas detectou seu ataque, mas também compilou uma lista de servidores dos quais o código de Max atacava por meio da rede da Berkeley — Max estava usando a rede como um de seus pontos de lançamento secundários. Ele mandou a Paxson uma mensagem anônima por intermédio da conta de root do laboratório.

Vern,

Lamento ter lhe causado qualquer incômodo, mas eu sozinho consertei uma GRANDE FALHA DE SEGURANÇA em vários de seus computadores. Reconheço que havia outras, mas todas elas pediam senhas, e eu jamais causaria qualquer dano ao computador de alguém.

Se eu não fizesse isso, outra pessoa teria feito, e ela pegaria pesado. Essas crianças deixam warez e IRC BS espalhadas por toda a parte, e sistemas /bin/rm quando estão insatisfeitas. Lamentável.

Você pode não gostar do que eu estava fazendo, mas foi para um bem maior. Estou abandonando todos os servidores daquela lista que você capturou... eu não vou tocar nesses computadores já que sei que você os entregou para a CERT. A CERT deveria contratar pessoas com as minhas habilidades. Se eu fosse pago, é claro que jamais deixaria rootkits ou coisas do tipo.

Muito esperto, né? Sim. Foi uma explosão. Possuir centenas, ou melhor, milhares de sistemas, e pensar que você estava CONSERTANDO tudo em seguida...

Uhm, eu nunca mais farei nenhuma merda desse tipo de novo. Você tem minhas ferramentas agora. Isso me deixa irritado...

Hrm. De qualquer forma, eu só não quero que isso aconteça de novo, então eu vou esquecer tudo isso...

"O Invasor"

Com isso, Max encerrou seu ataque de cinco dias ao governo, deixando para trás mais sistemas invadidos do que podia contar. Ele estava satisfeito por ter tornado a internet um local mais seguro do que era antes; milhares de computadores vulneráveis a qualquer hacker do mundo agora estavam vulneráveis a apenas um: Max Vision.

Max de imediato embarcou em um novo projeto, mais socialmente aceitável: ele escreveria uma aplicação web que permitiria a qualquer um na internet pedir por um exame automático em tempo real de sua rede para avaliar se eles estavam ou não abertos a um ataque do BIND. Além disso, também criou uma variante benigna do cerco que ele acabara de concluir. Como antes, Max examinaria as redes militares e as do governo. Mas, em vez de invadir os computadores vulneráveis, ele enviaria automaticamente um e-mail alertando os administradores. Dessa vez, não haveria a necessidade de se esconder por trás de uma rede discada a partir de uma conta hackeada. Ambos os serviços estariam disponíveis em seu novíssimo site público: Whitehats.com.

Após dois dias e duas noites de trabalho, ele se aprofundava em seu projeto hacker legalizado quando Beeson mandou outro e-mail. "O que aconteceu? Pensei que fosse me mandar um e-mail".

Max mal conseguiria explicar a seu amigo do FBI que ele tinha ficado ocupado realizando uma das maiores violações aos computadores do governo da história. Então, enfatizou seu novo projeto. "Estou quase terminando de criar um site com um serviço público que examina vulnerabilidades, disponibilizando um patch de correção — mas há algumas partes que não estão prontas para serem lançadas", ele respondeu.

E adicionou: "Ah, e aqui está o programa worm ADM. Eu não acho que ele vá se espalhar muito longe".

6

Sinto Falta do Crime

Na tarde de 2 de junho, Max abriu a porta de seu duplex em San Jose para receber Chris Beeson e notou instantaneamente que estava em apuros: havia outros três federais com o agente do FBI, inclusive o chefe mal-humorado de Beeson, Pete Trahon, diretor do esquadrão de crimes computacionais.

O mês seguinte ao ataque do BIND fora agitado para Max. Ele lançou o Whitehats.com, e o site tornou-se um sucesso instantâneo no mundo da segurança. Além de hospedar sua ferramenta de examinação, o site reunia os últimos avisos da CERT e links para os patches do BIND, além de um artigo que Max escrevera dissecando o ADM worm com a clareza e o discernimento de um perito. Ninguém na comunidade suspeitava de que Max Vision, a estrela em ascensão por trás do Whitehats.com, tinha pessoalmente fornecido o exemplo mais brilhante da seriedade da falha de segurança do BIND.

Ele também continuava a mandar relatórios ao FBI. Após o seu último, Beeson começou a mandar e-mails para marcar um encontro casual, supostamente para conversar sobre as últimas descobertas de Max. "E se nos encontrássemos na sua casa?", Beeson escreveu. "Sei que tenho seu endereço em algum lugar por aqui".

Agora que ele estava no degrau da porta de Max, Beeson explicou por que eles realmente estavam lá. Ele sabia de tudo sobre o ataque de Max ao Pentágono. Um dos homens com ele, um jovem investigador da Força Aérea situada em Washington, DC, chamado Eric Smith, tinha rastreado as invasões do BIND até a casa de Max. Beeson possuía um mandado de busca.

Max deixou-os entrar, já se desculpando. Ele só queria ajudar, explicou.

Eles conversaram de modo amigável. Max, feliz por ter uma plateia, ficou expansivo, descrevendo os detalhes de seu ataque, ouvindo com interesse enquanto Smith descrevia como o rastreara por meio das mensagens pop-ups que Max tinha usado para alertá-lo quando um sistema era subvertido: as mensagens foram uma rede discada da Verio, e uma citação no provedor de internet gerou o número do telefone de Max. Não tinha sido difícil. Max se convencera de que estava fazendo algo bom para a internet, então não tinha se preocupado muito em cobrir seus rastros.

Os federais perguntaram se alguém sabia das intenções de Max, e ele disse que seu chefe estava envolvido. Matt Harrigan — Digital Jesus — não abandonara suas atividades hackers por completo, Max disse, adicionando que a empresa de Harrigan estava prestes a conseguir um contrato com a Agência de Segurança Nacional[2].

Sob o comando dos agentes, Max escreveu uma confissão. "Minhas motivações foram puramente para pesquisas e ver se isso era possível. Sei que não é desculpa, e, acredite em mim, sinto muito por isso, mas é a verdade".

Kimi chegou da escola e encontrou os federais ainda andando pela casa. Como bois pastando, olharam para cima em uníssono enquanto ela entrava, ignorando-a por não ser uma ameaça, e retornaram sem falar para o trabalho. Quando saíram, levaram os equipamentos de informática de Max com eles.

A porta se fechou, deixando os recém-casados sozinhos no que tinha restado de sua casa. Um pedido de desculpas se formou nos lábios de Max. Kimi o interrompeu com raiva.

"Eu disse para você não ser pego!".

Os agentes do FBI viram uma oportunidade no crime de Max. Trahon e Beeson retornaram à casa dele e explicaram a situação ao seu ex-aliado. Se Max esperava por clemência, ele teria que trabalhar para eles — e relatórios escritos não valeriam mais.

---

[2] O envolvimento de Harrigan está sendo investigado. Max diz que ele planejou o ataque do BIND com Harrigan no escritório da MCR e que Harrigan escreveu o programa que criou a lista de computadores do governo. Harrigan, por sua vez, diz que não estava envolvido, mas que sabia das intenções de Max.

Ansioso para fazer as pazes e determinado a salvar sua vida e sua carreira, Max não pediu nada por escrito. Ele acreditou que, se ajudasse os agentes do FBI, eles o ajudariam.

Duas semanas depois, Max recebeu sua primeira missão. Uma gangue de piratas telefônicos acabara de roubar o sistema de telefonia na empresa de redes 3Com e o estava usando como sua própria instalação de teleconferência. Beeson e Trahon poderiam ligar para a linha de bate-papo ilícita, mas eles duvidavam de suas habilidades para se misturar com os hackers e levar vantagem. Max estudou as últimas novidades dos métodos sobre a pirataria telefônica, então fez a ligação para o sistema a partir do escritório de campo do FBI, enquanto a agência gravava a ligação.

Dizendo os nomes dos hackers que ele conhecia e confiando em sua própria especialidade, Max convenceu facilmente os piratas de que era um deles. Eles, então, abriram o jogo e revelaram que era uma gangue internacional de aproximadamente 35 hackers de telefone chamada DarkCYDE, situada em grande parte na Inglaterra e na Irlanda. A DarkCYDE aspirava "unir os hackers de todo o mundo e formar um grande e único exército digital", de acordo com o manifesto do grupo. Mas, na verdade, eles eram apenas crianças brincando com o telefone, assim como Max tinha feito enquanto estava no ensino médio. Após a ligação, Beeson pediu a Max para que ele ficasse na cola da gangue. Desse modo, Max falou com eles no IRC e entregou as conversas aos seus chefes.

Satisfeitos com o trabalho de Max, os agentes o convocaram ao prédio federal em São Francisco uma semana depois de darem a ele uma nova tarefa. Dessa vez, ele iria para Vegas.

Max movia seus olhos sobre o ninho de mesas de jogo no suntuoso hall do Plaza Hotel and Casino. Dezenas de homens jovens usando camisetas e shorts ou jeans — o uniforme dos hackers — amontoavam-se nas mesas com computadores, ou parados ao lado, ocasionalmente apontando para algo na tela.

Para quem não estava ambientado, aquela era uma forma estranha de se passar um fim de semana na Cidade do Pecado — digitando em teclados como um zangão anônimo, longe da piscina, das máquinas caça-níqueis e dos espetáculos. Mas os hackers estavam competindo, trabalhando em equipes para penetrar em um punhado de computadores apressadamente conectados a uma rede. A primeira equipe que deixasse sua marca virtual em um dos alvos ganharia um prêmio de 250 dólares e um valioso direito de se gabar — com pontos também distribuídos por hackear outros competidores. Novos ataques e novas artimanhas saíam dos dedos dos hackers, e explorações armazenadas e secretas deixavam os arsenais virtuais para serem usadas em público pela primeira vez.

Na Def Con, a maior convenção hacker do mundo, a competição do Pique-Bandeira era entre Fischer x Spassky todos os anos.

Kimi não estava impressionada, mas Max se encontrava no paraíso. Pelo andar, mais mesas estavam tomadas por antigos acessórios de computadores, eletrônicos esquisitos, camisetas, livros e cópias da revista *2600: The Hacker Quarterly*. Max viu Elias Levy, um famoso hacker White Hat, e o apontou para Kimi. Levy, também conhecido como Aleph One, era o moderador da lista de e-mail Bugtraq — o *New York Times* da segurança computacional — e autor do primeiro tutorial sobre vazamentos de buffer chamado "Smashing the Stack for Fun and Profit" (Acertando a Pilha por Diversão e Lucro), publicado na *Phrack*. Max não ousou se aproximar do iluminado. O que ele diria?

Max não era o único infiltrado na Def Con, é claro. De seu início humilde, em 1992, como uma conferência reunida por um ex-pirata telefônico, a Def Con se transformara em uma reunião lendária que juntava quase 2 mil hackers, profissionais de segurança computacional e curiosos de todo o mundo. Eles vieram festejar pessoalmente com amigos que fizeram online, além de apresentar e assistir a conversas sobre tecnologia, comprar e vender mercadorias e ficar muito, muito bêbados em festas que duravam a noite toda nos quartos do hotel.

A Def Con era um alvo tão óbvio para o governo que o organizador, Jeff "the Dark Tangent" Moss, tinha inventado um novo jogo para a convenção chamado Encontre o Federal. Um hacker que acreditasse ter identificado um agente na multidão poderia apontar para ele, abrir um caso e, se a plateia concordasse, levar para casa uma cobiçada camiseta EU ENCONTREI O FEDERAL NA DEF CON. Geralmente, o federal suspeito apenas desistiria e mostraria o distintivo com bom humor, proporcionando uma vitória fácil ao hacker.

A missão de Max era maior. Trahon e Beeson queriam que ele se enturmasse com seus amigos hackers e tentasse conseguir seus nomes verdadeiros, para, então, convencê-los a trocar chaves PGP públicas de encriptação, as quais os geeks preocupados com a segurança usam como forma de codificar e sinalizar seus e-mails. O coração de Max não estava nessa. Escrever relatórios para a agência era uma coisa, e ele não se sentiu enojado por ter entregado os piratas da DarkCYDE, jovens demais para se encrencar de verdade. Mas essa tarefa era como dedurar. A lealdade estava gravada profundamente no firmware de Max, e bastou apenas um olhar na multidão da Def Con para dizer-lhe que eles eram seu povo.

Muitos hackers foram relutantemente abandonando as coisas de crianças, migrando para empregos de informática legítimos ou abrindo empresas de segurança. Eles estavam se tornando chapéus brancos, como Max. Uma camiseta popular na conferência resumia bem a ideia: SINTO FALTA DO CRIME.

Max deu com os ombros para as ordens do FBI e passou a participar das festas e das palestras. Na lista desse ano, estava o lançamento muito esperado do software pela Cult of the Dead Cow. O cDc era a estrela do rock no mundo hacker — literalmente: eles gravavam e tocavam músicas, e faziam apresentações exageradas que os transformaram na menina dos olhos da mídia. Nessa Def Con, o grupo estava lançando o Back Orifice, um sofisticado programa de controle remoto para máquinas Windows. Se você enganasse alguém ao usar o Back Orifice, poderia acessar os arquivos dela, ver o que havia na tela e até mesmo ver pela webcam. Ele foi criado para envergonhar a Microsoft pela má qualidade da segurança do Windows 98.

A plateia, durante a apresentação do Back Orifice, estava estática, e Max achou a energia contagiante. Porém, ele estava mais interessado na palestra sobre as legalidades sobre hackear computadores, ministrada por uma advogada de defesa de São Francisco chamada Jennifer Granick. Ela abriu sua apresentação descrevendo a recente acusação de um hacker da região da baía chamado Carlos Salgado Jr., um técnico de manutenção de computadores de 36 anos que, mais do que qualquer outro hacker, representava o futuro do crime computacional.

De seu quarto na casa de seus pais em Daly City, alguns quilômetros ao sul de São Francisco, Salgado tinha invadido uma grande empresa de tecnologia e roubado um banco de dados com 80 mil números de cartões de crédito, com nomes, CEPs e validade. Números de cartões já tinham sido hackeados antes, mas o que Salgado fez em seguida garantiu-lhe um lugar nos livros de história sobre crimes cibernéticos. Como "Smak", ele entrou na sala de bate-papo #carding no IRC e colocou toda a lista à venda.

Era como tentar vender um 747 num mercado de pulgas. Naquela época, o submundo das fraudes online com cartão de crédito era um brejo deprimente de crianças e oportunistas que mal tinham ido além da geração anterior de fraudadores que pescavam recibos de papel carbono das lixeiras atrás do shopping. Seus negócios mais comuns estavam nos dígitos simples, e os conselhos que davam entre eles, manchados de mitos e estupidez. A maior parte das discussões ocorria em um canal aberto, o qual ninguém que cumprisse lei podia acessar e assistir — a única segurança dos carders era o fato de ninguém se importar.

De forma notável, Salgado encontrou um possível comprador no #carding — um estudante de ciência da computação de San Diego que vinha mantendo-se na faculdade falsificando cartões de crédito, conseguindo os números das contas por meio de comprovantes de endereço furtados dos correios dos Estados Unidos. O estudante tinha contatos que ele acreditava comprariam todo o banco de dados roubados por Smak por um valor de seis dígitos.

O negócio esfriou quando Salgado, fazendo uma pequena busca sobre o passado de seu cliente, hackeou seu provedor de internet e vasculhou seus arquivos. Quando o aluno descobriu, ele se enfureceu e começou a trabalhar secretamente com o FBI. Na manhã de 21 de maio de 1997, Salgado apareceu na reunião com seu comprador na área de fumantes do Aeroporto Internacional de São Francisco, onde ele esperava trocar um CD-ROM contendo o banco de dados por uma maleta cheia com 260 mil dólares em dinheiro. Em vez disso, ele foi preso pela equipe de crimes computacionais da São Francisco.

O plano frustrado serviu para abrir os olhos do FBI: Salgado representava não apenas o primeiro de uma nova espécie de hackers visando ao lucro, mas também uma ameaça ao futuro do e-commerce. Pesquisas mostravam que os usuários da web estavam receosos em enviar os números dos cartões nas máquinas eletrônicas — era o principal motivo para eles não efetuarem compras pela internet. Agora, após anos batalhando para conquistar a confiança dos consumidores e recompensar a confiança dos investidores, as companhias de e-commerce começavam a conquistar Wall Street. Menos de duas semanas antes da prisão de Salgado, a Amazon.com tinha lançado sua oferta de títulos ao público, há muito esperada, e terminou o dia 54 milhões de dólares mais rica.

A oferta pública de Salgado era maior: as empresas de cartão de crédito calcularam que o limite de seus 80 mil cartões roubados somavam quase um bilhão de dólares — US$931.568.535 se você subtraísse o saldo devedor dos donos legítimos. A única coisa de que ele sentia falta era o acesso ao comércio da NASDAQ. Uma vez que o submundo tinha resolvido essa parte da equação, ela se tornaria uma indústria própria.

Assim que Salgado foi preso, ele confessou tudo ao FBI. Esse, Granick disse em sua apresentação aos hackers da Def Con, foi seu grande erro. Apesar de sua cooperação, Salgado foi condenado a trinta meses de prisão no começo daquele ano.

"Agora, o FBI queria que eu dissesse para vocês que foi melhor para Salgado ter falado". Granick fez uma pausa. "Isso é besteira".

"Apenas digam não!", ela falou, e gritos e aplausos vieram da audiência. "Nunca há uma boa razão para falar com um tira... se você vai cooperar, você vai cooperar após falar com um advogado e fazer um acordo. Nunca há uma razão para dar a eles a informação de graça".

No fundo da sala, Kimi cutucou as costelas de Max com seu cotovelo. Tudo aquilo que Granick aconselhava os invasores de computador a não fazer, Max tinha feito. Tudo.

Ele estava reconsiderando seu acordo com os federais.

. . .

"Nós precisamos fazer algumas alterações na forma que fazemos negócios".

Max podia sentir a frustração irradiando de sua tela enquanto lia a última mensagem de Chris Beeson. Max tinha voltado da Def Con de mãos vazias e então não apareceu numa reunião no prédio federal na qual ele deveria receber uma nova tarefa, irritando o supervisor de Beeson, Pete Trahon. Na continuação de seu e-mail, Beeson alertou Max sobre as más consequências por idiotices contínuas. "No futuro, o não comparecimento às convocações sem motivos excepcionais será considerado não cooperativo de sua parte. Se você não está disposto a cooperar, então temos que tomar as ações necessárias. Pete vai se encontrar com o promotor do SEU caso na segunda-feira. Ele quer encontrar com você em seu escritório às dez da manhã em ponto, SEGUNDA, 17/08/98. Não estarei disponível na próxima semana (é por isso que queria me encontrar com você esta semana), então você terá que conversar diretamente com Pete".

Dessa vez, Max apareceu. Trahon explicou que ele tinha se interessado pelo chefe de Max na MCR, Matt Harrigan. O agente estava alarmado com a ideia de um hacker administrando uma loja de segurança cibernética com outros funcionários hackers, como Max, e competindo por um contrato com a NSA. Se Max queria deixar o FBI feliz, ele tinha que fazer Harrigan admitir não apenas que ainda hackeava, mas também que tivera um papel importante no ataque de Max ao BIND.

O agente deu um novo formulário para Max assinar. Era um consentimento escrito de que Max seria grampeado com uma escuta. Trahon entregou-lhe um aparelho gravador da agência disfarçado de pager.

A caminho de casa, Max ponderou a situação. Harrigan era um amigo e um colega hacker. E agora o FBI estava pedindo para Max cometer a traição final — transformar o Digital Jesus no Judas da vida real.

No dia seguinte, Max se encontrou com Harrigan no restaurante Denny's, em San Jose, sem a escuta do FBI. Seus olhos examinaram as pessoas que jantavam e olhou pela janela para ver o estacionamento. Podia haver federais por toda a parte.

Ele pegou um pedaço de papel e o deslizou pela mesa. "É isso que está acontecendo...".

Max telefonou para Jennifer Granick após o encontro — ele pegara o cartão dela ao fim da palestra na Def Con —, e ela concordou em representá-lo.

Quando eles descobriram que Max tinha arrumado uma advogada, Beeson e Trahon não perderam tempo em descartá-lo oficialmente como informante. Granick começou a ligar para o FBI e para o escritório do promotor a fim de descobrir o que o governo tinha planejado para seu novo cliente. Três meses depois, ela finalmente recebeu uma resposta do principal promotor do governo sobre crime cibernético do Vale do Silício. Os Estados Unidos não estavam mais interessados na cooperação de Max. Ele podia esperar pois voltaria à prisão.

7

Max Vision

Com o fim de seu serviço para o governo, Max foi trabalhar construindo sua reputação como um hacker White Hat, apesar de viver sob a espada de Dâmocles por conta de uma acusação federal pendente.

A vulnerabilidade do BIND e o sucesso resultante do Whitehats.com lhe deram um bom começo. Max, agora, pendurara o chapéu como consultor de segurança, e inaugurava um novo site divulgando seus serviços como um hacker que cobrava 100 dólares a hora — ou gratuito para grupos sem fins lucrativos. Seu grande carro-chefe para vendas: garantia de 100% de sucesso em testes de penetração. Ele jamais tinha encontrado uma rede que não conseguisse invadir.

Era uma época excelente para ser um White Hat. O espírito rebelde que guiava o movimento dos softwares de código aberto instalava-se no mundo da segurança computacional, e uma nova safra de profissionais graduados, desistentes e atuais e ex-chapéus pretos derrubavam as antigas suposições que tinham dominado a ideia de segurança por décadas.

O primeiro dogma a cair foi o de que falhas na segurança e métodos de ataques deveriam ser mantidos sob sigilo, guardados confidencialmente por um quadro de adultos responsáveis e confiáveis. Os chapéus brancos chamavam essa noção de "segurança por meio da obscuridade". A nova geração preferia a "divulgação completa". Discutir os problemas de segurança não apenas ajudou a resolvê-los, mas também evoluiu a ciência da segurança e o ato de hackear como um todo. Não divulgar os bugs beneficiava apenas dois grupos: os caras maus, que os exploravam, e fornecedores como a Microsoft, que preferiam consertar as falhas de segurança sem confessar os detalhes de suas lambanças.

O movimento da divulgação completa popularizou a lista de e-mails Bugtraq, na qual hackers de qualquer cor de chapéu eram encorajados a mandar relatórios detalhados sobre falhas de segurança que eles tinham encontrado no software. Se eles pudessem fornecer um "exploit" — código que demonstra a falha —, melhor ainda. O caminho preferido da divulgação completa era primeiro notificar o fabricante do software e dar tempo à empresa para lançar um patch antes de a falha ou o exploit serem revelados no Bugtraq. Mas este não censurava, e era comum que alguém que descobrisse um bug deixasse na lista um exploit desconhecido até então, liberando-o simultaneamente para milhares de pesquisadores de segurança e hackers em poucos minutos. A ideia era garantir que a empresa de software se mexesse com uma resposta rápida.

O Bugtraq dava aos hackers uma forma de eles exibirem seus conhecimentos sem infringir a lei. Aqueles que ainda invadiam sistemas tinham que lidar com uma revigorada comunidade de chapéus brancos, armada com um arsenal crescente de ferramentas de defesa.

No fim de 1998, um ex-funcionário de segurança cibernética da NSA chamado Marty Roesch desenvolveu um dos melhores. Roesch achou que seria divertido ver quais ataques aleatórios atravessavam sua conexão a cabo doméstica enquanto ele estava no trabalho. Como projeto de fim de semana, criou um pacote de farejadores chamado Snort e o lançou como um projeto de código aberto.

No começo, o Snort não tinha nada de especial — um farejador de pacotes é uma ferramenta de segurança comum que monitora casualmente o tráfego de rede e o captura para análise. Entretanto, um mês depois, Roesch transformou seu programa em um sistema de detecção de invasores completo (IDS), o qual alertaria o operador sempre que localizasse um tráfego de rede que tivesse a assinatura de um ataque conhecido. Havia diversos tipos de IDS no mercado, mas a versatilidade do Snort e sua licença de código aberto chamou a atenção dos chapéus brancos instantaneamente, os quais não gostavam de mais nada a não ser mexer com uma nova ferramenta de segurança. Programadores voluntários se juntaram para adicionar funcionalidades ao programa.

Max estava animado com o Snort. O software era parecido com o BRO, o projeto do laboratório Lawrence Berkeley, responsável por ajudar a farejar o ataque de Max ao BIND, e Max sabia que isso talvez representasse uma mudança no jogo da segurança online. Agora os chapéus brancos podiam observar, em tempo real, aquele que tentasse explorar as vulnerabilidades discutidas no Bugtraq e em qualquer outro lugar. O Snort era como um sistema de alerta precoce para uma rede — o equivalente dos computadores à malha de radares NORAD, que monitora o espaço aéreo dos Estados Unidos. A única coisa que faltava era uma lista completa e atualizada das assinaturas de ataques, assim o software saberia o que procurar.

Nos primeiros meses após o lançamento do Snort, uma lista desorganizada criada por usuários somou um total de aproximadamente duzentas assinaturas. Em uma única noite sem dormir, Max encontrou mais do que o dobro da contagem, somando 490 assinaturas. Algumas eram originais, outras, versões melhoradas das regras existentes ou portas da Dragon IDS, um sistema privado popular. Escrever uma regra significava identificar características exclusivas no tráfego de rede produzidas por um ataque específico, como o número da porta ou uma string de bytes. Por exemplo, o comando `alert udp any any - > US$INTERNAL 31337 (msg: "BackOrifice1-scan"; content: "|ce63 d1d2 16e7 13cf 38a5 a586|";)` detectava chapéus pretos tentando usar o malware Back Orifice, da Cult of the Dead Cow, que tinha paralisado a plateia na Def Con 6.0. O comando dizia ao Snort que uma conexão de entrada na porta 31337, com uma string específica de 12 bytes no tráfego de rede, era alguém tentando explorar a backdoor.

Max colocou as assinaturas online como um único arquivo no Whitehats.com, dando crédito a outros diversos geeks de segurança por suas contribuições, inclusive o Ghost23 — uma referência a seu alter ego. Mais tarde, converteu o arquivo em um banco de dados próprio e convidou outros especialistas para contribuir com suas próprias regras. Ele deu ao projeto o atraente nome arachNIDS, para Advanced Reference Archive of Current Heuristics for Network Intrusion Detection Systems (Arquivo de Referências Avançado de Heurísticas Atuais para Sistemas de Detecção de Invasões à Rede).

O arachNIDS foi um sucesso e ajudou o Snort a se elevar a novos níveis de popularidade na comunidade da segurança, com Max Vision com as rédeas do estrelato da segurança. Conforme mais chapéus brancos contribuíam com o projeto, ele se transformou na segurança computacional equivalente ao banco de dados de impressões digitais do FBI, capaz de identificar virtualmente qualquer técnica de ataque conhecida e suas variantes. Max atingiu o sucesso por escrever artigos dissecando os worms da internet com a mesma clareza que ele aplicara ao worm ADM. A imprensa especializada em tecnologia começou a procurá-lo para comentar sobre as últimas novidades dos ataques.

Em 1999, Max projetou-se a uma nova empreitada promissora, focada diretamente em enganar hackers chapéus pretos. O Projeto Honeynet (Rede de Mel), como seria chamado mais tarde, era o trabalho de um ex--oficial do exército que aplicou seu interesse por táticas militares para criar "potes de mel" da rede — uma isca de computadores que serviam apenas para serem hackeados. O Projeto Honeynet grampearia, de modo secreto, um farejador de pacote no sistema e o disponibilizaria desprotegido na internet, como um tira disfarçado numa esquina, usando sapato e camiseta.

Quando um hacker tinha um pote de mel como alvo, todos os seus movimentos seriam gravados e depois analisados por especialistas em segurança, com os resultados revelados ao mundo sob o espírito da divulgação completa. Max mergulhou no trabalho forense, reconstruindo crimes a partir de pacotes de dados brutos e produzindo análises convincentes que traziam à tona algumas das técnicas secretas do submundo.

Porém, ele sabia que seu crescente reconhecimento como White Hat não o colocaria a salvo do júri federal. Em momentos de tranquilidade, fantasiava com Kimi sobre escapar de seu destino. Eles poderiam fugir juntos, para a Itália ou para alguma ilha remota. Eles recomeçariam. Ele encontraria um benfeitor, alguém com dinheiro que reconhecesse o talento de Max e que o pagaria para hackear.

O relacionamento do casal sofria com a presença ameaçadora e silenciosa do governo em suas vidas. Antes da incursão, eles não tinham planejado muito o futuro. Agora eles não podiam. O futuro foi tirado de suas mãos, e a incerteza era inebriante. Eles brigavam em particular e discutiam em público. Max disse: "A razão por ter assinado a confissão foi porque tínhamos acabado de nos casar, e eu não queria magoá-la". Ele se culpava, adicionou. Ao se casar, ele dera a seus inimigos uma arma para usar contra ele, uma falha mortal.

Kimi se transferiu da De Anza, uma faculdade comunitária, para a UC Berkeley, e o casal se mudou da baía para morar ao lado do campus. A mudança mostrou-se fortuita para Max. Na primavera de 2000, uma empresa de Berkeley chamada Hiverworld ofereceu-lhe a tão esperada oportunidade para o sucesso computacional que já agraciara outros Programadores Famintos. O plano da empresa era criar um novo sistema anti-hacker, responsável por detectar invasões, como o Snort, mas também examinar ativamente a rede do usuário à procura de vulnerabilidades, permitindo ignorar incursões maliciosas sem chance de sucesso. O autor do Snort, Marty Roesch, era o empregado número 11. Agora a empresa queria Max Vision como o número 21.

O primeiro dia de Max foi marcado para o dia 21 de março. Era um cargo prematuro no início de uma promissora tecnologia. O sonho americano, por volta do ano 2000.

Na manhã do dia 21 de março de 2000, o FBI bateu na porta de Max.

A princípio, ele pensou que fosse um trote da Hiverworld, uma brincadeira. Não era. "Não atenda", ele disse a Kimi. Pegou um telefone e encontrou um lugar para se esconder, caso os agentes espiassem pela janela. Ele ligou para Granick e disse-lhe o que estava acontecendo. A acusação devia finalmente ter chegado até ele. O FBI estava lá para o levar para a cadeia. O que ele deveria fazer?

Os agentes foram embora — o mandado de busca não os autorizava invadir a casa de Max, então ele os tinha frustrado temporariamente com o simples ato de não atender a porta. Do outro lado da linha, Granick ligou para o promotor a fim de tentar combinar uma rendição civilizada de Max no escritório do FBI, em Oakland. Max contatou seu novo chefe, da Hiverworld, dizendo que não poderia aparecer para seu primeiro dia de trabalho. Disse, ainda, que ele entraria em contato dali um ou dois dias para explicar tudo.

O noticiário noturno deu-lhe um golpe: o suposto hacker de computador, Max Butler, tinha recebido quinze acusações por interceptação ilegal de comunicação, invasão de computadores e posse de senhas roubadas.

Após duas noites na prisão, em função da acusação, Max foi levado até um magistrado federal em San Jose. Kimi, Tim Spencer e dezenas de Programadores Famintos encheram a galeria. Max foi solto ao assinar uma carta de fiança de 100 mil dólares — Tim se comprometeu com metade e um colega Faminto que ficara rico com a informática pagou o restante em dinheiro.

A prisão enviou ondas de choque para o mundo da segurança computacional. A Hiverworld cancelou sua proposta de trabalho na mesma hora — nenhuma empresa de segurança principiante poderia contratar um homem que estivesse respondendo por acusações de invasão de computadores. A comunidade se afligia com o que aconteceria ao banco de dados arachNIDS sem a curadoria de Max. Roesch enviou uma mensagem para uma lista de e-mails sobre segurança: "É uma coisa dele. Então, a menos que ele a ceda explicitamente para alguém, ainda cabe a ele sua manutenção".

Max respondeu pessoalmente com uma longa mensagem, abordando seu amor precoce por computadores e a direção futura da detecção de invasões. O Whitehats.com e o arachNIDS continuariam a existir, não importando o que acontecesse, ele previu. "Minha família e meus amigos têm me dado um apoio incrível e existem ofertas para manter os sites até certa altura, caso aconteça uma tragédia".

Fazendo-se de vítima, ele se colocou contra o "frenesi da caça às bruxas hackers" e taxou a Hiverworld de desleal. Ele escreveu: "Depois que a poeira assentou e eu estava nos noticiários, a Hiverworld decidiu não continuar com nosso acordo. A corporação demonstrou uma covardia, o que é deplorável. Não consigo lhes dizer como me senti frustrado com a total falta de apoio por parte da Hiver".

"Sou inocente até que se prove o contrário. E eu agradeceria se recebesse esse reconhecimento de nossa comunidade".

Seis meses depois, Max se confessou culpado. Os noticiários estavam perdidos com tamanha agitação de processos federais contra hackers. No mesmo mês, Patrick "MostHateD" Gregory, o líder de uma gangue de hackers chamada globalHell, foi condenado a 26 meses de prisão e obrigado a pagar 154.529,86 mil dólares como restituição por uma série de invasões em sites. Ao mesmo tempo, promotores acusavam Jason "Shadow Knight" Diekman, de vinte anos, da Califórnia, por invadir os sistemas da NASA e de universidades por diversão, e Jonathan James, dezesseis anos, conhecido como "C0mrade", recebeu uma pena de seis meses por suas invasões recreativas nos computadores do Pentágono e da NASA — a primeira sentença de confinamento aplicada a um caso de hacker juvenil.

Aparentemente, a aplicação da lei federal possuía total controle sobre as invasões de computadores que por tanto tempo tinham causado pânico entre as corporações americanas e os oficiais do governo. Na verdade, todas essas vitórias foram batalhas de uma guerra cibernética do passado, contra hackers caseiros, uma espécie em extinção. Mesmo com Max recebendo sua punição em um tribunal de San Jose, o FBI descobria uma ameaça do século XXI que se organizava a mais de 3 mil quilômetros dali — uma ameaça intimamente entrelaçada ao futuro de Max Vision.

8

Bem-vindo à América

Os dois russos fizeram sentir-se em casa no pequeno escritório em Seattle. Alexey Ivanov, vinte anos, digitava em um teclado de computador enquanto seu sócio, Vasiliy Gorshkov, de dezenove, ficava ao lado, assistindo. Eles tinham acabado de chegar de um voo direto da Rússia e já estavam envoltos à maior entrevista de emprego de suas vidas — negociar uma parceria internacional lucrativa com a novata empresa americana de segurança computacional Invita.

Empregados circulavam entre eles e uma música pop baixinha se esparramava pela caixa de som do computador. Após alguns minutos, Gorshkov deparou-se com outro computador pela sala, e Michael Patterson, CEO da Invita, iniciou uma conversa.

Patterson fora quem convidara os russos para Seattle. A Invita, ele tinha dito a eles em um e-mail, era uma empresa pequena, mas ganhava clientes por meio de contatos que os fundadores tinham feito enquanto trabalhavam na Microsoft e na Sun. Agora, a empresa buscava ajuda com o intuito de se expandir para a Europa Oriental. Ivanov, que afirmava ter ao menos vinte programadores talentosos trabalhando com ele, parecia perfeito para o trabalho; Gorshkov era um acompanhante, convidado por Ivanov para atuar como porta-voz da dupla. Ele tinha uma noiva esperando-o em casa, grávida de seu primeiro filho.

Patterson começou perguntando casualmente a Gorshkov sobre uma recente explosão de invasões de computadores nas empresas americanas, algumas das quais pagavam para que os agressores parassem. Patterson disse: "Só para ter certeza de que vocês são tão bons quanto eu acho que são, alguns deles poderiam ter sido vocês?"

Gorshkov — embrulhado em seu agasalho pesado que ele usava em casa, em Chelyabinsk, uma cidade industrial poluída e desoladora nas Montanhas Urais — calou-se por um instante e finalmente respondeu: "Alguns meses atrás, nós tentamos, mas achamos que não fosse tão rentável".

O russo estava sendo humilde. Por quase um ano, empresas de internet de pequeno a médio porte ao redor dos Estados Unidos eram atormentadas por ciberataques extorsivos de um grupo que se autonomeava Grupo de Especialistas em Proteção contra Hackers — um nome que provavelmente soa melhor em russo. Os crimes sempre se revelavam da mesma forma: os atacantes da Rússia ou da Ucrânia violavam a rede da vítima, roubavam números de cartões de crédito ou outros dados, e então mandavam um e-mail ou um fax para a empresa, exigindo um pagamento a fim de não apenas permanecerem calados sobre a invasão, mas também consertarem as falhas de segurança que os hackers exploraram. Se a empresa não pagasse, o Grupo de Especialistas ameaçava destruir os sistemas da vítima.

A gangue conseguira dezenas de milhares de números de cartões de crédito a partir da Online Information Bureau, uma agência de transações financeiras em Vernon, Connecticut. A provedora de internet Speakeasy de Seattle tinha sido atingida. A Sterling Microsystems, de Anaheim, Califórnia, fora hackeada junto com uma provedora de Cincinnati, um banco sul-coreano em Los Angeles, uma empresa de serviços financeiros em Nova Jersey, a empresa de pagamentos eletrônicos E-Money, em Nova York, e até mesmo a venerada Western Union, que tinha perdido aproximadamente 16 mil números de cartões de crédito de clientes em um ataque que chegou com uma ameaça de extorsão de 50 mil dólares. Quando a loja de discos CD Universe não cedeu a um pedido de 100 mil dólares, milhares de números de cartões de seus clientes apareceram em um site aberto ao público.

Várias empresas acabavam pagando ao Grupo de Especialistas pequenas quantias para que eles fossem embora, enquanto que o FBI dava o seu melhor para rastrear as invasões. Eles finalmente miraram em um dos líderes, "subbsta", cujo nome real era Alexey Ivanov. Não foi tão difícil — o hacker, convencido de que estava fora de alcance pela justiça americana, fornecera seu currículo para a Speakeasy durante as negociações de extorsão.

A polícia russa tinha ignorado um pedido diplomático para deter e interrogar Ivanov, e foi aí que os federais criaram a Invita, um negócio completamente disfarçado feito para atrair o hacker a uma armadilha. Agora Ivanov e Gorshkov estavam cercados por agentes do FBI disfarçados, passando-se por funcionários da empresa, juntos com um hacker White Hat da Universidade de Washington que fazia o papel de um geek de computador chamado Ray. Câmeras escondidas e microfones gravavam tudo no escritório, e um spyware instalado pelo FBI capturava cada tecla digitada nos computadores. No estacionamento lá de fora, por volta de vinte agentes do FBI estavam a postos para ajudar com a prisão.

O agente se passando pelo CEO Patterson tentou arrancar algo mais de Gorshkov. "E com relação a cartões de créditos? Números de cartões? Alguma coisa desse tipo?"

O hacker respondeu: "Enquanto estivermos aqui, jamais diremos que tivemos acesso a números de cartões de crédito".

O agente do FBI e Gorshkov riram conspiratoriamente. Patterson disse: "Eu entendo, eu entendo".

Quando a reunião de duas horas terminou, Patterson colocou os homens em um carro, ostensivamente com o intuito de levá-los à moradia temporária arrumada para suas visitas. Após andar um pouco, o carro parou. Agentes se atiraram para abrir a porta e prenderam os russos.

De volta ao escritório, um agente do FBI percebeu que o monitorador de digitação instalado nos computadores da Invita apresentou-lhe uma oportunidade rara. O que ele fez em seguida o tornou o primeiro agente do FBI a ser acusado pela polícia federal russa de cometer um crime de computador. Ele verificou as logs do monitorador e recuperou a senha que a dupla usara para acessar seus computadores em Chelyabinsk. Então, após verificar com seu supervisor e um promotor, ele acessou pela internet o servidor russo dos hackers e começou a bisbilhotar os nomes dos diretórios, procurando pelos arquivos pertencentes a Ivanov e Gorshkov.

Quando os encontrou, ele fez o download de 2.3 gigabytes de dados comprimidos, gravando-os em um CD-ROM; entretanto, só mais tarde conseguiu um mandado de um juiz para procurar pela informação que ele apanhara. Foi a primeira apreensão internacional de evidências por meio de uma ação hacker.

Quando os federais cavucaram os dados, a extensão, de tirar o fôlego, da atividade de Ivanov ficou clara. Além dos planos de extorsão, Ivanov tinha desenvolvido um método assustadoramente eficaz de sacar os cartões que roubara, utilizando um software personalizado para abrir contas automaticamente no PayPal e no eBay e dar lances em produtos leiloados utilizando um dos meio milhão de cartões roubados que possuía em sua coleção. Quando o programa vencia um leilão, o produto era enviado para a Europa Oriental, onde um sócio de Ivanov o pegava. E aí o software fez tudo isso de novo e de novo. O PayPal bateu a lista de cartões roubados em seu banco de dados e descobriu que tinha acumulado um total de 800 mil dólares de débitos fraudulentos.

Foi o primeiro tremor de uma placa tectônica que modificaria a internet fundamentalmente para a década seguinte. Talvez para sempre. Com excelentes faculdades técnicas, mas poucas oportunidades legítimas para seus graduados, a Rússia e seus ex-estados soviéticos incubavam uma nova espécie de hacker.

Alguns, como Ivanov, acumulavam fortunas pessoais saqueando consumidores e empresas, protegidos por uma aplicação da lei corrupta ou preguiçosa em seus países natais e pouca cooperação internacional. Outros, como Gorshkov, eram levados ao crime devido à dura questão financeira. O hacker se formou em engenharia mecânica pela Universidade Técnica do Estado de Chelyabinsk e abriu, com uma pequena herança de seu pai, um negócio de hospedagem de computadores e web design. Apesar de seu arrogante comportamento de hacker na Invita, Gorshkov era uma recente aquisição da gangue de Ivanov, e ele pagara todo o custo de sua viagem para os Estados Unidos na esperança de aumentar sua fortuna. De certa forma, ele conseguiu: após sua prisão em Seattle, ele ganhava mais dinheiro na prisão fazendo serviços de limpeza e de cozinha, por 11 centavos de dólar a hora, do que sua noiva com a bolsa que o governo pagava em seu país.

Após sua prisão, Ivanov começou a cooperar com o FBI, despejando uma lista de amigos e cúmplices que ainda hackeavam em seu país. A agência percebeu que havia dezenas de invasores visando o lucro, bem como artistas fraudulentos da Europa Oriental já esticando seus tentáculos em computadores do ocidente.

Nos anos seguintes, o número cresceria à casa dos milhares. Ivanov e Gorshkov foram como Fernão de Magalhães e Cristóvão Colombo: suas chegadas à América redesenharam instantaneamente o mapa do crime cibernético mundial para o FBI e colocou, de modo indiscutível, a Europa Oriental como seu centro.

9

Oportunidades

Max vestia um blazer e uma calça cargo amarrotada em sua audiência e observava silenciosamente enquanto os advogados decidiam sobre seu futuro.

Jennifer Granick, a advogada de defesa, disse ao Juiz James Ware que Max merecia uma pena reduzida por causa de seu serviço como Equalizer. O promotor assumiu a direção contrária. Max, ele argumentava, fingira ser um informante do FBI enquanto secretamente cometia crimes contra o governo dos Estados Unidos. Isso era pior do que se ele nunca tivesse cooperado com nada.

Era uma audiência estranha para um criminoso da informática. Uma dezena de colegas de Max do mundo da segurança — pessoas dedicadas a frustrar os hackers — escrevera para o Juiz Ware em nome de Max. Dragos Ruiu, um importante evangelizador da segurança no Canadá, chamou Max de "um inovador brilhante nesse campo". O programador francês Renaud Deraison creditou o apoio inicial de Max por possibilitar a criação do Nessus, scanner de vulnerabilidade de Deraison e uma das mais importantes ferramentas de segurança gratuitas disponíveis na época. "Dado o potencial de Max e sua visão clara sobre a segurança da internet... seria mais útil à sociedade como um todo que ele ficasse entre nós como um especialista de segurança de computadores... em vez de perder tempo em uma cela e ver seu talento computacional se esvair por uma decadência lenta e certa."

De um trabalhador de tecnologia na Nova Zelândia: "Sem o trabalho que Max fez... seria muito mais difícil para minha empresa, e para tantas outras, se proteger dos hackers". De um fã no Vale do Silício: "Tirar Max da comunidade da segurança feriria profundamente nossa habilidade de nos protegermos". Um ex-funcionário do Departamento de Defesa escreveu: "Aprisionar este indivíduo seria um deboche".

Vários dos Famintos também escreveram cartas, assim como a mãe e a irmã de Max. Em sua mensagem, Kimi defendeu eloquentemente a liberdade dele. "Ele salvou minha vida ao me ajudar a sair de uma relação abusiva e ao me ensinar o significado do respeito próprio", ela escreveu. "Ele me deu abrigo quando não tinha onde viver. Ele tomou conta de mim muito bem quando estava seriamente doente, salvando minha vida de novo ao me levar ao pronto-socorro quando eu afirmava que estava 'bem', mesmo que estivesse morrendo."

Quando os advogados terminaram suas discussões, Max falou por si mesmo, com a polidez mais sincera que ele sempre exibia longe de seu computador. Seu ataque, explicou, nascera de boas intenções. Ele só queria fechar o buraco no BIND e acabou perdendo a cabeça.

"Eu me deixei levar", ele disse com suavidade. "É difícil explicar as emoções de alguém que está envolvido com o campo de segurança computacional... na hora, me senti como se estivesse em uma corrida. Que, se fechasse os buracos rapidamente, eu poderia fazer isso antes que pessoas com intenções mais maliciosas pudessem explorá-los."

Max continuou: "O que fiz foi condenável. Eu feri minha reputação na área da segurança computacional. Eu feri minha família e amigos".

O Juiz Ware ouvia atentamente, mas já tomara sua decisão. Deixar Max sair sem uma pena da prisão daria uma mensagem errada aos outros hackers. O juiz disse: "Há uma necessidade de que os outros que venham a seguir seus passos saibam que isso pode resultar em encarceramento".

A condenação: dezoito meses de prisão, seguida de três anos de liberdade vigiada, durante a qual Max não poderia acessar a internet sem a permissão de seu oficial de justiça.

O promotor pediu ao juiz para que Max fosse levado imediatamente sob custódia, mas Ware negou o pedido e deu ao hacker um mês para colocar suas coisas em ordem e se entregar aos federais dos Estados Unidos.

. . .

Max e Kimi tinham se mudado para Vancouver, para perto da família dela, após ele se declarar culpado. Quando voltaram para casa, Max não perdeu tempo em garantir que o Whitehats.com e o arachNIDS sobrevivessem enquanto estivesse encarcerado. Ele configurou débitos automáticos para pagar as contas de sua banda-larga e escreveu uma lista de itens para Kimi tomar conta em sua ausência. Agora ela estava no comando do arachNIDS, ele disse, mostrando o servidor situado no chão do apartamento.

O casal adotou dois filhotes de gato para fazer companhia a Kimi enquanto ele estivesse fora, os quais receberam os nomes das espadas de *Elric de Melniboné*. O macho laranja era Mournblade; a fêmea cinza, Stormbringer.

Max passou seu último fim de semana em liberdade em frente ao seu teclado, deixando o arachNIDS pronto para Kimi assumi-lo. Quando a segunda-feira chegou, ele se entregou dentro do prazo. No dia 25 de junho de 2001, foi trancado na cadeia do condado, aguardando a transferência para seu novo lar, a Prisão Federal Taft, uma instalação administrada pela empresa Wackenhunt, localizada próxima a uma cidadezinha na região central da Califórnia.

Até onde Max sabia, foi outra injustiça, assim como aquela em Idaho. Ele foi mandado de volta para a prisão não por suas atividades como hacker, mas por se recusar a armar contra Matt Harrigan. Ele estava sendo punido por sua lealdade, mais uma vez vítima de um caprichoso sistema de justiça. Ele duvidava até mesmo de que o Juiz Ware tivesse visto os detalhes de seu caso.

Kimi estava sem rumo, sozinha pela primeira vez desde que conhecera Max. Apesar de todas as suas conversas de ficar com ela para sempre, ele escolhera um caminho que garantiu suas separações.

Dois meses depois, Kimi conversava com ele, pelo telefone da prisão, quando ouviu um *pop!* e um cheiro de fumaça cáustica preencheu suas narinas. A placa-mãe do servidor de Max tinha pegado fogo. Ele tentou acalmá-la — tudo o que ela tinha que fazer era substituir a placa. Ele poderia fazer isso de olhos fechados. Max explicou-lhe o procedimento, mas Kimi estava percebendo que não servia para essa vida de esposa de um hacker na prisão.

Em agosto, ela foi ao festival Burning Man, em Nevada, para esquecer de seus problemas. Quando voltou para casa, ela deu as más notícias para Max pelo telefone. Kimi conhecera outra pessoa.

Foi outra traição. Max recebeu as notícias com uma calma estranha, perguntando a ela todos os detalhes: que droga ela estava usando quando o traiu? Em que posições sexuais eles ficaram? Ele queria ouvi-la pedindo por seu perdão — ele a perdoaria num piscar de olhos. Mas não era isso que ela estava pedindo. Ela queria o divórcio. Ela disse: "Eu não sei se você sequer pensa mais sobre o futuro".

Buscando encerrar tudo, Kimi pegou um avião para a Califórnia e dirigiu até Taft, sentando-se nervosamente na sala de espera, seus olhos passando por uma parede de cartazes descrevendo a rede de prisões no estilo colmeia, da Wackenhut, país afora. Quando Max foi trazido até a sala, ele foi até seu lugar na mesa de piquenique de aço inoxidável na sala de visitas e fez um apelo. Ele disse que pensava sobre o futuro e que vinha fazendo planos na prisão.

Ele disse, diminuindo sua voz: "Tenho conversado com algumas pessoas. Pessoas com quem acho que posso trabalhar".

Jeffrey James Norminton estava cumprindo a parte final de uma pena de 27 meses quando Max o conheceu em Taft. Aos 34 anos, Norminton tinha a impassível aparência física de um brigão, com pescoço grosso, testa grande e um buraco no queixo à la Kirk Douglas. Alcoólatra e vigarista nato, ele era um mestre financeiro que fez seu melhor trabalho meio sóbrio. Começava a tomar cerveja sem parar assim que saía da cama e, ao fim do dia, ele não servia para mais nada, mas, naquele doce espaço entre a sobriedade da manhã e o atordoamento do meio da tarde, Norminton era um mestre vigarista de alto risco — um criminoso que fazia acontecer, que conseguia quantias de sete dígitos do nada.

A última travessura de Norminton exigiu um pouco mais do que um telefone e um aparelho de fax. O alvo tinha sido o Entrust Group, uma corretora de investimentos em ações da Pensilvânia. Em um dia de verão de 1997, Norminton pegou o telefone e ligou para um vice-presidente da Entrust, passando-se por um gerente de investimentos do Highland Federal Bank, um banco verdadeiro em Santa Mônica, Califórnia.

Transbordando charme e confiança, o trapaceiro convenceu a Entrust a comprar do banco certificados de depósito de alto rendimento, prometendo um retorno de 6,2% após um investimento de um ano. Quando a Entrust enviou ansiosamente 297 mil dólares ao Highland, o dinheiro foi parar numa empresa laranja que o cúmplice de Norminton criara sob o nome da Entrust. Para o banco, a transação parecia com uma corretora de investimentos transferindo dinheiro de uma conta para outra.

Os falsários sacaram prontamente a quantia, deixando apenas 10 mil dólares do dinheiro, e, então, aplicaram o golpe novamente, dessa vez com o parceiro de Norminton fazendo a ligação ao mesmo vice-presidente, fingindo ser de um banco diferente, o City National, oferecendo um retorno ainda maior. A Entrust fez prontamente outras duas transferências, totalizando 800 mil dólares.

Norminton se deixou levar por sua ambição. Ele mandou seu cúmplice ao City National para descontar 700 mil de um único cheque. Um investigador do banco ficou desconfiado e rastreou as transferências até a Entrust verdadeira. No saque seguinte, os agentes do FBI estavam esperando. O mestre financeiro agora passava férias em Taft. A única coisa boa de sua prisão foi que ele encontrara um hacker talentoso tentando voltar ao sistema.

Norminton deixou claro que tinha visto um potencial de verdade em Max, e a dupla começou a andar pelo pátio todos os dias, contando histórias de guerra e fantasiando sobre como eles poderiam trabalhar juntos quando fossem libertados. Com a orientação de Norminton, Max poderia aprender facilmente a invadir corretoras, em que deparariam com contas comerciais recheadas, drenando-as para bancos no exterior. Um grande golpe e eles teriam dinheiro suficiente para a vida toda.

Após cinco meses, Norminton e seus esquemas foram mandados para casa, na ensolarada Orange County, Califórnia, enquanto Max permanecia em Taft com mais um ano para cumprir de sua pena — longos e entediantes dias de comida ruim, esperas para contagem de presos e os sons de correntes e chaves.

Em agosto de 2002, Max foi libertado mais cedo para uma casa de recuperação destinada a sessenta pessoas, em Oakland, onde ele dividiu um quarto com outros cinco ex-presidiários. Kimi se encontrou com Max para entregar-lhe os papéis do divórcio. O relacionamento com o cara que ela conhecera na Burning Man estava ficando sério; era hora de Max deixá-la partir, ela disse. Max, entretanto, se recusou a assinar.

A liberdade relativa de Max na casa de recuperação era tênue — a instalação exigia que ele arrumasse um emprego remunerado ou ele voltaria à prisão, sendo que trabalhos por telefone não eram autorizados. Ele foi atrás de seus velhos contatos no Vale do Silício e descobriu que suas chances de encontrar um emprego tinham sido destruídas por conta de sua condenação como hacker e pelo mais de um ano na prisão.

Desesperado, pegou um laptop emprestado de um dos Programadores Famintos e enviou uma mensagem para uma lista de empregos gerenciada por especialistas de segurança de computadores que um dia o admiraram. Ele escreveu: "Eu tenho ido a lugares que oferecem trabalhos braçais, às 5:30 da manhã, e ainda não encontrei emprego. Minha situação é simplesmente ridícula". Max ofereceu seus serviços por um preço baixíssimo. "Estou disposto a trabalhar recebendo um salário mínimo pelos próximos meses. Com certeza existe um cargo disponível em uma empresa de segurança na região... a última meia dúzia de empregos que tive me pagava pelo menos 100 dólares por hora de serviço, agora estou pedindo apenas por 6,75".

Um consultor respondeu ao apelo, concordando que Max trabalhasse em seu escritório em Fremont, não muito longe da casa de recuperação. Ele pagaria dez dólares por hora para Max ajudá-lo a montar servidores, um retrocesso ao seu primeiro trabalho na adolescência. Tim Spencer emprestou uma bicicleta a Max para ele pedalar até a estação de trem todos os dias. Max foi liberado da casa de recuperação após dois meses, e os Programadores Famintos mais uma vez deram-lhe abrigo. Ele se mudou para um apartamento, em São Francisco, dividido com Chris Toshok, Seth Alves — um veterano da aventura da chave-mestra do Meridian — e com a ex-namorada de Toshok, Charity Majors.

Apesar das fantasias que ele e Norminton tinham criado na cadeia, Max estava determinado a se endireitar. Ele retomou sua busca por emprego, mas as propostas de trabalho recusavam-se a aparecer para um ex--presidiário. Até mesmo o Projeto Honeynet, ao qual tinha doado sua especialidade apenas alguns anos antes, o evitava.

Sua maré começou a melhorar de outras formas: ele começou a namorar Charity Majors, uma colega refugiada de Idaho que se classificava como um avatar do mundo virtual, pintando suas unhas como se fossem Skittles — cada uma com uma cor diferente — e usando lentes que deixavam seus olhos numa cor verde esmeralda impossível. O dinheiro era curto para ambos: Charity trabalhava como administradora de sistemas para um site pornô de Nevada, recebendo pagamentos do Estado de Prata, os quais eram ínfimos em São Francisco. Max estava quase falido.

Um dos ex-clientes de Max no Vale do Silício tentou ajudar oferecendo--lhe um contrato de 5 mil dólares para realizar um teste de penetração na rede da empresa. A companhia gostava de Max e não se importava muito se ele fizesse um relatório, mas o hacker levou tudo muito a sério. Ele bateu nos firewalls da empresa por meses, esperando uma daquelas vitórias fáceis com as quais tinha se acostumado como White Hat. Mas ficou surpreso. O estado da segurança corporativa tinha melhorado enquanto ele esteve preso. Não conseguia furar a rede de seu único cliente. Sua invencibilidade estava desmoronando.

"Eu nunca tinha falhado em entrar em um sistema antes", disse Max, incrédulo, a Charity.

"Querido, há anos que você não punha as mãos em um computador", ela disse. "Você vai demorar um pouco. Não se sinta obrigado a entrar hoje".

Max forçou ainda mais, aumentando sua frustração com sua falta de poder. Finalmente, ele tentou algo novo. Em vez de procurar por vulnerabilidades nos servidores reforçados da empresa, usou como alvo alguns dos empregados, individualmente.

Esses ataques do "lado cliente" são o que a maioria das pessoas vivencia dos hackers — um e-mail spam chega em sua caixa, com um link de um suposto cartão eletrônico ou de uma imagem engraçada. O download é, na verdade, um programa executável, e, se você ignorar o aviso de sua máquina Windows e instalar o software, seu computador não é mais seu.

Em 2003, o segredo sujo desses ataques era que até mesmo usuários experientes, que sabiam que não deviam instalar um software de fora, podiam ser ludibriados. O "inchaço de navegadores" era amplamente culpado. Nos anos 1990, uma batalha cruel com a Netscape pelo controle do mercado de navegadores tinha levado a Microsoft a rechear o Internet Explorer com funcionalidades e recursos desnecessários. Cada capacidade adicionada expandiu a superfície de ataque do navegador. Mais código significava mais bugs.

Agora as falhas do Internet Explorer apareciam constantemente. Elas eram em geral descobertas por um dos mocinhos: os próprios programadores da Microsoft ou um White Hat que normalmente, mas nem sempre, avisava a empresa antes de detalhar o problema no Bugtraq.

Mas, uma vez que a falha se tornasse pública, a corrida começava. Chapéus pretos trabalhavam para explorar o bug, construindo páginas com o código de ataque, enganando as vítimas a visitá-las. Só o fato de visualizar a página já dava o controle do computador da vítima, sem alerta externo de infecção algum. Mesmo que os bugs não viessem a público, os bandidos conseguiam encontrá-los fazendo engenharia reversa da vulnerabilidade, a partir dos patches da Microsoft. Os especialistas em segurança acompanhavam, abismados, como a questão do tempo entre o anúncio de uma vulnerabilidade e sua exploração por chapéus pretos diminuíra de meses para dias. No pior de todos os cenários, os chapéus pretos encontravam o bug primeiro: uma vulnerabilidade do "dia zero", que deixava os mocinhos brincando de pega-pega.

Com os novos patches da Microsoft sendo lançados quase que toda semana, até mesmo as empresas mais vigilantes tendiam a atrasar a atualização, enquanto que os usuários comuns simplesmente não atualizavam nada. Uma pesquisa mundial com 100 mil usuários do Internet Explorer, realizada mais ou menos na época do trabalho de Max, descobriu que 45% sofriam com vulnerabilidades de acesso remoto por falta de atualizações; levando-se em conta apenas os usuários americanos, os números caíam um pouco, para 36%.

O ataque de Max foi eficaz. Após garantir o acesso a uma máquina Windows de um funcionário, ele entrou pelo lado de dentro da rede da empresa e pegou alguns troféus, saindo dela como o monstro arrebentador de tórax em *Alien*.

"Foi quando decidi que devia riscar meu velho modelo de teste de penetração e incluir um ataque centrado no cliente como parte obrigatória do exercício", ele escreveu mais tarde a um colega White Hat. "Desde então, estou confiante sobre a taxa de 100% de sucesso nos ataques".

Mas, em vez de gratidão, o relatório final de Max foi recebido com raiva. Usar um ataque do lado cliente em um teste de penetração era quase que indecente; se você fosse contratado para testar a segurança física da sede de uma empresa, você não necessariamente se sentiria à vontade de invadir a casa de um empregado para roubar as chaves. O cliente deu-lhe uma bronca: eles pagaram Max para ele invadir seus servidores, não seus funcionários.

Max começou a se perguntar se tinha algum futuro na segurança de computadores. Seus ex-amigos da comunidade tinham todos seguido em frente. A Hiverworld, onde Max quase fora o empregado 21, renovara sua equipe executiva e ganhou 11 milhões de dólares em capital de risco, mudando seu nome para nCircle Network Security. Marty Roesch deixou a empresa para construir o sucesso do Snort — com o qual Max tinha contribuído —, abrindo sua própria firma, chamada Sourcefire, em Maryland. Ambas empresas estavam em um caminho de sucesso, com a nCircle iniciando uma expansão que a deixaria com 160 funcionários nos anos seguintes, e com a Sourcefire encaminhando-se para uma abertura de ofertas públicas na NASDAQ.

Em algum universo alternativo em que Max nunca tivesse hackeado o Pentágono, ou nunca tivesse usado aquela conexão discada da Verio, ou que tivesse mantido a boca fechada e usado uma escuta no caso de Matt Harrigan, o hacker estaria levando uma dessas empresas rumo ao sucesso financeiro e ao trabalho desafiador e recompensador. Em vez disso, ele podia apenas assistir a tudo de fora.

Ele era um itinerante, ávido por dinheiro, procurando algo para fazer com sua liberdade. Foi aí que verificou seus e-mails do Whitehats.com e encontrou um recado anônimo de "um velho amigo de Shaft". Era o código secreto que Max tinha criado com Jeff Norminton.

Max se encontrou com Jeff Norminton em um quarto do St. Francis Hotel, e eles conversaram. Norminton não tinha se dado bem com a liberdade vigiada: o juiz que o condenou exigia que ele entregasse amostras de urina mensalmente, assim seu oficial de justiça teria certeza de que ele não voltara a beber. Isso era um problema, já que ele estava bebendo de novo. Após recusar-se a fazer dois testes, a corte ordenou que Norminton se internasse na Impact House, um centro de reabilitação para álcool e drogas em Pasadena. Ele foi embora depois de três semanas e agora buscava fazer um esquema que lhe rendesse zeros suficientes com o intuito de fugir para o México.

Era a hora de colocar em prática os planos que fizeram na prisão, Norminton disse. Ele estava pronto para bancar Max em sua nova carreira como hacker profissional.

Max estava pronto. Ele lutara por tempo suficiente para levar uma vida honesta, e estava cansado de ser castigado. Ele sabia que já não era mais tão bem-vindo na casa dos Programadores Famintos, mesmo que eles jamais tivessem reclamado. Sua dieta estava restrita a macarrão e vegetais. Ele não possuía plano de saúde e apresentava problemas nos dentes que custariam milhares de dólares para consertar.

O serviço de quarto interrompeu a conversa para entregar uma cesta de cortesia. Norminton fez toda uma cena ao levar a entrega até o banheiro, ligar o chuveiro e fechar a porta — caso a cesta tivesse escutas, ele disse. Quando cansaram de rir, Max deu a Norminton uma pequena lista de compras com as coisas de que ele precisaria para começar, um laptop de alta performance da Alienware e uma antena, das grandes.

Havia apenas um empecilho. Norminton estava falido. Eles teriam que arrumar outra pessoa para dar o dinheiro. Felizmente, Jeff conhecia o cara certo.

10

Chris Aragon

Max se encontrou com seu futuro amigo e parceiro criminoso Chris Aragon em North Beach, a Little Italy de São Francisco, onde clubes de strip-tease duvidosos e cartomantes coexistiam com uma fila de restaurantes agradavelmente berrantes, servindo pães mornos e massas quentes para clientes jantando nas calçadas. A reunião foi marcada em uma cafeteria perto da livraria City Lights, berço da Geração Beat nos anos 1950, e esquina com o Vesuvio Café, um bar anunciado por coloridos murais com garrafas de vinho e um sinal de paz. Descendo a colina, o Transamerica Pyramid ficava de sentinela sobre o distrito financeiro, como se perfurasse o céu.

Norminton apresentou Chris a Max em meio ao barulho de pratos e xícaras de café. Os dois se deram bem imediatamente. Chris, de 41 anos, estudava a espiritualidade oriental, um vegetariano que fazia meditação para centralizar sua mente. Max, com seus valores hippies, parecia um espírito irmão na estrada da vida. Eles tinham lido até alguns dos mesmos livros.

E, como Max, Chris fora preso mais de uma vez.

Tudo começou no Colorado, quando Chris tinha 21 anos. Ele trabalhava como massagista em um resort com fontes termais, ganhando o suficiente para pagar o aluguel e alimentar um pequeno hábito de consumir cocaína, quando se meteu com um veterano problemático chamado Albert See, que ele conhecera na cadeia quando cumpria pena juvenil. See tinha acabado de escapar de uma prisão de segurança mínima e precisava de dinheiro para sair do país.

Chris veio de uma família privilegiada — sua mãe, Marlene Aragon, trabalhava em Hollywood como dubladora, e, recentemente, tinha se divertido ao dublar a vilã felina da Mulher Maravilha, a Mulher Leopardo, no desenho *Superamigos*, que passava nas manhãs de sábado do canal ABC. Mas ele também tinha uma visão romântica do crime e dos criminosos; na parede de seu apartamento, havia um pôster da capa do disco *Ladies Love Outlaws* (Damas Amam os Fora da Lei), de Waylon Jennings. Ele acolheu Albert, e os dois embarcaram em uma destemida série de roubos a banco, na maioria das vezes atrapalhadas, nas cidades resort pelo Colorado.

O primeiro roubo, no Aspen Savings and Loan, começou bem: Chris, com uma bandana azul e branca sobre a boca para esconder seu aparelho, apontou uma pistola 45mm automática, fabricada para uso do exército, para o gerente do banco enquanto ele destrancava a porta de manhã. Ele e Albert empurraram o gerente para dentro, onde encontraram a mulher da limpeza se escondendo embaixo de uma das mesas, já ligando para a polícia. Ambos saíram apressados.

O segundo roubo, no Pitkin County Bank and Trust, terminou antes mesmo de começar. O parceiro de Chris se escondeu em uma lixeira do lado da porta dos fundos, planejando pular para fora dela com sua espingarda quando os primeiros funcionários chegassem para trabalhar de manhã. O plano foi abortado quando Chris, observando do outro lado da rua, viu um caminhão de lixo parar no beco para esvaziar a lixeira.

O terceiro foi mais bem planejado. Em 22 de julho de 1981, Chris e Albert visitaram a Voit Chevrolet, em Rifle, e disseram que queriam fazer um test-drive no novo Camaro. O desafortunado vendedor insistiu em ir com eles e, quando saíram dos limites da cidade, Chris parou no acostamento, e Albert retirou o vendedor do carro sob a mira de uma arma. Eles o amarraram com uma corda, o amordaçaram e o deixaram em um campo antes de fugirem no carro esportivo prateado.

No dia seguinte, às 16:50, Chris dirigiu o Camaro roubado até o Valley Bank and Trust, em Glenwood Springs, onde os habitantes da cidade depositavam o dinheiro ganho com a próspera indústria do turismo. O próprio Chris tinha uma conta lá. Ele esperou do lado de fora, atrás do volante do carro, enquanto Albert entrava no banco usando óculos de sol coloridos, carregando uma maleta de couro. Albert saiu correndo minutos depois com 10 mil dólares em dinheiro e pulou pra dentro do Camaro; Chris acelerou.

Ele dirigiu em direção ao sul, para fora da cidade, em uma estrada de terra que serpenteava as rochosas colinas vermelhas que cercavam Glenwood Springs, e depois pegou uma trilha usada por jipes, onde sua namorada esperava para trocar de carro. Alegre e animado, Chris dirigiu até ela e virou o Camaro com uma derrapagem, levantando uma nuvem de poeira de 7 metros pelo ar.

Ele pulava para cima e para baixo e gritava "Nós conseguimos!", quando uma patrulha policial, atraída pela nuvem de poeira, foi pra cima dos ladrões. Chris e Albert saíram correndo desenfreadamente pelo terreno acidentado, cheio de árvores. Chris caiu de um cume e aterrissou sobre um cacto, e os dois policiais os alcançaram. Chris largou sua espingarda e se rendeu.

Ele aprendeu uma lição valiosa dessa sua experiência: não é que o crime não compensava, mas armas e carros de fuga eram uma forma idiota de se roubar um banco. Quando recebeu a condicional, em 1986, após cinco anos em uma prisão federal, ele mergulhou na fraude de cartões de crédito e desfrutou um sucesso modesto. Então, juntou-se a um traficante de drogas mexicano que conhecera na prisão. Chris ajudou a entregar 900 quilos de maconha em um sítio de 8 hectares próximo a Riverside, Califórnia, apenas para ser pego em uma operação sigilosa, a nível nacional, do departamento de narcóticos. Ele voltou à prisão em setembro de 1991.

Quando saiu, em 1996, estava com 35 anos e tinha passado mais da metade de sua vida adulta, e parte de sua infância, atrás das grades. Chris prometeu entrar na linha. Com a ajuda de sua mãe, ele abriu um negócio honesto chamado Mission Pacific Capital, uma empresa de arrendamento que fornecia computadores e equipamentos de negócio para empresas que estavam começando, ávidas para conquistar seu espaço na corrida da internet.

Bem vestido, elegante e com um olhar empático, Chris se adequou com facilidade ao papel de empreendedor do sul da Califórnia. Após uma vida de crimes e incertezas, os encantos de uma existência normal, de classe média, tinham um apelo exótico e satisfatório. Ele adorava viajar para convenções, entrevistar e contratar empregados e bater um papo com os colegas. Durante uma convenção de marketing em Nova Orleans, ele conheceu Clara Shao Yen Lee, uma mulher elegante, descendente de chineses, que tinha emigrado do Brasil. Tomado pela beleza e pela inteligência de Clara, ele se casou com ela prontamente.

Sob a liderança de Chris, a Mission Pacific construiu a reputação de uma empresa de arrendamento inovadora, uma das primeiras a oferecer contratos instantâneos pela web, o que ajudou a firma a conquistar dezenas de milhares de clientes pelo país. O ex-ladrão de bancos e traficante de drogas tinha dois proeminentes homens de negócios de Orange County como parceiros e 21 empregados trabalhando em um escritório espaçoso, a um quarteirão da rodovia Pacific Coast. Clara aparecia periodicamente para ajudar com a aparência e o clima do site e com o material de marketing da empresa. Por volta do ano 2000, o casal tinha um condomínio de luxo em Newport Beach, um filho, e se estabelecera em um negócio que parecia ter um potencial tão ilimitado quanto a própria internet.

Naquela primavera, o sonho morreu; a bolha da internet estourou, e a corrente de novas empresas que tinham sido o sangue que dava vida a Mission Pacific começou a secar. Depois, grandes empresas como a American Express entraram para o mercado de arrendamento, esmagando as firmas pequenas. A companhia de Chris foi uma das dezenas de empresas a quebrar. Ele começou a liberar os empregados e finalmente teve que contar aos que restaram que a Mission Pacific não conseguiria honrar com sua próxima folha de pagamento.

Chris foi trabalhar para outra empresa de arrendamento, mas o dispensaram em uma leva de demissões quando um grande banco comprou a firma. Enquanto isso, sua esposa deu à luz o segundo filho. Então, quando Jeff Norminton apareceu falando sobre o super-hacker que ele tinha conhecido em Taft, Chris estava pronto para ouvir.

Na época em que ele e Max se encontraram naquele restaurante de North Beach, Chris já financiava o esquema de Norminton, fornecendo alguns dos equipamentos especializados dos quais o hacker precisava. Agora que Chris tinha conhecido Max pessoalmente, ele estava ansioso por uma demonstração. Após conversarem por horas, os três deixaram a cafeteria para encontrar um local de onde pudessem hackear.

Eles foram parar no prédio de 27 andares do Holiday Inn, de Chinatown, a alguns quarteirões dali. Sob os comandos de Max, pediram por um quarto bem no alto. Max se posicionou na janela, ligou seu laptop, conectou a antena e começou a procurar por redes Wi-Fi.

Em 2003, o mundo estava ficando sem fio de forma abrupta, trazendo junto uma gigantesca falha de segurança. A revolução tinha começado com o ponto de acesso sem fio AirPort, da Apple, e depois foi acompanhada pelas fabricantes de hardware, como Linksys e Netgear. Conforme os preços do hardware caíam, mais e mais empresas e usuários domésticos começaram a se libertar das amarras de seus cabos azuis de ethernet.

Entretanto, os aparelhos sem fio sendo introduzidos nas casas e nos escritórios pelo país eram o sonho de um hacker. Um padrão sem fio chamado 802.11b era esmagadoramente empregado, o que incluía um esquema de encriptação que, na teoria, tornaria difícil acessar a rede sem fio de alguém sem autorização ou espionar passivamente o tráfego de computadores. Mas, em 2001, pesquisadores da Universidade da Califórnia, em Berkeley, revelaram inúmeras graves fraquezas no esquema de encriptação, as quais o tornavam vulnerável não apenas aos equipamentos simples vendidos em qualquer loja, mas também ao software certo. E, para facilitar, geralmente não se precisava da magia negra da computação. Para acelerar sua adoção, os fabricantes despachavam pontos de acesso sem fio com a encriptação desligada como padrão. Empresas pequenas e grandes apenas ligavam os aparelhos e se esqueciam deles — às vezes, erroneamente presumindo que as paredes do escritório evitariam que a rede escapasse para a rua.

Alguns meses antes de Max ir para a cadeia, um hacker White Hat tinha inventado um jogo chamado "war driving" com o intuito de destacar o predomínio de redes vazando em São Francisco. Após instalar uma antena magnética no teto de seu carro Saturn, o White Hat cruzou as ruas do centro da cidade enquanto seu laptop procurava por sinais de conexões Wi-Fi. Após uma hora no distrito financeiro, ele encontrou quase oitenta conexões. Um ano e meio se passara desde então, e São

Francisco, assim como outras cidades grandes, estava agora coberta por um mar invisível de tráfego de rede, disponível a qualquer um que quisesse mergulhar nele.

Hackear de casa era para os idiotas e adolescentes — Max tinha aprendido a lição do jeito difícil. Graças ao Wi-Fi, agora ele podia trabalhar de praticamente qualquer lugar em completo anonimato. Dessa vez, se a polícia rastreasse um dos ataques de Max, ela apareceria na porta de um pobre coitado qualquer de quem Max tivesse usado a conexão.

A antena que Max usava era um monstro, uma parabólica com 60 cm de largura, com grade de arame, a qual rapidamente destrinchava dezenas de redes ao redor do Holiday Inn. Ele entrou em uma e mostrou a Chris como tudo funcionava. Empunhando um scanner de vulnerabilidade — o mesmo tipo de ferramenta que ele usara em seus testes teóricos —, ele conseguia escanear rapidamente grandes porções do endereço espacial da internet em busca de vulnerabilidades conhecidas, como se estivesse jogando uma rede de pesca pela web. As falhas de segurança estavam por toda a parte. Ele continuava confiante de que entraria em sites de instituições financeiras e de lojas virtuais num piscar de olhos. Cabia a Norminton e a Chris decidir de que tipo de dados eles precisavam e como os explorariam.

Chris estava pasmo. O hacker de 1,95 m, semivegetariano, entendia da coisa, mesmo que estivesse um pouco enferrujado.

Chris apresentou Max a um de seus contatos da prisão, um fraudador do mercado imobiliário chamado Werner Janer, que Chris conhecera na Terminal Island, em 1992. Janer ofereceu 5 mil dólares a Max para invadir um computador de um inimigo pessoal. Ele assinou um cheque nominal a Charity, então Max não precisaria explicar o pagamento ao seu oficial de justiça.

O dinheiro deu a Max um pouco de espaço para respirar. Ele começou a voar até Orange County, digitando seu nome de forma errada na passagem, fazendo com que não houvesse registro de sua violação à liberdade provisória por deixar a região da baía. Ele e Norminton começaram a frequentar a casa de Chris, chegando a ficar uma semana inteira a cada visita, hackeando da garagem.

Max fez o download de uma lista de pequenas instituições financeiras a partir do site da Corporação Federal de Seguros de Depósitos, achando que elas seriam mais vulneráveis, e criou um script para escanear cada banco, à procura de falhas conhecidas. Uma campainha eletrônica tocava toda vez que uma falha era encontrada. Ele entrou nos bancos e recolheu nomes de clientes, dados financeiros e números de contas correntes.

Essa abordagem aleatória significava que Max seria poupado da frustração que sentiu em seu último teste de penetração honesto. Hackear qualquer alvo específico pode ser difícil, dependendo do que for escolhido, às vezes até impossível. Mas escaneie centenas ou milhares de sistemas, e você terá a certeza de encontrar alguns vulneráveis. Era um jogo de probabilidade, como tentar abrir portas de carros conforme você anda por um estacionamento.

Charity tinha apenas uma vaga noção sobre aquilo em que Max estava metido, e não gostava disso. Em um esforço para conquistá-la, Chris e Norminton convidaram o casal para umas férias curtas em Orange County, com passagens pagas para um fim de semana na Disneylândia. Charity podia ver que Max e Chris estavam no mesmo barco, mas algo não cheirava bem a respeito de Chris. Ele era muito jeitoso, muito civilizado.

Os ataques de Max passaram a atingir pequenos sites de e-commerce, nos quais ele conseguiu históricos de transações, alguns com números de cartões de crédito. Mas seus esforços não apresentavam foco, e Chris e Norminton não tinham certeza do que fazer com todos os dados que ele roubava.

Felizmente, Chris tinha um pouco de dinheiro entrando. Werner Janer lhe devia 50 mil dólares e estava pronto para transferir o dinheiro a uma conta de banco à escolha de Chris. Determinado a pôr as mãos em uma grana fria, concreta e sem rastros, Chris pediu a Norminton para que fizesse o que ele fazia melhor; Norminton concordou que um de seus amigos recebesse a transferência e fizesse o saque durante o curso de alguns dias.

A primeira rodada de saques ocorreu como o planejado, e Norminton e seu amigo foram até a casa de Chris e entregaram 30 mil dólares em notas de 100. Porém, no dia seguinte, Norminton disse que seu amigo ficara doente e que precisaria tirar o dia para repousar.

Na verdade, Norminton tinha descoberto a fonte do dinheiro: era a parte de Chris por um golpe imobiliário que ele ajudara Janer a aplicar. O dinheiro era sujo, e agora Norminton estava envolvido no esquema. Na manhã seguinte, Chris encontrou o Honda emprestado a Norminton estacionado do lado de fora de seu escritório, com um pneu furado e um amassado recente no para-lama. Havia uma mensagem de Norminton dentro: o FBI está atrás de mim. Estou fugindo da cidade.

Chris ligou para a mula de dinheiro de Norminton, já sabendo qual seria o resultado: o sócio de Norminton estava com ótima saúde e tinha sacado os 20 mil restantes no dia anterior, como planejado. Ele entregara a Norminton. Chris não recebeu?

Chris encontrou Max, por meio de Charity, e exigia respostas: O que Max sabia sobre os planos de Norminton? Onde estava o dinheiro? Max ficou tão surpreso quanto Chris em relação ao desaparecimento de Norminton, e, por fim, ambos concordaram em manter a parceria sem ele.

Max e Chris caíram em uma rotina. Uma vez por mês, Chris voava ou dirigia até o norte e encontrava Max no centro de São Francisco, onde eles se hospedavam em um hotel. Os dois levavam a antena de Max pela escada de incêndio até o quarto e a montavam em um tripé próximo da janela. Então Max procurava por um tempo até encontrar um Wi-Fi de alta velocidade com um sinal forte.

Eles aprenderam que a altitude não era tão importante na hackeagem Wi-Fi quanto à imensidão de prédios visíveis pela janela. Se eles não encontrassem nada, Chris corria até a recepção para pedir um quarto diferente, explicando seriamente que não conseguia sinal para seu celular ou que tinha muito medo de altura para ficar no vigésimo andar.

Max considerava isso como um emprego, despedindo-se de Charity e então desaparecendo por até uma semana em um dos melhores hotéis da cidade, o Hilton, o Westin, o W ou o Hyatt. Enquanto o tilintar das buzinas dos bondes elétricos subia das ruas lá embaixo, Max lançava sua rede pelo ciberespaço, recolhendo qualquer dado que encontrasse — sem saber ao certo o que procurava.

Por capricho, ele invadiu o computador de Kimi e daquele namorado dela, com quem ela tinha ido morar. Max contemplou a ideia de roubar sua lista de contatos, enviando um e-mail em massa no nome dela, detalhando como ela o traíra. Ele achou que todos devessem saber que a nova vida de Kimi foi construída sobre uma base de infidelidade.

Mas ficou por isso mesmo. Agora ele tinha Charity. Kimi tinha seguido em frente, e ele percebeu que não ganharia nada tentando envergonhá-la. Pouco tempo depois, ele assinou os papéis do divórcio.

Voltando ao seu trabalho, ele começou a procurar orientação no Google para sobre o que focar: O que os demais fraudadores faziam? Como eles ganhavam dinheiro com dados roubados? Foi quando ele descobriu onde a ação criminosa de verdade estava online: dois sites chamados CarderPlanet e Shadowcrew.

11

As Dumps de 20 Dólares de Script

Na primavera de 2001, por volta de 150 criminosos de computador falantes do idioma russo convocaram uma cúpula em um restaurante na cidade portuária ucraniana de Odessa com o intuito de bolar o lançamento de um site revolucionário. Entre os presentes, estava Roman Vega, um homem de 37 anos que vendia cartões de crédito falsos para o submundo por meio de sua loja de fachada online BOA Factory; um ladrão virtual conhecido como "King Arthur"; e o homem que se tornaria o líder, um vendedor ucraniano de cartões de crédito conhecido sob a alcunha "Script".

A discussão foi motivada pelo sucesso de um site hospedado no Reino Unido, criado em 2000, chamado Counterfeit Library (Biblioteca da Falsificação), o qual resolveu uma das principais fraquezas para se conduzir negócios criminosos em salas de bate-papo no IRC, onde a sabedoria e a experiência de anos de crime desaparecia assim que as salas eram fechadas. Fundada por diversos cibercriminosos ocidentais, a Counterfeit Library colecionava tutoriais do submundo em um único site e incluía um fórum de discussão online, no qual ladrões de identidade podiam se encontrar para trocar dicas e comprar e vender "réplicas" de cartões de identificação — um eufemismo destilado da mesma ideia de que prostitutas têm "encontros".

A Counterfeit Library era mais parecida com os sistemas de boletins eletrônicos dos tempos pré-web do que com o IRC. Os membros podiam postar em tópicos de discussão permanentes e construir reputações e marcas próprias. Conforme os criminosos ao redor do mundo descobriam essa área de terra firme em meio a um efêmero mar sombrio do comércio do submundo, o site acumulou centenas, depois milhares de usuários pela América do Norte e pela Europa. Eles eram ladrões de identidade, hackers, phishers, spammers, falsificadores de moeda e cartões, todos atuando de seus apartamentos e de seus depósitos, cegos, até agora, à vastidão de sua irmandade secreta.

Os carders do leste europeu observavam a Counterfeit Library com inveja. Agora eles queriam aplicar a mesma alquimia ao seu próprio submundo.

Em junho de 2001, o resultado da cúpula de Odessa foi revelado: a International Carders Alliance, ou simplesmente Carderplanet.com, uma reinvenção organizada da Counterfeit Library reunindo o submundo do ex-império soviético. Enquanto a Counterfeit Library era um fórum de discussão independente, e a BOA Factory, uma franca empresa de fachada, o CarderPlanet era um bazar online disciplinado, abastecido com a excitação de um mercado de commodities.

Óbvio em seus objetivos, o site adotou a nomenclatura da máfia italiana por sua hierarquia rígida. Um usuário registrado era uma "sgarrista" — um soldado, sem privilégios especiais. Um degrau acima estava o "giovane d'honore", que ajudava a moderar as discussões sob a supervisão de um "capo". No topo da cadeia alimentar, estava o don da CaderPlanet, Script.

Vendedores que falavam russo reuniram-se no novo site para oferecer uma gama de produtos e serviços. Números de cartões de crédito eram uma base sólida, naturalmente, mas apenas o começo. Alguns vendedores se especializaram nas valiosas "informações completas" — um número de cartão acompanhado pelo nome do dono, pelo endereço, pelo número do seguro social e pelo nome de solteira da mãe, tudo por aproximadamente 30 dólares. Contas hackeadas do eBay valiam 20 dólares. Compradores ambiciosos podiam gastar 100 dólares por uma "mudança de cobrança", uma conta de cartão de crédito roubada em que o endereço de cobrança podia ser alterado para um endereço de entrega sob controle do comprador. Outros comerciantes vendiam cheques falsificados ou ordens de pagamento, ou alugavam endereços nos Estados Unidos onde mercadorias compradas com cartões americanos poderiam ser entregues sem chamar a atenção, para depois serem enviadas ao golpista.

Produtos físicos como cartões de plástico com tarja magnética virgens eram oferecidos, assim como "réplicas" de identidades, completas com hologramas, vendidas num valor entre 75 e 150 dólares, dependendo da qualidade. Uma pessoa podia comprar um pacote com dez identidades com a mesma foto, mas nomes diferentes, por 500 dólares.

O registro na CarderPlanet era aberto a qualquer um, mas, para vender no site, os vendedores precisavam primeiro enviar seus produtos ou serviços para um revisor credenciado fazer uma inspeção. Novos vendedores às vezes eram obrigados a ter Script como moderador de suas vendas ou a pagar uma carta de garantia para pagamento de avaria, um vínculo com o fundo de emergência do site, usado para ressarcir os compradores caso um vendedor autorizado falisse ainda possuindo pedidos não entregues em sua fila. Os vendedores deviam deixar o conselho informado sobre viagens de férias, além de proteger as informações pessoais dos compradores de ataques hackers e responder prontamente às reclamações do cliente. "Rippers", vendedores que não honravam com o compromisso, estavam sujeitos ao banimento, assim como qualquer vendedor que acumulasse cinco reclamações de clientes.

O CarderPlanet foi logo imitado por um segundo site, focado no público que falava inglês: o Shadowcrew. Em setembro de 2002, após testemunhar o impressionante sucesso da hierarquia regimentada do CarderPlanet, um carder chamado "Kidd" juntou os maiores nomes da Counterfeit Library para fazer negócios do jeito russo. Notícias sobre o site se espalharam pelas salas de bate-papo do IRC e em pátios de prisão, e, por volta do mês de abril de 2003, o Shadowcrew possuía 4 mil usuários registrados.

Com o lema "Para aqueles que gostam de brincar nas sombras", o Shadowcrew era de uma só vez uma faculdade de estudo em casa e um supermercado online para praticamente tudo que fosse ilegal. Seus tutoriais ofereciam aulas sobre como usar um cartão de crédito roubado, como falsificar uma carteira de motorista, como desligar um alarme ou silenciar uma arma. Ele ostentava uma busca que permitia aos usuários rastrearem quais carteiras de motoristas eram à prova de falsificação. E seus vendedores autorizados ao redor do mundo podiam fornecer uma estonteante gama de produtos e serviços ilícitos: relatórios de crédito, contas de banco online hackeadas, assim como nomes, datas de nascimento e números do seguro social de potenciais alvos para roubo de identidade.

Assim como no CarderPlanet, cada produto tinha seus próprios especialistas, e todos os vendedores deveriam ser avaliados por um membro de confiança do site antes que fossem autorizados a vender. As controvérsias eram administradas de forma sensata, com os administradores e os moderadores fazendo hora extra para revelar e banir falsários que vendiam produtos, mas não os entregavam.

As trocas passavam desde a venda de dados a itens tangíveis como clonadores de cartões, medicamentos prescritos e cocaína, e a serviços como ataques DdoS — derrube qualquer site por 200 dólares — e a personalização de malwares para escapar de produtos antivírus. Um vendedor com boas qualificações oferecia um serviço de teste que prometia dar aos clientes certificados técnicos em poucos dias. Um vendedor chamado UBuyWeRush surgiu para inundar o submundo com escritores de tarjas magnéticas, assim como papéis e cartuchos de impressões especiais obrigatórios para falsificar cheques.

Pornografia infantil era proibido. Um vendedor que quis traficar animais exóticos foi motivo de piadas até sair do site. Mas praticamente todo o resto era permitido no Shadowcrew.

Naquela altura, a CarderPlanet tinha lançado subfóruns para criminosos da Ásia, da Europa e dos Estados Unidos, mas foi o Shadowcrew que moldou um verdadeiro mercado internacional: um cruzamento entre o Chicago Mercantile Exchange e a cantina em Mos Eisley, de *Star Wars*, onde criminosos de várias áreas poderiam se encontrar e colaborar com assaltos. Um ladrão de identidades em Denver podia comprar números de cartões de crédito de um hacker em Moscou, enviá-los para Shangai a fim de serem transformados em cartões falsos, e depois pegar uma carteira de motorista falsa de um falsificador na Ucrânia antes de ir fazer compras.

Max compartilhou sua descoberta com Chris, que estava fascinado. Este logou nos fóruns e estudou o conteúdo como se fosse um livro. Muitas coisas não tinham mudado desde que ele lidara com fraude de cartões na década de 1980. Entretanto, outras coisas mudaram muito.

Houve um tempo em que os bandidos podiam literalmente retirar números de cartões do lixo, mergulhando em caçambas de lixo para pegar recibos ou restos de papel carbono de impressoras das lojas. Agora, as impressões mecânicas estavam mortas, e a Visa e a Mastercard insistiram para que os recibos não tivessem o número completo do cartão. Mesmo que você conseguisse os números, eles não eram mais suficientes para se falsificarem cartões. As empresas de cartão de crédito agora adicionavam um código especial a cada tarja magnética — como um PIN, mas algo que nem o dono do cartão conhecia.

Chamado de Valor de Verificação do Cartão, ou CVV, o código é um número separado de outros dados do cartão na tarja — basicamente o número do cartão e a data de validade — e encriptado com uma chave secreta conhecida apenas pelo banco que o emitiu. Quando a tarja é passada na máquina de venda, o CVV é enviado junto com o número da conta e com outros dados ao banco para verificação; se os números não baterem, a transação é recusada.

Quando introduzido pela Visa, em 1992, o CVV começou a diminuir os custos por fraudes imediatamente, de quase 0,18% das transações da Visa naquele ano para 0,15% um ano depois. Nos anos 2000, a inovação mostrou ser poderosa contra os ataques de falsificação, no qual o golpista envia milhares de e-mails falsos para ludibriar os consumidores a digitar o número de seus cartões em uma imitação do site do banco. Sem o CVV na tarja magnética — o qual os clientes não conheciam e, assim, não podiam revelá-lo —, esses números roubados eram inúteis nas caixas registradoras do mundo real. Ninguém poderia ir a um Cassino de Las Vegas, sacar um cartão proveniente de um ataque e pegar uma pilha de fichas pretas para apostar na roleta.

A Mastercard seguiu a liderança da Visa com seu próprio Código de Segurança do Cartão, ou CSC. Então, em 1998, a Visa apresentou o CVV2, um código secreto diferente impresso atrás dos cartões para os consumidores usarem exclusivamente pelo telefone ou pela web. Isso diminuiu ainda mais as perdas para o crime e concluiu a Muralha da China entre a fraude na internet e na vida real: contas roubadas de sites de e-commerce ou em ataques de roubo de dados poderiam ser utilizadas apenas online ou pelo telefone, enquanto que os dados da tarja magnética poderiam ser usados nas lojas, mas não na web, porque ela não incluía o CVV2 impresso.

Por volta de 2002, a medida de segurança transformara os dados brutos da tarja magnética em uma das mercadorias mais valiosas do submundo e fez com que os ataques ficassem mais próximos dos consumidores.

Os hackers começaram a violar sistemas de processamento de transações atrás de dados, entretanto a forma mais direta para os bandidos comuns roubarem a informação era recrutar um empregado ganancioso de um restaurante e equipá-lo com um "clonador" tamanho de bolso, um leitor de tarjas magnéticas com memória embutida. Tão pequeno quanto um isqueiro e prontamente escondido no bolso do avental de um funcionário de um restaurante de fast-food ou no paletó de um maître, um clonador pode armazenar centenas de cartões em sua memória para serem recuperados posteriormente por meio de uma porta USB. O garçom só precisa de um segundo de privacidade para passar o cartão no aparelho.

No fim dos anos 1990, os ladrões começaram a se espalhar por grandes cidades dos Estados Unidos, procurando por garçons, garçonetes e atendentes de drive-through que pudessem estar interessados em um dinheirinho extra, geralmente 10 dólares por passada. Embora fosse mais arriscado, gerentes de postos de gasolina e vendedores de lojas também podiam entrar no esquema, instalando pequenos circuitos nos leitores de pagamento nas bombas de combustível e nos terminais de venda. Alguns dos dados seriam explorados localmente, mas a maioria deles era enviada para o leste europeu, onde era vendida na internet dez, vinte, cem, e até mesmo mil passadas de cartão de uma só vez.

Os carders chamam isso de "dumps"; cada uma contém apenas duas linhas de texto, uma linha para cada sequência em uma tarja magnética de 7,5 cm.

```
Sequência 1: B4267841463924615^SMITH/
JEFFREY^04101012735200521000000
Sequência 2: 4267841463924615=041010127352521
```

Um dump valia em torno de 20 dólares para um cartão comum, 50 para um cartão gold e entre 80 e 100 para um cartão corporativo com limite alto.

Chris decidiu roubar cartões por conta própria. Ele considerou que Script, o poderoso chefão do CarderPlanet, era a fonte mais confiável de dumps no mundo. Assim, pagou ao ucraniano 800 dólares por um conjunto de vinte números de cartões Visa e gastou mais 500 dólares em outro lugar por um MSR206, o codificador de tarjas magnéticas favorito do submundo.

Uma vez conectado o MSR206, do tamanho de uma caixa de sapato, em seu computador e o software correto instalado, ele podia pegar um cartão de presente da Visa anônimo, ou um de seus próprios cartões, e codificá-lo com duas passadas rápidas com uma das dumps de Script.

Com o cartão reprogramado coçando em seu bolso, Chris deu uma olhada na Blockbuster da região e em algumas lojas para estudar as oportunidades. Uma simples fraude na tarja magnética pode ser barata e fácil, mas apresentava graves limitações. Por meio de observações, Chris rapidamente entendeu que comprar eletrônicos ou roupas caras seria difícil: para se protegerem de ações como as dele, muitas lojas de alta qualidade exigiam que o operador de caixa digitasse pessoalmente os últimos quatro dígitos da parte da frente do cartão; o ponto de venda rejeita o cartão, ou faz algo pior, se os dígitos não baterem com o que está na tarja. Um cartão reprogramado só servia em lugares que os empregados jamais colocam as mãos no plástico, como em postos de gasolina ou drogarias.

Chris fez sua investida em um supermercado local. Ele encheu seu carrinho de compras de modo indiscriminado e passou pelo caixa, inserindo o cartão na máquina de pagamento. Após um instante, a palavra "Aprovado" apareceu na tela, e, em algum lugar dos Estados Unidos, alguém recebeu uma cobrança de 400 dólares em compras de supermercado.

Chris deu sua compra obtida de forma ilegal a um casal de Orange County, o qual estava em uma situação financeira pior do que a dele e, depois, levou o marido — um empreiteiro cujas ferramentas foram roubadas recentemente — a um Walmart local a fim de comprar novos equipamentos de construção. A história de que Chris possuía cartões de crédito se espalhou, e ele começou a distribuir seus plásticos reprogramados a alguns amigos, que sempre foram atenciosos o suficiente em fazer pequenas compras para Chris como forma de agradecimento.

Ele podia ver os contornos de um plano de negócio em seus plásticos em circulação. Esqueça todo o resto, ele disse a Max. O dinheiro de verdade está nas dumps.

12

Amex Grátis!

Max compartilhou dissimuladamente seu plano com Charity durante um raro e prazeroso jantar de comida japonesa. Ele perguntou: "Na sua opinião, quais são as instituições que mais merecem ser punidas?".

Ele já tinha sua resposta: aquelas que emprestam dinheiro. Os bancos e as companhias de cartões de crédito gananciosas que enterram os consumidores em uma dívida de 400 bilhões de dólares por ano, cobrando juros de seus clientes e prendendo crianças ao plástico antes que elas tenham terminado a faculdade. E em função de os consumidores nunca serem diretamente responsáveis por cobranças fraudulentas — pela lei, eles só poderiam ser cobrados pelos primeiros 50 dólares, e a maioria dos bancos sequer fazia essa cobrança —, fraudar cartões de crédito era um crime sem vítimas, causando prejuízo apenas a essas instituições financeiras sem alma.

O crédito não era real, Max pensou, apenas um conceito abstrato; ele roubaria números de um sistema, não dólares do bolso de alguém. As instituições financeiras ficariam de mãos abanando, e elas mereciam isso.

Charity aprendera a aceitar a amargura que Max trouxe da prisão: morar com ele significava jamais assistir a um drama policial na TV, pois qualquer representação dos policiais como mocinhos deixava Max com os nervos à flor da pele. Ela não tinha certeza do que Max planejava agora, e nem queria saber. Mas uma coisa era clara. Max decidira que seria Robin Hood.

. . .

Ele sabia exatamente onde conseguir os dados das tarjas magnéticas que Chris queria. Havia milhares de potenciais fontes disponíveis no CarderPlanet e no Shadowcrew: os próprios carders seriam sua presa.

A maioria deles não era hackers, apenas bandidos; eles sabiam um bocado sobre fraude, mas pouco sobre segurança de computadores. Com certeza, não seria mais difícil atacá-los do que ao Pentágono. Também era uma situação moralmente saborosa: ele roubaria números de cartões que já tinham sido roubados — um criminoso ia usá-los, então que esse criminoso fosse Chris Aragon.

Ele começou escolhendo sua arma, o cavalo de Troia Bifrost, que já circulava online, personalizando-o para escapar das detecções dos antivírus. A fim de testar os resultados, ele usou o software de emulação VMware para rodar, de uma só vez, uma dezena de máquinas Windows virtuais em seu computador, cada uma com um diferente tipo de software de segurança.

Quando o malware não era identificado por nenhuma das máquinas virtuais, ele dava o próximo passo: fazer uma lista com o número do ICQ e com os endereços de e-mail dos carders a partir de postagens públicas nos fóruns, coletando milhares dessas informações em um banco de dados. Depois, passando-se por um vendedor de dumps chamado Hummer911, ele enviou uma mensagem para a lista inteira. A nota anunciava que Hummer911 adquirira mais dumps da American Express do que poderia usar ou vender, então ele estava distribuindo algumas. Clique aqui para conseguir seu Amex de graça, Max escreveu.

Quando um carder clicava no link, ele encontrava uma lista com dumps falsas da Amex, geradas por Max, enquanto que um código invisível na página explorava uma vulnerabilidade do novo Internet Explorer.

O exploit aproveitava-se do fato de o Internet Explorer poder processar mais do que páginas web. Em 1999, a Microsoft adicionou um suporte para um novo tipo de arquivo chamado de Aplicação HTML — um arquivo escrito com as mesmas marcações e linguagens usadas pelos sites, mas que fazia coisas no computador do usuário que um site jamais seria permitido a fazer, como criar ou deletar arquivos à vontade e executar comandos por conta própria. A ideia era deixar os desenvolvedores, já acostumados com a programação da web, usarem as mesmas técnicas para criar aplicações completamente funcionais para computadores.

O Internet Explorer reconhece que as Aplicações HTML podem ser mortais e que não as executará a partir da web, apenas a partir do disco rígido do usuário. Na teoria.

Na prática, a Microsoft deixara uma falha na forma que o navegador exibia conteúdos embutidos em uma página web. Muitas páginas web possuem tags OBJECT, instruções simples que dizem para o navegador pegar alguma coisa de outro endereço da web — geralmente um arquivo de vídeo ou música — e incluí-la como parte da página. Mas acontece que você podia carregar uma Aplicação HTML por meio da tag OBJECT e fazer com que ela fosse executada. Você só deveria disfarçá-la um pouco.

Enquanto as vítimas de Max salivavam pelas dumps falsas da American Express, uma tag OBJECT oculta dizia para seus navegadores puxarem uma Aplicação HTML maliciosa que Max tinha codificado para a ocasião. De forma crucial, Max nomeara a terminação do arquivo como ".txt" — uma indicação superficial de que se tratava de um arquivo de texto comum. O Internet Explorer via esse nome de arquivo e considerava-o seguro para executar.

No entanto, uma vez que o navegador começava a baixar o arquivo, o servidor de Max transmitia um tipo de conteúdo "application/hta" — identificando-o agora como uma Aplicação HTML. Basicamente, o servidor de Max mudava sua história, apresentando o arquivo como um documento inofensivo, para que passasse pela segurança do navegador, e depois fosse corretamente identificado como uma Aplicação HTML, quando chegasse a hora de o navegador decidir como interpretar o arquivo.

Julgando a segurança do arquivo baseando-se pelo nome, o Internet Explorer não reavaliava essa conclusão quando descobria a verdade. Ele apenas rodava o código de Max como uma Aplicação HTML, em vez de uma página web.

A Aplicação HTML de Max era um script Visual Basic que escrevia e executava um programa utilizado como gancho na máquina do usuário. Max o nomeou como "hope.exe". Hope era o nome do meio de Charity.

O gancho, por sua vez, baixava e instalava seu cavalo de Troia Bifrost modificado. E, assim, Max tinha o comando.

. . .

Os carders eram como piranhas famintas em sua página contaminada: centenas de máquinas deram um retorno a Max pedindo por tarefas. Animado, ele começou a vasculhar aleatoriamente os discos rígidos dos criminosos. Max se surpreendeu com como tudo parecia tão fraquinho; a maioria de suas vítimas estava comprando pequenos lotes de dumps, dez ou vinte de cada vez — até menos. Mas existiam diversos carders, e não havia nada que o impedisse de voltar àquelas máquinas várias e várias vezes. No fim, o ataque Amex Grátis lhe renderia 10 mil dumps.

Ele as repassou para Chris enquanto encontrava e sugava outros dados úteis de suas vítimas: detalhes sobre seus golpes, informações de identidade roubadas, senhas, alguns nomes reais, fotos e endereços de e-mail e ICQ de seus amigos — úteis para os futuros ataques no submundo.

Com uma única isca bem estruturada, ele agora incorporava de forma invisível no ecossistema dos carders. Isso era o começo de algo grandioso. Ele seria um homem infiltrado entre os carders, vivendo de qualquer coisa que ele pudesse aproveitar daquela economia ilegal. Suas vítimas não poderiam chamar a polícia, e, com sua conexão de internet anônima, ele estaria imune às represálias.

Mas não demorou muito para Max descobrir que nem todos os carders eram o que pareciam ser.

A vítima estava em Santa Ana. Quando Max entrou no computador pela backdoor e começou a vasculhar, ele viu de uma vez que algo estava muito errado.

O computador estava rodando um programa chamado Camtasia, que grava um vídeo de tudo o que aparece na tela — um tipo de informação que um criminoso geralmente não quer arquivar. Max examinou o disco rígido, e suas suspeitas se confirmaram: o disco estava lotado de relatórios do FBI.

Chris ficou abalado por encontrar um agente do FBI em seu próprio quintal, mas Max estava intrigado — o disco rígido do oficial oferecia um conhecimento potencialmente útil sobre os métodos da agência. Eles conversaram sobre o que fazer em seguida. Alguns dos arquivos indicavam que o agente tinha um informante que fornecia informações sobre Script, o líder do CarderPlanet que vendeu a Chris suas primeiras dumps. Eles deveriam informar Script de que havia um informante em seu círculo?

Eles decidiram não fazer nada; se um dia fosse preso, ele poderia usar isso como uma carta na manga, Max pensou. Se a notícia de que ele tinha acidentalmente hackeado um agente do FBI se espalhasse, isso poderia envergonhar a agência, causando até mesmo algumas condenações.

Max voltou ao seu trabalho de hackear os carders. Mas agora ele sabia que não era o único forasteiro infiltrado nos fóruns criminosos.

13

Villa Siena

Palmeiras erguiam-se na entrada do Villa Siena, um condomínio fechado em expansão, em Irvine, a um quilômetro do aeroporto John Wayne. Por trás do portão de entrada, fontes no estilo europeu jogavam água no pátio com jardins, e quatro piscinas cintilavam um azul sob o céu ensolarado do sul da Califórnia. Os moradores aproveitavam o clube, relaxando nos spas, malhando em uma das três salas de musculação ou talvez conversando com a portaria 24 horas para fazer planos para a noite.

Em um dos espaçosos apartamentos, Chris Aragon operava sua fábrica. As cortinas foram colocadas na imensa janela panorâmica para esconder o maquinário que tomava todas as mesas e as bancadas de granito. Ele ligou sua impressora de cartões, e ela acordou em um ronco choroso, com suas rodinhas girando a toda velocidade, e seu motor esticando suas fitas como um lençol em uma cama de hospital.

Max agora roubava lixeiras eletrônicas regularmente, e, quando conseguia um novo lote, não havia tempo a perder — elas eram propriedades roubadas duas vezes, e Chris tinha que utilizá-las antes que os bandidos comprassem ou explorassem ao máximo os números ou os cartões fossem cancelados pelas companhias. Chris usara suas últimas reservas para investir quase 15 mil dólares com aparelhos para impressão de cartões de crédito e com o apartamento. Agora o investimento estava saldando as dívidas.

Chris recarregava a bandeja de uma pesada impressora retangular chamada Fargo HDP600 com cartões de PVC em branco, uma máquina que valia 5 mil dólares usada para imprimir crachás de empresas. Com um um clique em seu laptop, a máquina desenhava um cartão em seu interior e cantarolava, uma, duas, três, quatro vezes, com cada som aplicando uma cor diferente conforme o plástico passava pelo aparelho e era rapidamente vaporizado e fundido com a superfície do cartão. Um último ranger da Fargo significava que uma película laminada transparente era aplicada ao plástico.

O processo levava 44 segundos para ser concluído, e então a máquina cuspia o cartão — um lustroso, brilhante e colorido objeto de arte do consumidor. Uma águia careca olhando de propósito para o logo da Capitol One, o austero centurião da American Express, ou o simples borrão de um céu azul sobre a superfície de um cartão da Sony com a bandeira MasterCard. Para os cartões com limites altos, o processo era o mesmo, exceto que, às vezes, Chris usava um PVC dourado ou platinado, comprado em caixas com centenas, assim como os cartões brancos.

Com uma pilha recém-fabricada de plástico impresso nas mãos, Chris partia para a segunda parada da linha de montagem: uma impressora monocromática destinada a uma impressão de qualidade da parte de trás. Depois, se o design exigisse um holograma, ele pegava uma folha com cópias produzidas na China e fazia o alinhamento de modo cuidadoso em um prensador, cortando o adesivo no tamanho de um selo. Uma máquina de colar estampas da Kwikprint Model 55, no valor de 2 mil dólares, a qual lembrava uma mistura entre uma furadeira de bancada e um instrumento de tortura medieval, fundia a folha de metal na superfície do PVC.

A impressão dos dados vinha a seguir: uma roda de carrossel gigante motorizada com letras e números prensava o nome, o número da conta e a data de validade, um caractere de cada vez no plástico, na cor dourada ou prateada. Chris obtivera, de um fornecedor chinês, as chaves de segurança especiais para o "V voador", da Visa, e o "MC" fundido, da MasterCard — dois caracteres diferentes em alto relevo encontrados apenas em cartões de crédito, reais e falsos.

Os sistemas de verificação de cartões não confirmam o nome do cliente, o que significava que Chris podia se dar ao luxo de escolher qualquer pseudônimo que quisesse para usar na frente do plástico; ele preferiu "Chris Anderson" para os cartões que ele mesmo usava. Em seu computador, Chris editou as lixeiras de Max para fazer com que os nomes na tarja magnética fossem iguais ao nome falso — convenientemente, o nome era o único dado da tarja não utilizado para calcular o código de segurança do CVV, então ele podia ser mudado à vontade.

Por fim, bastavam duas passadas de cartão no confiável MSR206 para programar a lixeira na tarja magnética, e Chris possuía um cartão de crédito falso que era uma réplica quase perfeita de um plástico que se encontra na carteira ou na bolsa de algum consumidor nos Estados Unidos.

Mas ele ainda não tinha acabado.

A carteira de motorista era obrigatória para compras de grande valor, e novamente a linha de montagem de Chris e os tutoriais do Shadowcrew fizeram o trabalho. Para as carteiras, ele tinha que trocar o PVC pelo Teslin, um material mais fino e flexível, vendido em folhas de 22 cm x 28cm. Era preciso de uma folha para a frente e outra para a parte de trás, com dez carteiras em cada uma.

As habilitações da Califórnia incluem dois recursos de segurança que exigiram um pouco mais de trabalho. Um deles é uma imagem translúcida do selo do estado da Califórnia, estampada de forma repetitiva no laminado transparente sobre a carteira. Para simulá-lo, Chris usou Pearl Ex, um pó fino e colorido vendido em lojas de artesanato por menos de três dólares cada pote. O truque era polvilhar uma folha de papel laminado com uma mistura dourada e prateada do Pearl Ex, colocá-la numa impressora com um cartucho com tinta transparente e imprimir uma imagem espelhada com a estampa do selo da Califórnia. Não importava o fato de a tinta ser invisível — era no calor da cabeça da impressora que ele estava interessado. Quando a folha saía, a impressora tinha fundido a estampa com o calor na superfície, e o Pearl Ex que sobrava era facilmente removido com água fria.

A impressão ultravioleta na superfície da habilitação era tão simples quanto. Uma impressora a jato de tinta comum faria o serviço, desde que a tinta do cartucho fosse drenada do reservatório e substituída por uma tinta ultravioleta colorida comprada em tubos.

Após todo esse processo, Chris ficava com quatro folhas de material. Ele colocava as duas folhas de Teslin impressas entre o papel laminado e assentava tudo em um laminador de pressão. Após fazer o recorte, o resultado era impressionante: passe o dedo sobre a carteira e sinta a superfície sedosa impecável; segure-a em ângulo e testemunhe a marca d'água do selo do estado; coloque-a sob uma lâmpada UV, e a bandeira do estado brilha assustadoramente, com as palavras "República da Califórnia" em vermelho, e sobre elas um urso marrom subia sobre quatro patas em direção ao topo amarelo de um morro.

Com os cartões e as carteiras prontos, Chris pegava o telefone e convocava suas garotas. Ele descobrira que mulheres com idade universitária eram as melhores gastadoras. Havia Nancy, uma latina de 1,60 m com a palavra "love" tatuada em um dos pulsos; Lindsey, uma garota pálida com olhos e cabelos castanhos; Adrian, uma jovem mulher italiana; e Jamie, que tinha trabalhado como garçonete no Hooters de Newport Beach.

Ele conhecera as morenas gêmeas Liz e Michelle Esquere no Villa Siena, onde eles moravam. Michelle só passava um tempo com o grupo, mas o valor de Liz era inestimável: ela tinha trabalhado na indústria imobiliária e era muito inteligente, com ótima educação e responsável o suficiente para assumir alguns dos trabalhos administrativos, como manter a planilha de pagamentos, além de fazer compras pessoalmente nas lojas.

Chris tinha talento para recrutar. Ele encontrava uma nova pretendente em um restaurante e a convidava para sair com seus amigos. Ela se juntaria com eles nas danceterias e nos restaurantes caros, andaria na limousine alugada quando um deles fizesse aniversário. Então, quando chegasse a hora, talvez após alguns meses, talvez quando a garota confessasse que tivesse contas a pagar ou que o aluguel estivesse atrasado, ele mencionaria casualmente que conhecia uma forma por meio da qual ela poderia ganhar dinheiro fácil e rápido. Ele explicaria como funcionava. Era um crime sem vítimas, Chris explicaria. Eles estariam "derrotando o sistema".

Nenhuma das garotas sabia de onde Chris arrumava os dados de seus cartões. Quando ele se referia a Max, era como "Whiz", um super-hacker inominável que elas jamais teriam o privilégio de conhecer. O codinome de Chris era "Dude". Agora que sua operação estava dando resultado, Dude pagava a Whiz por volta de 10 mil dólares por mês pelas lixeiras — transferindo os pagamentos por meio de um cartão pré-pago chamado Green Dot.

Vendido para estudantes e consumidores de baixa renda, um Visa ou um MasterCard do Green Dot é um cartão de crédito sem crédito: o consumidor carrega o cartão com antecedência mediantes depósitos automáticos diretos do pagamento, de transferências de uma conta bancária ou com dinheiro. A última opção foi o canal ideal entre Chris, em Orange County, e Max, em São Francisco: Chris passava em uma 7-Eleven ou Walgreens e comprava um número de recarga do Green Dot, chamado MoneyPak, de qualquer valor até 500 dólares. Depois, ele mandava uma mensagem ou um e-mail com o número para Max, que carregava um dos cartões Green Dot no site da empresa. Ele, então, podia usar o cartão para compras do dia a dia ou fazer saques nos caixas eletrônicos de São Francisco.

Quando sua equipe chegava, pronta para o trabalho, Chris distribuía seus cartões, separados em cartões clássicos, com limite baixo, e em cartões platinum e gold, com limite alto. Eles deviam usar os cartões convencionais para compras de baixo valor, Chris lembrava sua equipe — por volta de 500 dólares. Com o plástico com limite alto, eles deveriam ir atrás de peixes grandes, compras entre mil e 10 mil dólares. As garotas eram todas jovens, mas, devido ao padrão de vida elevado da juventude que circulava por Orange County, elas podiam entrar na Nordstrom e levar um par de bolsas Coach que custava 500 dólares sem levantar suspeitas, e depois atravessar o shopping e fazer a mesma coisa na Bloomingdale's.

Compradoras novatas sempre ficavam nervosas na primeira vez, mas, quando o primeiro cartão falso era aprovado no caixa, elas eram fisgadas. Rapidamente, mandavam animadas mensagens de texto para Chris durante suas excursões de compras: "Podemos usar o amex na nova bloomingdales?" ou "Gastei mais de 7 mil em uma mc! Yeah!".

No fim do dia, elas se encontravam com Chris em um estacionamento e transferiam as compras de porta-malas para porta-malas. Ele pagava a elas, no local, 30% do valor de varejo, e anotava cuidadosamente a transação em uma planilha de pagamentos, como um verdadeiro homem de negócios. As bolsas de mão — de tecido elegante e camurça e fivelas brilhantes — eram encaixotadas até que a esposa de Chris, Clara, conseguisse vendê-las no eBay.

Conforme a noite caía sobre o Villa Siena, as luzes se acendiam sobre as quadras de tênis, e as churrasqueiras lá de fora eram acesas. A quilômetros dali, Chris e sua equipe estavam em um restaurante, pedindo um jantar e uma garrafa de vinho para comemorar. Como sempre, tudo por conta dele.

14

A Busca

"Bela TV", disse Tim, admirando o plasma de 61 polegadas da Sony, pendurado na parede. Charity, uma leitora compulsiva, odiava a nova tela plana, e a forma que ela dominava a sala de estar no novo apartamento deles, mas Max amava sua parafernália, e esta era mais do que um brinquedo em alta definição. Era um símbolo da nova segurança financeira do casal.

Os amigos de Max sabiam que ele estava metido em alguma coisa, e não só porque ele não mais lutava para colocar as contas em dia. Max começara a não entregar para Tim os CD-ROMs gravados com os exploits mais recentes do submundo, deixando uma lacuna na segurança das máquinas de trabalho do administrador de sistemas. Depois, vieram os comentários estranhos no jantar mensal dos Programadores Famintos, no Jing Jing, em Palo Alto. Quando todos tinham acabado de descrever seus projetos, Max só dizia algo enigmático, em tom de inveja: "Nossa, queria eu estar fazendo algo positivo".

Mas ninguém pressionava Max para que ele desse detalhes de sua nova empreitada; eles só podiam esperar que fosse algo quase legítimo. O hacker evitava alimentar seus amigos com o conhecimento de sua vida dupla, mesmo que ele se afastasse do círculo de amigos. Até o dia em que um de seus ataques o seguiu até sua casa.

. . .

Eram 6:30 da manhã e ainda estava escuro quando Chris Toshok acordou com o barulho de sua campainha tocando, um zumbido longo e contínuo de alguém segurando o dedo no botão. Imaginando ser um vizinho bêbado, ele se virou na cama e tentou voltar a dormir. Depois a campainha assumiu um ritmo insistente, *bzzz, bzzz, bzzz*, como um sinal de ocupado. De modo relutante, ele se arrastou pra fora da cama, vestiu uma calça e um agasalho e desceu debilmente a escada.

Quando abriu a porta, ele olhava de forma vesga para o brilho intenso de uma lanterna.

Uma voz de mulher disse: "Você é Chris Toshok?".

"Uh, sim."

"Sr. Toshok, estamos com o FBI. Temos um mandado de busca para o local."

A agente — uma loira de cabelos longos — mostrou a Toshok o distintivo e entregou-lhe um masso fino de papéis. Outro agente colocou uma mão firme em seu braço e o levou até a varanda, abrindo o caminho da porta para que uma enxurrada de ternos entrasse na casa. Eles acordaram o colega de quarto de Toshok, e depois começaram a revirar o quarto de Chris, vasculhando as estantes de livros e sua gaveta de roupas íntimas.

A loira, acompanhada por um agente do Serviço Secreto, sentou-se com Toshok para explicar por que eles estavam lá. Quatro meses antes, o código-fonte para o jogo de tiro em primeira pessoa, Half-Life 2 (ainda não lançado), fora roubado dos computadores da Valve Software, em Bellevue, Washington. Ele foi distribuído pelo IRC por um tempo e depois apareceu em redes de compartilhamento de arquivos.

Half-Life 2 era, talvez, o jogo mais aguardado de todos os tempos, e o aparecimento do código-fonte secreto tinha colocado em êxtase o mundo dos games. A Valve anunciou que teria que adiar o lançamento do jogo, e o CEO da empresa emitiu um comunicado público pedindo para que os fãs do jogo ajudassem a rastrear o ladrão. Baseando-se nas vendas do jogo original, a Valve estimou que o software valesse 250 milhões de dólares.

O FBI tinha rastreado algumas atividades hackers até o endereço IP da internet de Toshok em sua antiga casa, a agente explicou. O juiz pegaria leve com ele se dissesse para os agentes onde ele escondera o código.

Toshok disse ser inocente, embora admitisse saber sobre a violação. Seu velho amigo Max Vision ficava com ele na época da invasão, e mostrou-se muito animado quando o código-fonte apareceu online.

Ouvir o nome de Max Vision fez com que os agentes se apressassem — eles quase que tropeçaram neles mesmos para terminar a busca e voltar ao escritório a fim de preparar um pedido de mandado para o novo apartamento de Max. Chris assistiu a tudo com melancolia, enquanto eles juntavam seus nove computadores, alguns CDs de música e seu Xbox. A agente loira entendeu o olhar em seu rosto, e disse: "É, isso vai ser duro para você".

Quando Max teve conhecimento da busca, ele sabia que não havia muito tempo; correu por seu apartamento escondendo seus aparelhos. Ele escondeu um disco rígido externo em uma pilha de suéteres no closet e outro numa caixa de cereais. Um de seus laptops cabia embaixo das almofadas do sofá; ele pendurou um outro para fora da janela do banheiro, em um saco de lixo. Tudo que era importante em seus computadores estava encriptado, então, mesmo que os agentes encontrassem seu hardware, eles não encontrariam evidência alguma de seus ataques hackers. Mas, sob os termos de sua liberdade vigiada, ele não devia usar encriptação de forma alguma. Além disso, seria extremamente inconveniente deixar o FBI levar todos os seus computadores.

Os federais chegaram em peso, vinte agentes entrando em seu apartamento como um exército de formigas. Eles encontraram apenas os habituais aparatos de um geek de computador de São Francisco com tendências hippies: uma estante com o livro *1984*, de Orwell, *Admirável Mundo Novo*, de Huxley, o clássico de ficção científica, *O Jogo do Exterminador*, de Orson Scott Card, e um punhado de coisas de Asimov e Carl Sagan. Havia uma bicicleta e pinguins de pelúcia estavam espalhados por toda a parte. Max amava pinguins.

Eles não encontraram nenhum esconderijo de Max e, dessa vez, o hacker não tinha nada a dizer. Os agentes saíram sem encontrar qualquer evidência ligando Max à invasão da Valve, muito menos pistas dos crimes que ele cometia com Chris. Max deixara para fora apenas uma pilha de CDs, um disco rígido quebrado e uma máquina Windows como diversões.

Mas Charity tinha acabado de entender o que significava estar no mundo de Max Vision. Ele insistiu ser inocente quanto ao roubo do código-fonte. Provavelmente, era verdade. Havia diversos fãs de jogos de tiro em primeira pessoa rodeando a rede cheia de falhas da Valve, esperando pelo Half-Life 2. Max era apenas um deles.

Mais tarde, o FBI se concentrou em um outro hacker da Valve: um alemão de vinte anos chamado Axel "Ago" Gembe, que admitiu suas invasões em e-mails para o CEO da Valve, embora também negasse o roubo do código.

Gembe já era famoso por criar o Agobot, um worm de computador pioneiro que fazia mais do que simplesmente se espalhar de uma máquina Windows para outra. Quando o Agobot assumia um computador, o usuário podia não perceber nada além de uma lentidão repentina do sistema. Mas, no fundo do subconsciente do PC, ele reunia um exército pessoal do hacker. O malware era programado para logar automaticamente em uma sala pré-selecionada do IRC, se autoanunciar, e depois esperar para aceitar comandos transmitidos pelo seu mestre no canal de bate-papo.

Milhares de computadores retornavam ao mesmo tempo, formando um tipo de uma mente da colmeia chamada botnet. Com uma linha de texto, um hacker podia ativar memorizadores de digitação para conseguir senhas e números de cartões de crédito. Além disso, podia guiar os computadores para abrirem proxies secretos de e-mails para espalhar spam. E, o pior de tudo, ele podia direcionar todos esses computadores para encher simultaneamente o tráfego de um site — um ataque distribuído de negação de serviço que era capaz de derrubar um grande site por horas até que o administrador da rede bloqueasse cada endereço IP, um de cada vez.

Os ataques de negação de serviço começaram como uma forma de hackers em discussão derrubarem uns aos outros do IRC. Então, em um dia de fevereiro de 2000, um canadense de quinze anos chamado Michael "MafiaBoy" Calce programou experimentalmente seu botnet para derrubar os sites de maior tráfego que ele pudesse encontrar. CNN, Yahoo!, Amazon, eBay, Dell e E-Trade, todos sucumbiram sob o dilúvio, levando o caso às manchetes nacionais e causando uma reunião de emergência entre especialistas de segurança na Casa Branca. Desde então, esse tipo de ataque crescera até se tornar um dos problemas mais monstruosos da internet.

Bots como o de Ago marcaram a maior inovação da década no malware, inaugurando uma era em que qualquer pirralho irritado podia derrubar parte da web à vontade. A confissão de Gembe sobre a invasão da Valve deu ao FBI uma oportunidade de ouro para laçar um dos inovadores mais responsáveis. O FBI tentou atrair Gembe até os Estados Unidos com uma proposta de trabalho da Valve parecida com a da Invita. Após meses de negociação e entrevistas por telefone com os executivos da Valve, o hacker parecia pronto para pegar um voo para os EUA.

Então, a polícia alemã interveio, prendeu o hacker e o acusou localmente como um delinquente juvenil. Gembe foi condenado a um ano de liberdade vigiada.

O mandado de busca na casa de Max o abalou, enchendo sua cabeça com memórias desagradáveis do FBI entrando em seu lar por causa dos ataques ao BIND. Ele decidiu que precisava de uma casa segura na cidade, um lugar onde pudesse continuar com seu negócio e guardar seus dados livre da ameaça de mandados de busca — algo como a instalação de Chris no Villa Siena.

Usando um nome falso, Chris alugou um segundo apartamento para Max, um lugar espaçoso em Fillmore District, com varanda e lareira — Max gostava de trabalhar ao lado de um fogo, e brincava que podia queimar as evidências em uma emergência.

Max tentou se encontrar com Charity em casa todos os dias, mas, com um lugar seguro e confortável onde o hacker podia se refugiar, ele começou a desaparecer por dias seguidos, às vezes retornando apenas quando sua namorada interrompia seu trabalho com um telefonema de apelo.

"Cara, hora de vir pra casa. Estou com saudades."

Conforme o dinheiro entrava na operação conjunta de Max e Chris, o mesmo aconteceu com a desconfiança. Algumas das compradoras da equipe de Chris gostavam de festejar, e a constante presença de cocaína, ecstasy e maconha soava para Chris como uma melodia esquecida. Em fevereiro, ele foi parado perto de sua casa e preso por dirigir embriagado. Além disso, começou a desaparecer rotineiramente com suas agradáveis funcionárias para orgias que duravam todo o fim de semana em Vegas: o dia era para fazer compras, à noite, Chris cheirava um pouco de cocaína e levava as garotas para o Hard Rock ou pegava uma mesa VIP no elegante Ghostbar, na cobertura do Palms, onde queimava mil dólares no jantar e outros mil em vinho. De volta a Orange County, ele trazia uma amante — uma mulher de dezoito anos que conhecera graças a uma de suas compradoras.

Max considerava as drogas e a infidelidade ultrajantes. Mas o que realmente o aborreceu foi o acordo financeiro. Chris estava pagando Max a esmo — qualquer quantia que ele quisesse entregar, a qualquer momento. Max queria 50% direto dos lucros de Chris. Ele tinha certeza de que Chris embolsava muito dinheiro de sua operação conjunta.

Chris tentou colocar as coisas no eixo, enviando a Max um e-mail com uma detalhada planilha mostrando para onde os lucros estavam indo. De cem cartões, talvez cinquenta funcionassem, e apenas metade deles podia comprar algo que valesse a pena vender — os outros eram para a sobrevivência, cartões com limite de 500 dólares, os quais serviam apenas para ninharias como gasolina e refeições. Chris também tinha despesas — espalhar suas atividades significava mandar sua equipe para cidades distantes, e as passagens aéreas não estavam ficando mais baratas. Enquanto isso, ele pagava aluguel no Villa Siena para sua fábrica de cartões de crédito.

Entretanto, Max não se convencera. "Me ligue de volta quando não estiver chapado."

A gota d'água foi quando Chris, três meses depois da busca do Half-Life, quase foi pego. Ele tinha dirigido até São Francisco para se encontrar com Max e fazer algumas transações com os cartões nos shoppings da península. Ele e sua equipe se hospedaram em quartos adjacentes no W, um hotel fino no distrito de Soma, quando Chris recebeu um telefonema da recepção. Seu cartão fora negado.

De ressaca e com a cabeça girando por causa de uma gripe, Chris pegou o elevador até a recepção de mármore e sacou outro cartão falso de sua carteira inchada. Ele observava enquanto a recepcionista passava o cartão. Fora, também, negado. Ele entregou mais um, e também não passou. O terceiro funcionou, mas aí a funcionária já estava desconfiada, e, enquanto o elevador levava Chris de volta ao 27º andar, ela pegava o telefone e ligava para a companhia de cartão de crédito.

Os próximos a bater na porta de Chris eram do Departamento de Polícia de São Francisco. Eles o algemaram e fizeram uma busca nos quartos e no carro, apreendendo seu laptop da Sony, um MSR206 e sua SUV, cujo número de chassi era falso — Chris tinha alugado carros usando seus cartões em Vegas e depois os mandava para o México para que colocassem números de chassi limpos.

Ele foi jogado na cadeia do condado. Seu desaparecimento preocupou Max, mas Chris pagou a fiança com rapidez e admitiu o deslize a seu parceiro. Felizmente para ele, a investigação da polícia não foi adiante. Chris foi condenado um mês depois a três meses de liberdade vigiada e obrigado a não retornar ao W. Ele se vangloriou mais tarde de que fora beneficiado pelo sistema de justiça liberal de São Francisco.

Era o tipo de prisões idiotas que aconteciam o tempo todo com as garotas de Chris; era por isso que ele mantinha um fiador para pagar a fiança e até o deixava aparecer em sua fábrica no Villa Siena. Porém, Max estava furioso. Ser preso por passar cartões falsos para se hospedar num quarto de hotel era um deslize imperdoável para alguém do nível de Chris .

Max decidiu que não mais confiaria exclusivamente em seu parceiro. Ele precisava de um Plano B.

15

UBuyWeRush

O shopping precário situava-se no vasto e plano interior do condado de Los Angeles, o qual não aparece nos cartões-postais, longe do oceano e tão distante das colinas que o pardieiro de prédios poderia ser um set de filmagem de Hollywood, com o céu limpo atrás deles sendo usado como uma tela azul para ser preenchida com montanhas ou árvores na pós-produção.

Chris parou seu carro no estacionamento com lixo espalhado. A recepção na entrada garantia um alto faturamento ao Cowboy Country Saloon, e, abaixo dela, estava uma mistura comum do sul de Los Angeles: uma loja de bebidas, uma casa de penhor, um salão de manicure. E uma delas menos comum: a UBuyWeRush — a única loja em Los Angeles que também era parceira do CarderPlanet e do Shadowcrew.

Ele andou até o escritório da frente, onde a janela de recepção, vazia, sugeria que o espaço de 60 centavos de dólar por metro quadrado um dia fora uma clínica médica. Na parede, um mapa com a projeção do mundo de Mercator cheio de percevejos. Então Chris foi cumprimentado calorosamente pelo próprio Ubuy, Cesar Carrenza.

Cesar chegara ao submundo por um terreno sinuoso. Ele se formou em programação de computadores pelo DeVry Institute, em 2001, esperando trabalhar com a internet. Por não conseguir encontrar emprego, decidiu se aventurar como um empresário independente na web.

De uma propaganda no *Daily Commerce*, ficou sabendo de um próximo leilão no depósito público em Long Beach, onde os donos vendiam os conteúdos dos armários abandonados. Quando ele apareceu, descobriu que o leilão seguia um ritual bem específico. O gerente, empunhando um alicate imponente, quebrava o cadeado do armário, enquanto os licitantes observavam, e depois abria a porta. Os licitantes, em torno de vinte, avaliavam o material de onde estavam, a vários metros de distância. O vencedor, então, trancava a unidade com seu próprio cadeado e deveria limpar o armário dentro de 24 horas.

Era fácil de identificar os licitantes experientes: cadeados ficavam pendurados em seus cintos, e eles seguravam lanternas para espiar os armários no escuro. Cesar estava menos preparado, mas não menos ansioso. Ele era o único licitante no primeiro lote, arrematando por um dólar um armário cheio de roupas velhas.

Ele vendeu as roupas em frente de casa e no eBay por quase 60 dólares. Imaginando ter encontrado um bom pequeno nicho de mercado, Cesar começou a frequentar mais leilões em depósitos e liquidações, separando grandes lotes e levando-os para o eBay em troca de um bom lucro. Ele aplicou o dinheiro de volta no negócio e abriu uma loja no shopping de Long Beach para aceitar dos vizinhos remessas de móveis de escritório, cadeiras de jardim e jeans sem marca a fim de vender online.

Era um trabalho bom e honesto — nada parecido com seu último negócio independente. Na maior parte dos anos 1990, Cesar esteve metido com fraudes de cartões de crédito. Ele estava mais feliz vendendo no eBay, mas lembrar de seu passado o fez imaginar se existia um mercado para o tipo de aparelhos que ele usava como bandido. Ele pediu alguns MSR206 para o fabricante e os colocou à venda em sua loja UbuyWeRush, no eBay. Cesar ficou impressionado com o fato de ter vendido tudo num estalo.

Então, um de seus novos clientes lhe contou sobre um site em que ele poderia vender de verdade. Ele apresentou Cesar a Script, que aprovou a UBuyWeRush como uma vendedora no CarderPlanet. Cesar se apresentou em 8 de agosto de 2003. Ele escreveu: "Decidi fornecer a todos vocês aquilo que vai fazer com que ganhem muito dinheiro. Então, se precisarem de mim, eu vendo impressoras de cartões, máquinas de gorjeta, codificadores, leitores e muito mais. Eu sei que isso parece mais uma propaganda, mas é, para vocês, um lugar SEGURO para fazer compras".

O negócio estourou da noite pro dia. Cesar montou seu próprio site, começou a vender no Shadowcrew, conseguiu uma linha 0800 e passou a aceitar o e-gold, uma moeda online anônima favorecida aos carders. Ele fez sua reputação graças ao excelente atendimento ao consumidor. Com clientes por todo o globo, ele atendia a todos os telefonemas religiosamente, de dia ou de noite. Sempre havia dinheiro do outro lado da linha.

Empresário astuto, ele garantia envios no mesmo dia e estabeleceu relações com seus concorrentes, então, se acabasse um de seus itens, ele poderia comprar um estoque de um competidor para dar conta dos pedidos e manter seus clientes felizes. Ações estratégicas como essas rapidamente transformaram a UBuyWeRush na maior fornecedora de hardware para uma comunidade mundial de hackers e ladrões de identidades. "Uma pessoa realmente boa, ótima para fazer negócio", um carder chamado Fear escreveu, aconselhando um novato do Shadowcrew. "Não dê um golpe na UBuyWeRush, porque ele é um cara legal e manterá suas informações em sigilo."

Cesar logo expandiu suas ofertas, incluindo centenas de produtos diferentes: máquinas para roubar dados de cartões, câmeras de passaporte, selos, plásticos em branco, impressoras de código de barras, impressoras, papel de cheque, cartuchos de tinta para tarja magnética, e até mesmo aparelhos desbloqueadores de TV a cabo. A venda de equipamentos não era algo ilegal, desde que ele não estivesse conspirando em suas aplicações criminosas. Ele possuía até mesmo clientes que obedeciam às leis, que compravam seus aparelhos para fazer crachás de empresas e vouchers de almoço para escolas.

Atolado com pedidos, Cesar colocou um anúncio nos classificados procurando ajuda e começou a contratar empregados para tomar conta do inventário, além de embalar e enviar seu material. Conforme escritórios adjuntos abriam, ele os anexou em um espaço extra de armazenamento, dobrando e depois triplicando seus metros quadrados. Fascinado com o alcance global de sua operação de baixo custo em um pequeno shopping, comprou um mapa de parede, e, toda vez que fazia um envio a uma nova cidade, colocava uma tachinha no local. Após seis meses, o mapa estava espetado com percevejos por todo os Estados Unidos, o Canadá, a Europa, a África e a Ásia. Uma floresta impenetrável de metal crescia a sudoeste da Rússia, no Mar Negro. Ucrânia.

Chris se tornara amigo de Cesar. Ele até o recebera para jantar, junto com a Senhora UBuyWeRush, Clara, e os dois meninos de Chris — crianças bem comportadas que ficaram na mesa de jantar até a hora da sobremesa. Chris gostava, particularmente, de ficar no escritório de Cesar. Você nunca sabia quem apareceria na UBuyWeRush. Carders paranoicos demais para receber equipamentos de falsificação pelos correios faziam uma peregrinação a Los Angeles para pegar seus itens pessoalmente, abrindo a porta da frente com a manga da camiseta a fim de não deixar impressões digitais e pagando em dinheiro. Carders estrangeiros, de férias na Califórnia, davam uma passadinha só para ver com seus próprios olhos o lendário depósito e dar um aperto de mão em Cesar.

Nesse dia, o homem entrando para pegar um MSR206 era a última pessoa que Chris esperava ver na loja de Cesar, um hacker de 1,95 m com um longo rabo de cavalo.

Chris ficou atordoado; Max raramente saía de São Francisco nesses dias, e ele não falara nada de que viria para a cidade. Max ficou igualmente surpreso ao ver Chris. Eles se cumprimentaram de modo estranho.

Chris sabia que havia apenas uma razão para Max dar uma escapadinha até Los Angeles com o intuito de comprar seu próprio codificador de tarjas magnéticas. Max decidira parar de compartilhar seus dados mais valiosos.

Max estava a par de uma das maiores falhas de segurança da história dos bancos, uma que a maioria dos consumidores jamais saberia, mesmo que ela enriquecesse os carders com milhões de dólares.

O médio Commerce Bank, em Kansas City, Missouri, talvez tenha sido o primeiro a descobrir o que estava acontecendo. Em 2003, o gerente de segurança do banco ficou alarmado ao descobrir que as contas dos clientes estavam sendo sacadas com valores entre 10 mil e 20 mil dólares por dia em caixas na Itália — ele chegaria em uma segunda-feira e descobriria que seu banco tinha perdido 70 mil durante o fim de semana. Quando investigou, descobriu que os clientes tinham sido vítimas de um ataque focado em seus cartões de débito e PINs.

Mas algo não fazia sentido: os CVVs foram feitos para prevenir exatamente esse tipo de golpe. Sem o código de segurança do CVV programado na tarja magnética dos cartões verdadeiros, a informação roubada não deveria ter funcionado em qualquer caixa eletrônico do mundo.

Ele cavucou um pouco mais e descobriu a verdade: seu banco simplesmente não estava conferindo os códigos CVV nos saques em caixa, nem em compras com o cartão de débito, nas quais o cliente digita o PIN no caixa. Na verdade, nem que quisesse, o banco conseguiria fazer tal verificação de modo consistente; a rede de processamento terceirizada usada pelo banco sequer repassava o código secreto. Os bandidos italianos podiam programar qualquer porcaria aleatória no campo do CVV, e o cartão seria aceito como sendo o verdadeiro.

O manager trocou a rede de processamento do banco para uma outra e reprogramou seus servidores a fim de verificar o CVV. Os misteriosos saques da Itália pararam na hora.

Mas o Commerce Bank foi apenas o começo. Em 2004, quase metade dos bancos americanos, das financeiras e uniões de crédito ainda não se incomodavam em conferir o CVV nos caixas eletrônicos e nas transações de débito, sendo essa a razão por que as caixas de e-mail americanas eram inundadas por mensagens maliciosas visando os códigos PIN, para serem usados naqueles que os carders chamavam de bancos "saqueáveis".

O Citibank, o maior banco dos Estados Unidos, era a vítima mais famosa. "Esta mensagem foi enviada pelo servidor do Citibank para verificar seu endereço de e-mail", dizia o spam vindo da Rússia em um ataque de setembro de 2003. "Para finalizar este processo, você precisa clicar no link abaixo e digitar na janela o número de seu cartão de débito do Citibank e o PIN que você usa no caixa eletrônico."

Uma mensagem mais elaborada em 2004 se aproveitava do receio legítimo dos consumidores sobre crimes cibernéticos. "Recentemente, houve diversas tentativas de roubo de identidades visando os clientes do Citibank", dizia o spam com o brasão do banco. "A fim de salvaguardar sua conta, precisamos que você atualize o PIN de seu cartão de débito do Citibank." Ao clicar no link, o cliente era levado a uma cópia perfeita de um site do Citibank, hospedado na China, onde a vítima era solicitada a digitar os dados.

Bom para dinheiro direto da boca do caixa, os PINs eram o santo graal dos roubos de cartão. E era King Arthur, do CarderPlanet, quem tinha mais sucesso na missão. King, como era conhecido entre amigos, comandava uma aliança internacional especializada em atingir clientes do Citibank, e ele era uma lenda no mundo do roubo de cartões. Um dos tenentes de King Arthur, um americano exilado na Inglaterra, uma vez deixou escapar a um colega que King ganhava 1 milhão de dólares por semana com sua operação global. E ele era apenas um de vários no leste europeu a comandar saques nos Estados Unidos.

Max se envolveu com os saques do Citibank à sua própria maneira: ele colocou um trojan no computador de um americano usado como mula chamado Tux e começou a interceptar os PINs e os números de contas que o carder recebia de seu fornecedor. Depois de um tempo, ele entrou em contato com a fonte — uma pessoa anônima do leste europeu, a qual Max suspeitava ser o próprio King Arthur — e disse com ingenuidade o que fizera: Tux era culpado pelo crime de deslize na segurança. Por precaução, Max afirmou falsamente que a mula vinha se aproveitando do fornecedor.

O fornecedor tirou Tux da lista no mesmo momento e começou a passar os PINs diretamente para Max, ungindo o hacker como sua mais nova mula de saques.

Quando os PINs começaram a chegar pela primeira vez, Max passou todos eles para Chris, que começou a utilizá-los como vingança. Chris sacava 2 mil dólares em dinheiro — o limite máximo de saque diário no caixa — e depois mandava suas garotas irem fazer compras no débito nas lojas com os PINs até que a conta fosse zerada. Ele estava estuprando os cartões. Max não gostava nada disso. A ideia dos saques era conseguir *dinheiro*, não mercadorias para serem vendidas a uma fração de seu valor de mercado. Com um pouco de delicadeza, os PINs podiam ser muito mais rentáveis.

Então lhe ocorreu que ele não precisava nem um pouco de seu parceiro para essa operação em particular.

Quando voltou da UBuyWeRush com seu próprio MSR206, Max entrou no negócio sozinho. Ele programou uma pilha de cartões de presente da Visa com os dados da conta e escreveu o PIN de cada cartão em um pedaço de papel fixado no plástico. Então, ele pegava sua bicicleta ou fazia uma forte caminhada pela cidade, visitando caixas eletrônicos de pequenas lojas, em locais livres das câmeras de vigilância.

Max digitava o PIN, depois o valor do saque e *chump, chump, chump, chump*, o caixa cuspia dinheiro como uma máquina caça-níqueis. Max colocava o dinheiro no bolso, escrevia o saldo novo e mais baixo no pedaço de papel e depois olhava discretamente ao seu redor para ter certeza de que não chamara atenção alguma antes de utilizar o próximo cartão de seu maço. Para não deixar impressões digitais nas máquinas, ele apertava os botões com um pedaço de papel ou com suas unhas, ou passava hidroxiquinolina em seus dedos — um antisséptico transparente e pegajoso vendido em drogarias como a bandagem líquida New-Skin.

Max enviava obedientemente uma porcentagem fixa de sua parte para a Rússia por meio do Western Union MoneyGram, respeitando o acordo com seu fornecedor. Ele era um criminoso honesto agora, fazendo negócios diretos no submundo. E, mesmo após conseguir sua própria escritora de tarjas magnéticas, Max ainda dava alguns de seus PINs para Chris, que continuava instruindo sua equipe a gastar o máximo que pudessem.

À primeira vista, as visitas de Max aos caixas eletrônicos não tinham nada de uma operação de Robin Hood, porém ele se consolava com o fato de que os saques sempre acabavam com os cartões cancelados. Isso significava que os saques fraudulentos não eram descobertos, e que o Citibank seria forçado a reembolsar seus clientes pelos roubos.

Após alguns meses, Max construiu um belo lar com as perdas do Citibank: ele se mudou com Charity para uma casa cujo valor do aluguel era de 6 mil dólares, localizada no Cole Valley de São Francisco, e instalou um cofre para seus lucros: 250 mil em dinheiro.

Seus ganhos eram apenas um grão de areia das perdas provenientes da gafe do CVV. Em maio de 2005, um analista da Gartner realizou uma pesquisa com 5 mil consumidores online e, extrapolando os resultados, estimou que isso custara 2,75 bilhões de dólares às instituições financeiras americanas. Em apenas um ano.

16

Operação Firewall

Havia algo suspeito acontecendo no Shadowcrew.

Max continuou frequentando o maior site de crimes na internet de forma sigilosa; para ele, o Shadowcrew era apenas um campo de caça convenientemente abastecido com carders que podiam ser hackeados. Mas, em maio de 2004, um administrador do site fez um anúncio no mural que chamou a atenção de Max. O administrador, Cumbajohnny, anunciava um novo serviço de VPN apenas para os membros do Shadowcrew.

Um VPN — rede virtual privada (virtual private network) — é geralmente usado para fornecer aos empregados que trabalham de casa acesso à rede da empresa. Mas um VPN confiável do submundo interessava aos carders por outro motivo. Isso significava que cada byte do tráfego de seus computadores podia ser encriptado — ficando, assim, imunes aos farejadores de algum provedor intrometido ou a alguma agência com mandado de vigilância. E qualquer tentativa de rastrear suas atividades não iria além da própria central de dados de Cumbajohnny.

Cumbajohnny era uma recente adição à liderança do Shadowcrew — um ex-moderador que conquistava poder e influência e mudava o humor do conselho. Alguns outros administradores estavam reclamando de uma nova má intenção no fórum. Banners com propagandas apareciam no topo do site: "Pare de falar. Faça seu negócio. Anuncie aqui. Contacte Cumbajohnny". O Shadowcrew ganhava ares de um strip-tease de Las Vegas, com anúncios chamativos prometendo um estilo de vida com festas, mulheres bonitas e pilhas e mais pilhas de dinheiro.

Gollumfun, um fundador influente, tinha publicamente se retirado do site quando outro fundador, chamado BlackOps, anunciou que ele também estava de saída. "O Shadowcrew foi reduzido de seu então formato brilhante a um ambiente degradante de crianças que não têm conhecimento, habilidade ou desejo para interagir de maneira positiva com outros membros", ele escreveu. "Se foram os tutoriais bem explicados; se foram os membros bem respeitados; e se foi a civilidade. Não mais ajudamos os novatos a encontrar seu caminho, nós simplesmente os atiramos ao fogo para morrer até eles irem embora, e depois reclamamos que não existem novos membros."

"BlackOps, sentiremos sua falta, obrigado por seus serviços", Cumbajohnny escreveu com muito tato. "O SC está mudando, e para melhor."

Max deu pouca atenção à política do cenário do esquema de cartões. Mas o anúncio do VPN o deixou apreensivo. Acontecia que Cumbajohnny vinha vendendo confidencialmente seu serviço de VPN aos líderes do Shadowcrew havia três meses. Agora, Cumbajohnny escrevia que qualquer membro do fórum em boa posição poderia comprar o serviço pagando entre 30 e 50 dólares por mês.

Mas o VPN tem uma fraqueza bem conhecida: tudo que passa pela rede tem que ser canalizado através de um ponto central, não encriptado e vulnerável a escutas. "Se o FBI, ou quem quer que seja, realmente quisesse, eles poderiam ir até a central de dados, modificar algumas configurações na caixa de VPN e começar a logar, e aí você estaria ferrado", um membro comentou. "Mas isso é só paranoia", ele admitiu.

Cumbajohnny o tranquilizou. "Ninguém pode tocar no VPN sem que eu saiba."

Max não estava convencido. Em seus tempos de White Hat, ele escrevera um programa para o Projeto Honeynet chamado Privmsg — um script em PERL que pegava os dados de um farejador de pacotes e os utilizava para reconstruir bate-papos do IRC. Quando um intruso era ludibriado a invadir um dos potes de mel do projeto, o invasor geralmente usava o sistema para conversar online com seus colegas hackers. Com o Privmsg, os chapéus brancos podiam ver tudo. Isso foi uma grande inovação no rastreamento dos hackers, transformando potes de mel passivos em grampos digitais, o que abriu uma janela para a cultura e para as motivações do submundo.

Max podia ver a mesma tática do grampo sendo usada agora na oferta do VPN de Cumbajohnny. Também havia outra evidência; enquanto hackeava carders aleatórios, ele viu uma mensagem para uma conta administrativa do Shadowcrew, a qual parecia um agente federal dando ordens a um informante. Max não conseguia tirar da cabeça que alguém atraía o Shadowcrew ao pote de mel definitivo.

Após conversar sobre o assunto com Chris, Max enviou várias mensagens ao Shadowcrew resumindo suas dúvidas. As postagens desapareceram de uma vez.

As suspeitas de Max estavam certas sobre o dinheiro.

Nove meses antes, a polícia de Nova York prendera Albert "Cumbajohnny" Gonzales, tirando dinheiro de um caixa eletrônico da Chase na alta zona oeste de Nova York. Originário de Miami, Gonzales tinha 21 anos e era filho de dois imigrantes cubanos. Ele também era um hacker de longa data que se dedicara o suficiente para ir até Vegas para a Def Con de 2001.

O Serviço Secreto entrevistou Gonzales sob custódia e rapidamente descobriram seu valor. O hacker estava morando em um apartamento de 700 dólares mensais em Kearny, Nova Jersey, tinha 12 mil de limite de crédito e estava oficialmente desempregado. Mas, como "Cumbajohnny", ele era um confidente confiável e colega de carders ao redor do mundo, e, mais importante, moderador do Shadowcrew.

Ele se encontrava no olho do furacão, e, manipulado adequadamente, poderia aplicar um golpe mortal contra o fórum.

O Serviço Secreto assumiu o caso e soltou Gonzales para usá-lo como informante. O VPN era o golpe de mestre da agência. O equipamento foi comprado e pago pelos federais, que tinham obtido mandados para grampear todos os usuários. O serviço de VPN de Cumbajohnny exclusivo para carders era um convite a um pan-óptico da internet.

Os principais membros do Shadowcrew foram atraídos inexoravelmente para a rede de vigilância do Serviço Secreto. O VPN grampeado revelava toda a engrenagem e as negociações que os carders mantinham em sigilo do site público — a negociação pesada era revelada, na maior parte das vezes, por e-mail e por programas de mensagem instantânea.

Negócios eram fechados todos os dias e noites, sendo o ápice nas noites de domingo. As transações variavam entre coisas pequenas e gigantescas. No dia 19 de maio, os agentes observaram Scarface transferir 115.695 números de cartão de crédito a outro usuário; em julho, APK passou pra frente um passaporte britânico falso; em agosto, Mintfloss vendeu uma carteira de motorista de Nova York, um cartão de plano de saúde da Empire Blue Cross e uma carteira de estudante da Universidade da Cidade de Nova York, tudo falsificado, a um membro precisando de um portfólio completo de documentos. Alguns dias depois, outra venda de Scarface, apenas dois cartões dessa vez; então, MALpadre comprou nove. Em setembro, Deck vendeu todas as 18 milhões de contas de e-mail hackeadas com nomes de usuário, senhas e datas de nascimento.

O Serviço Secreto tinha quinze agentes trabalhando em período integral peneirando a atividade — cada compra seria outro "delito subjacente" em uma acusação formal para o grande júri. E a melhor parte era que muitos dos membros do Shadowcrew de modo inconsciente pagavam o Serviço Secreto para serem monitorados.

Entretanto, comandar um jogo contra hackers nunca era uma partida ganha, como a agência aprendeu no dia 28 de julho de 2004. Foi quando Gonzales informou seus manipuladores que um carder chamado Myth, um dos compradores de King Arthur, obtivera de alguma forma um dos documentos confidenciais da agência sobre a Operação Firewall. Myth estava se vangloriando sobre isso numa sala de bate-papo do IRC.

Os federais pediram para que Gonzales encontrasse a fonte do vazamento, e rápido. Como Cumbajohnny, Gonzales contatou Myth e descobriu que os documentos eram apenas gotas d'água de um grande vazamento de dados do Serviço Secreto. Myth sabia de intimações emitidas no inquérito do Shadowcrew e tinha até descoberto que a agência monitorava sua própria conta do ICQ. Felizmente, os documentos não mencionavam informante algum.

Myth se recusou a dizer a Gonzales quem era sua fonte, mas concordou em arrumar um encontro. No dia seguinte, Gonzales, Myth e um hacker misterioso usando o pseudônimo temporário "Anonyman" se encontraram no IRC. Gonzales trabalhou para ganhar a confiança de Anonyman, e o hacker finalmente se revelou como Ethics, um vendedor que Cumba já conhecia no Shadowcrew.

O vazamento começava a fazer sentido. Em março, o Serviço Secreto percebeu que Ethics estava vendendo acesso ao banco de dados de uma grande operadora de celular, a T-Mobile. "Estou oferecendo uma pesquisa de informação reversa para um celular da T-Mobile, por telefone", ele escreveu em uma mensagem. "Na parte de baixo, você encontra um nome, uma rede para necessidades especiais e data de aniversário. Na parte de cima da informação retornada, você recebe usuário e senha da web, senha da mensagem de voz, pergunta secreta e resposta."

A T-Mobile não conseguira consertar uma falha de segurança crítica em um servidor de aplicativos comerciais que tinha comprado da companhia BEA Systems, de San Jose, Califórnia. A falha, descoberta por pesquisadores de fora, era muito simples de se explorar: uma função não documentada permitia a qualquer um ler ou substituir remotamente qualquer arquivo em um sistema alimentando-o com um pedido da web fabricado. A BEA produziu uma atualização para o bug em março de 2003 e emitiu um comunicado público, classificando-o como uma vulnerabilidade de alta gravidade. Em julho daquele ano, os pesquisadores que descobriram a falha deram mais atenção a ela ao apresentá-la na convenção Black Hat Briefings em Las Vegas, uma pré-Def Con anual reunindo em torno de 1,7 mil profissionais de segurança e executivos.

Ethics soube da falha da BEA por meio do comunicado; dessa forma, criou seu próprio exploit de vinte linhas no Virtual Basic e depois começou a escanear a internet à procura de alvos potenciais que não tinham instalado a atualização. Por volta de outubro de 2003, deu seu golpe na T-Mobile. Ele abriu sua própria entrada no banco de dados dos clientes ao qual ele podia retornar sempre que quisesse.

No começo, usou seu acesso para invadir os arquivos das estrelas de Hollywood, divulgando fotos de Paris Hilton, Demi Moore, Ashton Kutcher e Nicole Richie roubadas de seus telefones Sidekick PDA. Era evidente que agora ele também entrara em um Sidekick de um agente do Serviço Secreto.

Uma simples busca no Google pelo número do ICQ de Ethics retornou seu nome verdadeiro em um currículo de 2001, por meio do qual ele procurava um emprego na área de segurança de computadores. Ele era Nicholas Jacobsen, um jovem de Oregon, de 21 anos, que se mudara recentemente para Irvine, Califórnia, a fim de trabalhar como administrador de redes. Tudo o que restava era confirmar qual agente do Serviço Secreto estava violando a política de não acessar material importante em seu PDA.

Foi aí que Gonzales provou seu valor mais uma vez. Agora que ele era parceiro de Cumbajohnny, Ethics entrou em contato com o líder do Shadowcrew para abrir uma conta em seu VPN altamente grampeado, imaginando que seria uma forma mais segura de acessar a T-Mobile.

Gonzales atendeu o pedido com felicidade, e seu manipulador do Serviço Secreto pôde observar enquanto Ethics navegava pelo site de serviço ao cliente da T-Mobile e se logava com o nome e a senha do agente Peter Cavicchia III, de Nova York, um oficial veterano no crime cibernético, o qual se destacara por prender um ex-empregado da AOL acusado de roubar 19 milhões de endereços de e-mail de clientes para vender a spammers.

O vazamento tinha sido encontrado. Cavicchia se aposentaria discretamente alguns meses depois, e Ethics foi adicionado à lista de alvos da Operação Firewall.

Havia apenas mais uma ameaça à investigação, e, bizarramente, vinha de um dos bens do submundo que pertencia ao FBI.

David Thomas era um golpista de longa data que tinha descoberto os fóruns de crime na época da Counterfeit Library e logo se viciara na forma rápida de se fechar negócios e na camaradagem criminosa. Agora com 44 anos, El Mariachi, como ele se chamava, era um dos membros mais respeitados na comunidade de ladrões de cartões, assumindo o papel de mentor para golpistas mais jovens e passando conselhos sobre tudo, desde roubo de identidade até lições de vida básicas, adquiridas por décadas vivendo à margem da sociedade.

Porém, sua experiência não o imunizava dos perigos de sua profissão. Em outubro de 2002, Thomas apareceu em um conjunto de escritórios em Issaquah, Washington, onde ele e seu parceiro tinham alugado uma sala para um dos fundadores do CarderPlanet. Eles esperavam conseguir 30 mil dólares com mercadorias do Outpost.com, pedidas pelo ucraniano. Em vez disso, encontraram a polícia local esperando por eles.

A polícia prendeu Thomas, e um detetive leu para ele seus direitos, dando-lhe um formulário para assinar, confirmando que os entendera. Thomas riu da ideia de ter um policial local tentando interrogá-lo. "Você não sabe quem está em suas mãos", disse. Ele convenceu o detetive a chamar os federais; o Serviço Secreto sabia quem era El Mariachi, e ele poderia dar a eles um caso envolvendo russos e "milhões de dólares".

Um agente do Serviço Secreto o visitou na cadeia do condado, mas não estava surpreso com o negócio de 30 mil de Thomas. Então, um agente do FBI da região de Seattle apareceu. No segundo encontro, o agente trouxe um advogado assistente dos EUA e uma oferta: os federais não poderiam ajudar Thomas com seu problema local, mas, quando ele fosse libertado, ele poderia trabalhar para a Força Tarefa do Crime Cibernético da região noroeste, em Seattle.

Seria uma missão para recolher informações, uma designação oficial para uma operação do FBI sem alvos predeterminados. A agência daria a Thomas um computador novo, o colocaria em um belo apartamento, pagaria todas as suas despesas e seu salário seria de mil dólares por mês para gastar. Em troca, Thomas recolheria informações sobre o submundo e as repassaria para a força-tarefa.

Thomas odiava delatores, mas ele gostava da ideia de ser pago para observar e comentar sobre o submundo, pelo qual ficara obcecado. O recolhimento de informações não era a mesma coisa que dedurar, ele considerou, e, além disso, poderia usar o material que coletasse para escrever um livro sobre o cenário de falsificação de cartões, algo em que ele pensava muito ultimamente.

Ele também sabia exatamente como reunir as informações que a força-tarefa procurava.

Thomas foi solto cinco meses depois de ser preso. E, em abril, o FBI adquiriu um novo bem na guerra contra o crime cibernético: El Mariachi e seu novíssimo fórum de crimes financiado pelo governo, o Grifters.

De seu apartamento em Seattle alugado pela agência, El Mariachi logo estava reunindo informações sobre seus companheiros carders, especialmente sobre os do leste europeu. Mas, embora Thomas trabalhasse para o FBI, ele não tinha afinidade com outros bens do governo, e o anúncio do VPN o convenceu — corretamente — de que Cumbajohnny era um informante dos federais.

Ele ficou obcecado em expor seu rival. Ignorando as recomendações de seu manipulador no FBI, ele continuamente chamava Gonzales nos fóruns. Este também parecia ter um problema com El Mariachi — ele descobriu uma cópia do relatório da polícia sobre a prisão de Thomas em Seattle e a divulgou para os carders do leste europeu, chamando-lhes a atenção para a parte em que Thomas se oferecia para ajudar a pegar os russos. Uma guerra de procurações explodiu entre o FBI e o Serviço Secreto, graças a dois informantes.

Não era uma boa hora para distrair o leste europeu com um drama americano sobre carders. Em maio de 2004, um dos fundadores ucranianos do CarderPlanet foi extraditado aos Estados Unidos após ser preso durante férias na Tailândia. No mês seguinte, a polícia nacional britânica foi para cima do único administrador do site falante nativo de inglês, em Leeds.

Script, sentindo o calor do FBI de Orange County e do Serviço de Inspeção Postal dos Estados Unidos, já deixara o site, responsabilizando King Arthur pelo seu comando. Em 28 de julho de 2004, King fez um anúncio.

"É hora de dar a vocês as más notícias — o fórum deve ser fechado", ele escreveu. "Sim, fechado de verdade, e há diversas razões para se fazer isso."

Em um inglês mal falado, ele explicou que o CarderPlanet se tornara um ímã para as agências cumpridoras da lei ao redor do mundo. Quando os carders eram pegos, os interrogadores da polícia faziam perguntas sobre o fórum e seus líderes. Sob uma pressão implacável, até mesmo ele podia entregar a informação, ele insinuou. "Todos nós somos apenas humanos, e todos nós podemos cometer erros."

Ao fechar o CarderPlanet, ele estaria privando seus inimigos do maior patrimônio deles. "Nosso fórum os manteve bem informados e atualizados, e em nosso fórum eles e os empregados dos bancos só aumentaram seus níveis de conhecimento e proficiência", escreveu.

"Agora tudo será o mesmo, mas eles não saberão de onde o vento sopra e o que fazer."

Com aquela mensagem de adeus, King Arthur, quase que certamente um multimilionário, se tornou uma lenda dos carders. Ele seria lembrado como aquele que encerrou gentilmente o CarderPlanet antes que qualquer outra pessoa pudesse ter o prazer de derrubá-lo.

Os líderes do Shadowcrew não teriam tanta sorte. Em setembro, o FBI puxou o fio da operação de Thomas e deu a ele um mês para deixar o apartamento — acabando com sua guerra com Cumbajohnny. No mês seguinte, em 26 de outubro, dezesseis agentes do Serviço Secreto se reuniram em um centro de comando de Washington para bater o martelo da Operação Firewall. Seus alvos estavam marcados em um mapa dos Estados Unidos, enchendo uma parede com telas de computador. Os agentes sabiam que todos eles estariam em casa; a mando do Serviço Secreto, Gonzales convocara uma reunião online para aquela noite, e ninguém tinha dito não a Cumbajohnny.

Às 21h, agentes armados com rifles MP5 semiautomáticos invadiram as casas dos membros do Shadowcrew pelo país, pegando três fundadores, o hacker da T-Mobile, Ethics, e outros dezessete compradores e vendedores. Foi a maior ação contra ladrões de identidade na história americana. Dois dias depois, um grande júri federal proferiu uma acusação de 62 conspirações, e o Departamento de Justiça divulgou ao público a Operação Firewall.

"Essa acusação atinge o coração de uma organização que supostamente serviu como um mercado para roubos de identidade", orgulhava-se o procurador-geral John Ashcroft numa coletiva de imprensa. "O Departamento de Justiça está comprometido a combater aqueles que comercializam roubos de identidade ou fraudes, quer eles atuem online ou offline."

Com a ajuda de Gonzales, o Serviço Secreto retirou o acesso dos 4 mil usuários remanescentes do Shadowcrew ao site e colocou uma nova página de abertura, exibindo um banner do Serviço Secreto e uma imagem de uma cela de prisão. A nova página arrancou o lema do Shadowcrew, "Para aqueles que gostam de agir nas sombras", e a substituiu por um novo: "Você Não Está Mais Anônimo!!".

Carders em pânico ao redor do mundo recebiam as notícias e assistiam à cobertura na televisão, preocupando-se com si mesmos e com seus compatriotas caídos. Eles se reuniram em um pequeno fórum chamado Stealth Division (Divisão da Discrição) para avaliar o estrago e fazer uma contagem dos sobreviventes. "Estou morrendo de medo por minha família neste momento — por meus filhos", escreveu um ladrão cibernético. "Acabei de saber que todas as minhas ações foram gravadas."

Lentamente, eles perceberam que Cumbajohnny não estava na lista dos acusados. Foi quando ele logou para uma última aparição.

"Quero que todos saibam que estou fugindo e não tinha a menor ideia de que o USSS tinha a capacidade de fazer o que fez", ele escreveu. "Pelo que pude ver nas notícias, posso dizer que eles grampearam meu VPN e o servidor do Shadowcrew. Esta é minha última mensagem, boa sorte a todos."

Nick Jacobsen, Ethics, foi mantido de fora do comunicado à imprensa, sendo, de forma discreta, acusado separadamente em Los Angeles — sua invasão ao e-mail do Serviço Secreto só seria divulgada bem depois que a agência tivesse recebido seus elogios pela Operação Firewall. Mesmo assim, a operação foi uma clara vitória para o governo. O CarderPlanet fora encerrado e agora o Shadowcrew estava fechado para sempre, e seus líderes — com exceção de Gonzales — encontravam-se na cadeia.

Os carders estavam confusos, paranoicos e, naquele momento, sem casa. "Levarão anos e mais anos até que um fórum como o Shadowcrew seja construído", alguém escreveu. "E quando — ou se — isso acontecer, a lei atacará novamente."

"E, sabendo do que pode ser feito, duvido que qualquer um se arrisque a colocar outro no lugar."

17

Pizza e Plástico

No último andar da Post Street Towers, os computadores de Max ficavam sobre o piso de madeira laminada, silencioso e resfriado. Do lado de fora da janela da sacada, lojas e apartamentos estavam prontos para involuntariamente alimentar sua banda larga por meio de sua grande antena.

Max ficou inativo por alguns meses após conseguir uma pilha de dinheiro da operação do Citibank; ele abandonara seu apartamento de luxo e colocara seus ataques hacker em banho-maria. Mas ele não podia ficar longe disso por muito tempo. Ele pedira a Chris que lhe alugasse uma nova casa segura, uma com mais opções de Wi-Fi na vizinhança do que a última. "Eu só preciso de um closet, não preciso de espaço", ele disse.

Chris o atendeu. Havia uma ampla Wi-Fi nadando ao redor da Post Street Towers, e o apartamento era realmente um closet: um estúdio que parecia pouco maior do que uma cela de prisão. Com piso de madeira clara, um balcão de fórmica, uma geladeira e uma cama que se desdobrava da parede, era um microapartamento simples e funcional, livre de todas as distrações e capaz de suprir as necessidades hackers de Max que duravam a noite toda. A grande mudança de moradores no prédio o tornava anônimo. Chris teve apenas que mostrar rapidamente uma identidade falsa no escritório que cuidava dos aluguéis, fazer um depósito de 500 dólares e assinar um contrato de seis meses.

Com seus computadores ligados e sua antena mirando a rede de algum inocente, Max não perdeu muito tempo para voltar ao trabalho. Como sempre, ele visava os fraudadores e desenvolveu algumas novas formas de roubar deles. Ele monitorava os alertas divulgados por uma organização chamada Anti-Phishing Working Group (Grupo de Trabalho Contra

Roubos de Dados Virtuais), ficando por dentro dos últimos ataques. Os alertas incluíam os endereços dos sites responsáveis por roubar os dados que apareciam nos e-mails falsos, permitindo que Max atacasse os servidores de tais sites, roubasse de novo os dados já roubados, e apagasse a cópia original, frustrando os ladrões e conseguindo informações valiosas ao mesmo tempo.

Outros ataques eram menos focados. Max continuava conectado ao cenário dos chapéus brancos e ele estava nas listas de e-mail privadas onde as falhas de segurança geralmente apareciam pela primeira vez. Além disso, possuía máquinas examinando a internet noite e dia à procura de servidores rodando softwares vulneráveis, só para ver o que encontraria. Ele procurava um transbordamento de dados do Windows do lado do servidor quando fez a descoberta que renderia ao seu público uma entrada no cenário de roubos de cartão.

Seu escaneamento o colocou dentro de uma máquina Windows que, numa investigação mais de perto, estava no escritório dos fundos de um restaurante Pizza Schmizza, em Vancouver, Washington; ele conhecia o lugar, era perto da casa de sua mãe. Enquanto vasculhava o computador, ele percebeu que o PC atuava como o ponto de recebimento das máquinas de venda no restaurante — ele coletava as transações do dia com cartão de crédito e as enviava em um único lote todas as noites para a processadora de cartões. Max descobriu que o lote do dia era armazenado como um simples arquivo de texto, contendo os dados completos da tarja magnética de todos os clientes.

E, ainda melhor, o sistema ainda armazenava todos os lotes anteriores, desde a época em que o dono da pizzaria instalara o sistema, por volta de três anos antes. Havia cerca de 50 mil transações, ali, só esperando por ele.

Max copiou os arquivos e depois os apagou — eles não eram necessários para o Pizza Schmizza; na verdade, o fato de armazená-los era, em primeiro lugar, uma violação dos procedimentos de segurança da Visa. Após separar e filtrar os cartões duplicados e vencidos, ele ficou com aproximadamente duas mil lixeiras.

Pela primeira vez, Max tinha uma fonte primária, e os cartões eram virgens, quase garantido que eram bons.

Chris vinha reclamando da idade de algumas lixeiras de Max, e, desse modo, isso acabaria agora. Um cliente podia entrar no restaurante e pedir uma pizza para a família, e seu cartão de crédito estaria no disco rígido de Max enquanto os restos da comida ainda esfriavam no lixo. Quando terminou de organizar os números, Max deu um aperitivo a Chris. Ele disse: "Esses aqui estão fresquinhos. São de dois dias atrás".

Não havia a menor chance de que Chris e sua equipe conseguissem metabolizar as cinquenta lixeiras diárias vindas do Pizza Schmizza. Então Max decidiu fazer suas primeiras incursões na venda de números no cenário de roubos de cartão.

Chris se ofereceu para fazer as vendas em troca de metade dos lucros. A imprudência de Chris ainda preocupava Max — ele quase fora preso comprando ouro de todos os lugares da Índia, fugindo do país um segundo antes de a polícia aparecer. Mas Chris sabia demais sobre Max para o hacker simplesmente cortar o mal pela raiz, então ele concordou que Chris atuasse como seu representante no submundo. Chris logo obteve sucesso vendendo as lixeiras de Max, até que este — que tinha uma backdoor para o computador de Chris — descobriu que ele estava, na verdade, usando os dados da tarja magnética para ele mesmo, recebendo 50% do valor alegando que os tinha revendido. Economicamente, dava tudo na mesma. Porém Max não conseguia deixar de se sentir traído mais uma vez.

Max voltou-se para alguém com que poderia ser mais fácil de se lidar: um carder adolescente de Long Island chamado John Giannone, que se tornara ajudante de Chris.

Giannone era uma criança esperta da classe média com o hábito de cheirar cocaína e com um desejo ardente de ser um ciberpunk impiedoso e malvado. Suas operações anteriores não impressionaram: ele se gabava a outro carder pelo fato de, uma vez, ter apertado todos os botões do elevador antes de sair, de modo que o próximo passageiro teria que parar em todos os andares. Em outra ocasião, ele afirmou que entrou em um banco e escreveu uma mensagem na parte de trás de um envelope de depósito: "Isto é um assalto. Eu tenho uma bomba. Me dê o dinheiro ou vou explodir o banco". Em seguida, colocou o envelope de volta à pilha como uma surpresa para o próximo cliente.

Aos dezessete anos, Giannone juntou-se ao Shadowcrew e ao CardePlanet sob a alcunha de MarkRich e começou a participar de pequenas operações. Sua reputação despencou quando ele foi pego falsificando passagens de avião e um rumor se espalhou de que ele tinha dedurado um membro regular do fórum enquanto estava na prisão juvenil.

Destemido, Giannone pagou a um carder mais respeitado pelo direito exclusivo de assumir seu codinome e sua reputação. Como "Enhance", o adolescente ficou mais corajoso, mas não mais bem-sucedido. Em maio de 2003, copiando uma tática de extorsão aperfeiçoada pelos russos, ele emprestou um botnet de um hacker e fez um ataque de negação de serviço contra a JetBlue, derrubando o site da companhia aérea por aproximadamente 25 minutos antes de mandar um e-mail exigindo 500 mil dólares a serem pagos como proteção. Mas a JetBlue não lhe deu o dinheiro e nem o respeito que um gangster cibernético merecia. "Nós encaminharemos isso aos órgãos da lei responsáveis. Ontem o site ficou fora do ar devido a uma atualização no sistema", a empresa escreveu.

Quando Max encontrou Giannone com seu ataque Amex Grátis, o adolescente estava comandando suas operações no computador do quarto de sua mãe. Mas Chris e Max olharam os arquivos do garoto e decidiram que ele poderia ser um potencial parceiro. Chris, em particular, deve ter visto um pouco de si mesmo no garoto, um cheirador de cocaína com ambições a ser gangster. Giannone já era um visitante regular de Orange County — ele gostava de passar as férias no sol —, e os dois começaram a ir em festas juntos. Chris chamava seu aprendiz de "the Kid".

Max sabia tudo de Giannone, enquanto este não sabia virtualmente nada sobre aquele. Para Max, tratava-se de uma combinação perfeita para uma parceria. Giannone vendeu algumas lixeiras de Max e depois o apresentou a outros carders interessados em fazer compras pelo ICQ. Max criou uma nova identidade online para suas vendas: "Generous".

Lidar com estranhos foi um grande passo para Max, e ele tomou precauções elaboradas para ficar seguro. Quando usava fóruns de carders ou serviços de mensagem instantânea, conectava-se na internet por meio de computadores hackeados ao redor do mundo — garantindo que ninguém pudesse rastreá-lo além de sua Wi-Fi hackeada. Ele disfarçava seu estilo de escrever online por medo de que uma frase má compreendida ou uma escolha de pontuação pudessem bater com um dos papéis de segurança de Max Vision ou mensagens no Bugtraq — uma vez, o FBI comentara sobre as várias elipses em suas notas anônimas para o Laboratório Lawrence Berkeley durante os ataques ao BIND.

Para receber o dinheiro, ele aceitava o pagamento por intermédio de uma conta anônima no e-gold vinculada a um cartão para caixas eletrônicos. Giannone o ajudou com um segundo sistema de remessa. O adolescente abriu uma conta comercial no Bank of America para uma oficina de reparos automotivos chamada A&W Auto Clinic, e depois enviou a Max os dados da tarja magnética e o PIN de seu cartão, permitindo que Max o clonasse com seu MSR206. Os compradores das lixeiras nos Estados Unidos podiam fazer um depósito em dinheiro para a A&W na agência mais próxima do Bank of America, e Max poderia fazer o saque quando quisesse com seu cartão clonado.

Max não precisava do dinheiro da forma como precisava antes. Ele tinha gastado boa parte do que conseguiu de seus saques do Citibank, desperdiçando o dinheiro com tudo, de doações aos mendigos a um cachorro robô da Sony que valia 1.5 mil dólares. Mas ele ainda não estava falido, e Charity começara em um emprego bem remunerado como administradora de sistemas no Linden Lab, a casa de alvenaria do Second Life — um universo online, tridimensional e completamente realizado que ganhava milhares de habitantes todos os meses.

Só havia uma razão para ele aumentar as apostas agora. Ele se viciara na vida de hacker profissional. Ele amava os jogos de gato e rato, a liberdade, o poder secreto. Camuflado no anonimato de sua casa de segurança, ele poderia se deixar levar a qualquer impulso, explorar cada corredor proibido da rede, satisfazer qualquer interesse passageiro — tudo sem temer as consequências, acorrentado apenas pelos limites de sua consciência. No fundo, o mestre do crime ainda era a criança que não conseguia deixar de invadir sua escola no meio da noite para deixar sua marca.

18

A Reunião

Em uma sala de reuniões próxima a Washington, duas dúzias de rostos de homens enchiam um monitor de computador na parede, alguns ranzinzas e outros sorrindo. Parte deles parecia adolescente que mal saíra da puberdade; outros eram mais velhos, despenteados e vagamente perigosos a julgar pela aparência.

Ao redor da mesa, vários agentes do FBI usando terno e gravata encaravam de volta os rostos do submundo internacional dos computadores. Para um dos agentes, um monte de coisas de repente começou a fazer sentido.

Aos 35 anos, J. Keith Mularski era agente do FBI havia sete anos. Mas ele trabalhava com crimes computacionais há apenas quatro meses e restava muito a aprender. Incrivelmente amigável e fácil de fazer rir, Mularski queria ser agente do FBI desde seu primeiro ano na Westminster College, na Pensilvânia, quando um recrutador da agência visitou a faculdade para falar em uma de suas aulas. Ele se segurara à lista de qualificações mesmo quando seguia uma carreira mais comum, começando como um vendedor de móveis em Pittsburgh, depois subindo a ladeira até o cargo de gerente de operações para uma rede nacional produtora de móveis com cinquenta empregados reportando a ele em quatro lojas.

Em 1997, após oito anos de espera, ele finalmente decidiu que estava pronto para o FBI. Depois de um processo de candidatura que levou um ano e dezesseis semanas de treinamento na academia do FNI em Quantico, ele foi empossado como agente em julho de 1998.

Como parte do ritual de graduação da agência, o agente recém-formado era instruído a fazer uma lista de preferência de todos os escritórios de campo do FBI. Ele escolheu sua cidade natal, Pittsburgh, como a número um — era onde Mularski tinha crescido, ido à escola e conhecido sua esposa. Suas chances de se transferir pra lá evaporaram no mês seguinte, quando terroristas islâmicos bombardearam os prédios da embaixada dos EUA em Quênia e na Tanzânia. Os agentes veteranos do FBI foram despachados dos escritórios de Washington, DC, para investigar os ataques, e Mularski foi um dos quinze novos recrutas enviados para preencher as vagas na capital — a cidade era sua 32ª opção de escolha.

Quase que da noite para o dia, Mularski passou de gerente de lojas de móveis para trabalhar em uma das mais importantes e secretas investigações. Em 1999, quando o aparelho de escuta foi encontrado em um escritório no último andar na sede do Departamento de Estado, ele fazia parte do time que identificou um diplomata russo monitorando o transmissor do lado de fora. Em 2001, ajudou a derrubar Robert Hanssen, um colega agente de contraespionagem que espionava secretamente para a KGB e para sua agência sucessora havia vinte anos.

Era um trabalho impetuoso, mas o sigilo irritava Mularski: ele tinha uma operação ultrassecreta e não podia falar sobre seu trabalho com gente de fora — até mesmo com sua esposa. Então, quando as sedes anunciaram vagas para dois agentes experientes para começar de imediato uma iniciativa ambiciosa contra o cibercrime em Pittsburgh, ele viu uma chance de ir para casa e sair das sombras ao mesmo tempo.

Seu novo trabalho não seria em um escritório do FBI. Ele fora designado ao escritório civil de uma ONG em Pittsburgh chamada National Cyber Forensics and Training Alliance. A NCFTA tinha sido formada por bancos e empresas da internet alguns anos antes para rastrear e analisar os últimos golpes visando consumidores online — principalmente ataques de roubo de informações digitais. O trabalho de Mularski não consistia na perseguição de golpes individuais — isolados, cada ataque era pequeno demais para atingir o valor mínimo de perdas de 100 mil dólares que o FBI exigia. Em vez disso, ele estaria procurando por padrões que apontassem para um culpado em comum — um grupo ou um único hacker — responsável por um grande número de roubos cibernéticos. Depois, ele distribuiria os resultados para os diversos escritórios de campo do FBI e, esperançosamente, passaria a investigação adiante.

Era uma reunião de informações passiva, meticulosa mas desinteressante. Mularski não estava no comando dos casos e nunca teve a satisfação de algemar um bandido. Mas, pela primeira vez em sete anos, ele podia falar sobre seu trabalho com sua mulher durante o jantar.

Agora Mularski voltava à região de DC para sua primeira reunião sobre o cenário dos roubos de cartão. Na cabeça da sala, estava o Inspetor Postal Greg Crabb, um homem solidamente construído, com olhos cansados do mundo, o qual trabalhou na unidade de fraudes internacionais dos correios. Crabb tinha batido com o submundo dos roubos de cartão em 2002 enquanto rastreava um falsificador de softwares que também atuava com fraudes de cartão de crédito. Desde então, ele estivera em 25 países, trabalhando com a polícia local para não apenas realizar prisões, mas também construir um pesado banco de dados de informações brutas sobre a comunidade que crescia: apelidos, endereços de IP, mensagens instantâneas e e-mails de mais de duas mil pessoas. Ele se tornara o maior especialista do governo sobre esse cenário, mas a grandiosidade de sua cruzada agora ameaçava esmagá-lo. Então ele tinha ido até o FBI para pedir ajuda.

A reunião com meia dúzia de agentes do FBI foi realizada em um escritório não informado em Calverton, Baltimore, onde a agência comandava sua operação contra a pornografia infantil Innocent Images. Falando devagar em um tom nasalado do meio-oeste, o inspetor postal media cada palavra enquanto descrevia o estado da situação: o CardersLibrary substituindo o CardersPlanet, a lenda de King Arthur, a influência dos russos e dos ucranianos, e a ascensão e a queda do Shadowcrew. Ele exibiu uma captura de tela do CardersPlanet para mostrar a estrutura do submundo: um operador do site era o don. Os administradores, os capos. Era uma metáfora que o FBI institucionalmente identificara: os hackers eram a nova máfia.

A Operação Firewall, Crabb explicou, tinha deixado os carders em pedaços, paranoicos e desorganizados. Mas eles se reconstruíam. E, ao contrário de antes, com o Shadowcrew, não havia um alvo único para ir atrás.

Pelo contrário, uma enorme quantidade de fóruns novos e menores pipocava. Crabb não disse isso, mas o Serviço Secreto tratara os carders com meia dose de penicilina; os sobreviventes eram imunes e abundantes.

Mularski ouviu cada palavra. Em sua breve passagem pela NCFTA, o agente tinha visto padrões nas informações brutas borbulhando do submundo: referências a apelidos, mensagens codificadas e fóruns. Fazia sentido agora. Eram os carders se organizando novamente.

Quando Crabb concluiu sua conversa, e os outros agentes começaram a sair, Mularski foi até o inspetor na ponta da mesa e estendeu sua mão entusiasmadamente. Ele disse: "Esse negócio é fascinante. Eu adoraria trabalhar com você. Adoraria ser seu parceiro".

Crabb ficou surpreso com a sugestão; por experiência própria, uma proposta típica de um agente do FBI seria algo como: "Me dê todas as suas informações. Obrigado, até mais". Ele se encontrou com Mularski e seu chefe a sós e passou aos agentes um resumo mais detalhado sobre o cenário dos carders.

Mularski voltou para Pittsburgh, com sua cabeça confusa. Ele pensou que deixara para trás o mundo dos espiões russos, dos agentes duplos e das identidades secretas. Ele estava errado. E a rotina segura e satisfatória de seu novo emprego, prestes a se despedaçar.

19

Carders Market

Por mais que tentasse, Max não conseguia se identificar com nenhum dos novos fóruns que brotavam das ruínas do Shadowcrew. Eles eram todos corruptos, administrados por hostis vendedores de dumps para que não houvesse concorrência. De certa forma, era uma bênção. Ele nunca conseguiu confiar de verdade em algum desses sites; sabia muito bem que todo o cenário era composto por tiras e informantes.

Max finalmente decidiu que, se fosse vender, o único lugar sensato seria um site que ele mesmo controlasse. Ainda se considerando Robin Hood, ele deu o nome perfeito para seu próprio fórum: Sherwood Forest.

Chris aprovou o plano — ele gostava da ideia de vender seus cartões de crédito e suas carteiras de motorista falsificados em um ambiente seguro — mas odiava o nome. "Sherwood Forest" não era algo que pegaria para um shopping criminoso. Os parceiros retornaram para a prancheta e, em junho de 2005, Max usou nome e endereço falsos em Anaheim para registrar o Cardersmarket.com.

Era uma época crítica para Max: ele estava próximo do fim de sua liberdade vigiada, e, se se comportasse até a meia-noite do dia 10 de outubro de 2005, estaria livre, sem mais a obrigação de fazer o papel de um consultor de informática desempregado apenas para agradar a seu oficial de justiça. Deveria ser fácil sobreviver mais alguns meses. Além de Chris, havia apenas duas pessoas que sabiam da vida dupla de Max, ambas amigas de Chris: Jeff Norminton e Werner Janer, o fraudador do mercado imobiliário que preencheu à Charity um cheque de 5 mil dólares que ajudou a iniciar a operação de pirataria de Max. Então, em setembro de 2005, Werner Janer foi preso.

Desde que se juntara a Max, Chris dava para Janer alguns cartões aqui e ali — talvez oitenta em três anos — em troca de 10% do que ele conseguisse com suas compras nas lojas. Naquele mês, Janer pediu outra remessa de vinte cartões — uma falta de dinheiro o forçara a vender a casa da família em Los Angeles, e ele tinha se mudado para Westport, Connecticut, a fim de recomeçar. Logo depois de chegar, um colega de crimes roubou-lhe quase todo o dinheiro da venda da casa, de modo que ele precisava de um apoio financeiro para sustentar sua esposa, seus três filhos e ele próprio.

Quando a encomenda enviada por Chris chegou, Janer, um ávido colecionador de relógios, foi direto para a Richard's, de Greenwich, uma loja de roupas e acessórios para homens, a qual possuía diversas opções de relógios muito caros. Janer tinha um cartão de qualidade e uma carteira de motorista correspondente em seu bolso, ambos com o nome Stephen Leahy. Faltava-lhe, entretanto, a habilidade para aplicar o golpe. Ele não escolheu um ou dois, mas quatro relógios Anonimo, cada um valendo entre mil e 3 mil dólares, e pediu para que o dono da loja passasse separadamente cada relógio em quatro cartões Visa diferentes, os quais ele notavelmente tirou de um maço com uma dezena. Duas das transações pesadas foram negadas, então Janer saiu com dois relógios que valiam um total de 5.777 mil dólares, comprados com dois cartões do Bank of America.

Uma viatura parou Janer a aproximadamente 3,5 km dali. Enquanto os tiras verificavam a carteira de motorista verdadeira de Janer e lhe perguntavam se ele comprara relógios recentemente, uma segunda viatura passou com o dono da loja no banco de trás. Ele viu Janer e confirmou que os policiais tinham pego o cara certo.

Os tiras prenderam Janer e fizeram uma busca em seu carro, encontrando relógios, 28 cartões de crédito e seis carteiras de motorista da Califórnia, cada uma com um nome diferente. Quando os detetives fizeram um mandado de busca em sua casa, encontraram mais relógios e uma pistola Walther P22, de calibre 22.

A arma era uma péssima notícia. Em vez de uma acusação de furto e uma violação da condicional, Janer agora estava enrascado por ser um criminoso com posse de arma de fogo. Assim, ele não perdeu tempo para se oferecer a levar os federais até a fonte dos cartões falsos. Sob os acordos padrões para delatores, o governo concordou deixar Janer "proferir" suas informações sob uma concessão de imunidade limitada: nada do que dissesse seria usado diretamente contra ele. Se os policiais achassem as informações úteis — se elas levassem a prisões —, eles considerariam recomendar uma pena reduzida para sua acusação por posse de arma de fogo.

Em duas sessões de falatório, totalizando quase oito horas, Janer abriu o jogo para um agente local do Serviço Secreto e um promotor. Ele lhes contou sobre Chris Aragon, sua aliança de compradores, e "Max, o hacker", um gênio da computação com 1,95 m que vinha invadindo bancos a partir de quartos de hotéis em São Francisco.

Ele disse que não sabia o sobrenome de Max, mas falou que uma vez ele assinara um cheque de 5 mil dólares para a namorada do hacker, cujo nome era Charity Majors.

O Serviço Secreto fez as anotações e colocou os dados no computador da agência, mas esta jamais foi atrás da informação, e os promotores negaram conceder a Janer qualquer tratamento especial. Ele foi condenado a 22 meses de prisão.

Max Vision se esquivara de uma bala. As declarações de Janer afundaram em um gigante computador do governo — elas também podem ter sido escondidas no armazém cavernoso da última cena de Indiana Jones e os Caçadores da Arca Perdida. Desde que não houvesse a necessidade de escavá-las, Max estava seguro.

Enquanto isso, Max começava o processo para pôr o Carders Market em funcionamento. Ele tinha muita experiência em montar sites legalizados, mas abrir um site de crimes exigiria preparativos especiais. Para começar, ele não poderia simplesmente colocar o servidor do Carders Market no chão de sua casa de segurança — isso o tornaria uma presa fácil.

Desse modo, ele invadiu uma central de dados na Flórida administrada pela Affinity Internet e instalou uma máquina virtual Vmware em um dos servidores — escondendo um computador simulado completo em um dos sistemas da empresa. Seu servidor secreto pegou da Affinity um endereço de internet que não era utilizado. O site seria um navio fantasma, não oficialmente possuído ou operado por alguma pessoa.

Max experimentou diferentes softwares de fóruns para a internet e finalmente adotou o flexível vBulletin. Ele passou meses personalizando o layout e projetando seus próprios templates para o visual do site, estilizando-o com tons de cinza e dourado. O trabalho foi satisfatório. Pela primeira vez em anos, ele estava criando alguma coisa, em vez de roubando. Era como fazer o Whitehats.com, se não fosse o fato de ele ser o oposto.

Finalmente, no aniversário de um ano do ataque da Operação Firewall, ele conjurou um novo nome para sua lista de nomes de guerra, a qual estava sempre mudando: Iceman. Ele escolheu essa alcunha em parte por ela ser muito comum: havia vários Iceman no submundo — até existira um no Shadowcrew. Se os cumpridores da lei tentassem rastreá-lo, encontrariam várias miragens em seus radares.

Max, como Iceman, lançou o Cardermarket.com no fim de 2005 com pouca divulgação. Chris se juntou como o primeiro coadministrador, inventando o apelido EasyLivin' para usar no site.

A partir de um estudo cuidadoso sobre o Shadowcrew e os fragmentos de fórum que o sucederam, Max e Chris sabiam que a chave para se ganhar aceitação era designar grandes nomes que ajudassem a administrar o quadro e a atrair ainda mais usuários de peso ao círculo de amigos. Os parceiros logo arrumaram um jeito de trazer dois nomes famosos da diáspora do Shadowcrew.

Bradley Anderson, um solteiro de Cincinnati, de 41 anos, foi a primeira escolha. Anderson era uma lenda como "ncXVI", um especialista em falsificar identidades e autor do livro que ele mesmo publicou *Sheeding Skin* (Mudando de Pele, em tradução livre), a bíblia da reinvenção da identidade. O segundo recruta era Brett Shannon Johnson, 35, um ladrão de identidades de Charleston, Carolina do Sul, famoso online como "Gollumfun", um dos fundadores da Counterfeit Library e do Shadowcrew, porém, aposentado deste antes que o Serviço Secreto se infiltrasse.

Após desaparecer do cenário por mais de um ano, Johnson saía da aposentadoria — o ajudante de Chris, John Giannone, o tinha visto online naquela primavera e conversou com ele pelo ICQ, atualizando-o sobre as últimas prisões e fofocas.

Giannone acabou vendendo 29 dumps de Max por fáceis 600 pratas, e depois apresentou Johnson a Max, que lhe vendeu outros quinhentos cartões. "Posso ver que vocês farão um ótimo negócio no futuro", Johnson disse a Max.

Ele aceitou o convite de Max e Chris para se tornar um administrador do Carders Market, emprestando ao site a experiência e os contatos do único administrador do Shadowcrew a sobreviver à Operação Firewall.

Giannone se juntou ao site como "Zebra", e Max criou para si uma segunda identidade secreta, "Digits". O usuário alternativo era um ponto-chave na nova estratégia de negócio de Max. O Shadowcrew sucumbira porque procuradores provaram que os próprios fundadores estavam comprando, vendendo e usando dados roubados — administrar um site informacional não era, por si só, ilegal, Max pensou. Então Iceman seria o rosto público do Carders Market, mas jamais compraria ou venderia dados roubados. Digits, seu alter ego, faria isso, vendendo as dumps que Max ceifava da pizzaria de Vancouver a qualquer um que pudesse pagá-las.

A fim de completar sua imagem para o site, Max precisava de mais um administrador com uma qualificação específica: um conhecimento da língua russa. Ele queria aparar as arestas que a Operação Firewall causara entre os carders do leste europeu e suas contrapartes do lado oeste. Dois membros russos do Shadowcrew tinham caído na armadilha do VPN de Cumbajohnny, e toda a situação deixara os russos profundamente desconfiados dos fóruns de língua inglesa.

Max resolveu que o Carders Market se distinguiria por ter uma seção para europeus orientais moderada por um falante de russo nativo. Ele só precisava encontrar um.

Chris se ofereceu para ajudar, e Max aceitou. Se havia uma coisa que Chris provara a seu parceiro era que sabia como recrutar novos talentos.

20

A Starlight Room

Nove lustres se penduravam sobre o exuberante saguão aveludado do Harry Denton's Starlight Room, com uma luz saindo de um globo espelhado de 90 kg sobre a pista de dança. Cortinas vermelhas pesadas saíam das janelas panorâmicas como se fossem um palco, revelando adiante o brilho fraco da linha do horizonte de São Francisco.

Localizada no vigésimo primeiro andar do Sir Francis Drake Hotel, a Starlight Room era um ponto de encontro de luxo na agitada vida noturna da cidade — um flashback aos anos 1930, com tecidos de seda vermelhos e dourados espalhados. Sempre extravagante, o clube mantinha o movimento de pessoas realizando noites temáticas regulares. Esta era a Quarta Russa, e garçons de smoking serviam copos de vodca no bar lotado enquanto a música da terra-mãe transbordava sobre a multidão.

Na sala das senhoras, Tsengeltsetseg Tsetsendelger era beijada. Embriagada por conta da noite, a jovem imigrante mongol não tinha certeza de como isso tinha acontecido, ou do porquê, mas uma bela garota com 1,62 m e longos cabelos castanhos tinha decidido beijá-la. Então Tsengeltsetseg piscou. Havia outra mulher idêntica ao lado dela.

Michelle e Liz se apresentaram, e um largo e espontâneo sorriso surgiu no rosto de Tsengeltsetseg. Ela disse às gêmeas que podiam chamá-la de "Tea".

Tea sempre frequentava a Noite Russa e era fluente em russo e inglês. Nascida no norte da Mongólia numa época em que o país ainda estava sob o domínio soviético, ela aprendera russo na escola — até que o império soviético entrou em colapso, e o primeiro ministro da Mongólia declarou o inglês como a segunda língua oficial da nação sem litoral.

Procurando por aventuras e por uma promessa de uma vida melhor, ela ganhou um visto de estudante e emigrou para os Estados Unidos em 2001. O seu primeiro pensamento ao aterrissar no Aeroporto Internacional de Los Angeles naquele verão foi que os americanos eram terrivelmente obesos, mas, quando saiu pela cidade, ficou ainda mais impressionada; Tea gostava de pessoas bonitas, e L.A. estava cheia delas.

Após um semestre em uma faculdade comunitária em Torrance, ela se mudou para a Bay Area e conseguiu seu *green card*. Agora ela estudava na Peralta College, em Oakland, pagando seu aluguel e sua educação servindo sorvetes no Fentons Creamery.

Liz parecia extremamente satisfeita por saber que Tea falava russo. As gêmeas pagaram-lhe uma bebida e depois sugeriram que elas continuassem a festa com alguns amigos no hotel deles, a quatro quarteirões dali. Já passava da meia-noite quando elas chegaram na suíte de Chris Aragon, no luxuoso Clift Hotel, perto da Union Square. Chris estava lá relaxando; Tea ficou paralisada por um tempo ao ver como ele era bonito. Ele também parecia estar interessado nela, principalmente depois que as gêmeas mencionaram que Tea sabia russo. Acompanhados por duas funcionárias de Chris, eles abriram algumas bebidas e se divertiram até de madrugada, quando todas as garotas foram para seus próprios quartos, exceto por Tea, que ficou no de Chris pelo resto da noite.

Ela ainda despertava do sono na manhã seguinte quando o quarto se transformou em um ramo de atividade. Liz e outras diversas jovens atraentes — todas alerta e limpas após uma noite de festa — começaram a entrar e a sair, recebendo envelopes e instruções secretas de Chris[3].

Elas iam e vinham o dia todo, pegando mais envelopes, deixando sacolas de compras de lojas de departamento, às vezes esperando um pouco antes de saírem novamente. O cheiro de festa pairava no ar, mas havia uma certa tensão que deixava Tea curiosa — entretanto, não a ponto de bisbilhotar.

---

[3] Liz era uma das compradoras de Chris Aragon, mas não há evidências de que sua irmã, Michelle, estivesse envolvida.

Quando o sol tinha se posto, e a gangue se reuniu de novo na suíte, Tea se despediu; ela tinha que ir para casa até East Bay, a fim de ir trabalhar de manhã na sorveteria.

Chris tinha uma ideia melhor. Ele estava começando um site com um parceiro de negócios — "Sam" — e, por acaso, eles precisavam de uma tradutora de russo em período integral. E isso pagaria mais do que se ela servisse sorvete o dia todo.

"Não vá", Liz disse. "Você ganhará mais dinheiro com a gente."

Tea olhou nos rostos de suas belas novas amigas. Elas lembravam-lhe os Novos Russos que tinham emergido após o colapso do regime soviético, os quais adquiriram riquezas de forma suspeita, gastando mais do que precisavam.

Mas ela gostava de Chris — ele parecia diferente. E um emprego como tradutora para a internet garantiria a ela a liberdade e a flexibilidade para se focar em seus estudos acadêmicos. Ela disse sim.

No dia seguinte, Chris juntou sua equipe para o próximo destino de sua viagem; Vegas. Ele disse que Tea deveria encontrá-los lá para mais diversão; disse a ela para fazer uma conta de e-mail do Yahoo! que ele lhe enviaria as informações do voo dela quando eles chegassem.

De volta a seu apartamento, toda essa aventura parecia um sonho estranho.

Mas, no dia seguinte, Tea recebera em sua caixa de e-mail do Yahoo! um número de confirmação para seu voo pré-pago para Las Vegas. Ela fez uma mala e foi para o aeroporto.

Chris realocou Tea para a vizinhança dele, dando-lhe o dinheiro para o aluguel de um apartamento no nome dela em Dana Point, uma cidadezinha costeira ao sul de Orange County. No fim de uma quieta e sinuosa rua sem saída, em uma construção laranja com telhas espanholas, a "Tea House", como ele chamava a casa, era um mundo completamente diferente daquela cidade mongol onde Tea crescera.

Eles fizeram amor em sua cama nova e, depois, Chris deixou 40 dólares na cabeceira para que ela fizesse as unhas. Tea ficou magoada. Ela não era uma prostituta. Ela estava se apaixonando.

Chris e sua equipe mudaram os aparelhos de imprimir cartões do Villa Siena para o apartamento anexo à garagem em Dana Point — a Tea House seria sua instalação e seu salão de festas, assim como a base de operações para o emprego de 24 horas de Tea no Carders Market. Sua tarefa era visitar com frequência os fóruns do leste europeu, como o Mazafaka e o Cardingworld, e resumir o que acontecia lá na seção para os russos do Carders Planet.

Ela precisaria de um "nick", Chris explicou, uma alcunha ou um apelido para o alter ego online dela. Ela escolheu "Alenka", o nome de um doce russo.

Alenka começou a trabalhar de uma vez, colada no monitor na Tea House dia e noite, fazendo o seu melhor para atrair os todo-poderosos russos ao site comandado por Chris e "Sam", the Whiz.

21

Mestre Splyntr

Ocupando um andar inteiro de um prédio verde limão de escritórios às margens do Rio Monongahela, a National Cyber Forensics and Training Alliance estava longe do isolamento secreto da comunidade de inteligência de Washington, onde Mularski iniciara duramente sua carreira. Aqui, dezenas de especialistas em segurança de bancos e de empresas de tecnologia trabalhavam juntos com estudantes da Carnegie Mellon University, logo ao lado, em um aglomerado de cubículos organizados, cercados por um anel de escritórios por trás das paredes em vidro fumê ao redor do prédio. Com cadeiras Aeron e lousas brancas, o escritório parecia uma das empresas de tecnologia que financiava a NCFTA. O FBI realizara algumas mudanças antes de se mudar, transformando um escritório em uma sala de comunicação eletrônica, repleta de computadores aprovados pelo governo e de aparelhos secretos para se comunicar de modo seguro com Washington.

Em seu escritório, Mularski olhou para o "gráfico de ligação" que Crabb, o inspetor postal, tinha lhe enviado por e-mail — um grande mapa esquematizado mostrando conexões discrepantes entre 125 alvos no submundo. Mularski percebeu que estava fazendo tudo errado ao esperar por um crime e depois trabalhar para rastreá-lo até seu ponto de origem. Os criminosos não se escondiam nem um pouco. Eles anunciavam seus serviços nos fóruns, o que os deixava vulneráveis, da mesma forma que os rituais da Máfia de Chicago e de Nova York e a hierarquia rígida tinham dado ao FBI um mapa para acabar com os criminosos décadas atrás.

Tudo o que ele tinha que fazer agora era se juntar aos carders.

Ele escolheu um fórum de uma lista fornecida por Crabb e clicou no link para realizar o cadastro. De acordo com os regulamentos do Departamento de Justiça, Mularski podia se infiltrar nos fóruns sem a aprovação de Washington, desde que ele respeitasse os limites de suas atividades. Para manter seu disfarce, ele podia colocar mensagens nos fóruns, mas não podia engajar ninguém diretamente; além disso, não podia fazer mais do que três "contatos substantivos" com nenhum outro membro do fórum. Participar de crimes, ou fazer compras controladas com um vendedor, estava fora de cogitação. Era para ser apenas uma operação de reunião de informações; ele seria uma esponja, absorvendo dados sobre seus adversários.

Assim que se conectou, ele deparou com sua primeira decisão estratégica importante: qual seria seu apelido como hacker? Mularski seguiu seus instintos. Inspirado pelo desenho *As Tartarugas Ninja*, o agente adotou o apelido do roedor morador de esgoto, campeão de karatê e sensei, um rato bípede chamado Mestre Splyntr. Por questões de exclusividade e para dar um tom mais hacker, ele digitou seu sobrenome sem vogais principais.

Então, em julho de 2005, Mestre Splyntr se cadastrou em seu primeiro fórum de crime, o CarderPortal, rindo de si mesmo pelo lirismo por assumir o nome de um rato do submundo.

Mularski logo estava usando os fóruns de roubo de cartão como um tabuleiro de xadrez, utilizando os dados que a NCFTA recolhera sobre os golpes como seus primeiros movimentos.

O foco principal eram os esforços antifraude contra bancos e lojas virtuais, então, quando uma nova inovação criminal aparecia, Mularski ficava sabendo. Ele escreveu mensagens sobre os esquemas no CarderPortal, citando-os como se fossem criações suas. Os bandidos mais experientes maravilharam-se com o novato que reinventara independentemente seus truques mais novos. E, quando os golpes acabavam tornando-se públicos para a imprensa, os novatos lembravam que tinham ficado sabendo primeiro do Mestre Splyntr.

Ao mesmo tempo, o agente do FBI absorvia a história dos fóruns enquanto aperfeiçoava sua escrita para conseguir aquele estilo cínico e irreverente do submundo.

Após alguns meses, Mularski enfrentou seu primeiro desafio em sua operação de recolhimento de informações. A primeira leva de fóruns proveniente dos restos do Shadowcrew era totalmente aberta para novos membros — amedrontados com a Operação Firewall, muitos golpistas tinham adotado novos codinomes e, sem as reputações para fazerem as trocas, não havia como os carders examinarem uns aos outros. Agora isso estava mudando. Um novo tipo de fórum "de indicação" emergia. A única forma de entrar neles era conseguindo o patrocínio de dois membros já cadastrados. Restrito às instruções do Departamento de Justiça, Mularski tinha deliberadamente evitado criar relações diretas no submundo. Quem o indicaria?

Emprestando uma página de um romance de Robert Ludlum, Mularski decidiu que Mestre Splyntr precisava de uma lenda do submundo que pudesse colocá-lo em evidência nos novos boletins do crime. Ele pensou na organização anti-spam situada na Europa chamada Spamhaus, com a qual ele tinha trabalhado como parte de iniciativas anteriores do FBI.

Fundada em 1998 por um ex-músico, a Spamhaus mapeia a lista, sempre em mutação, de endereços da internet que despejam lixo nas caixas de entrada dos usuários; seu banco de dados com fontes de spams é usado por 2/3 das provedoras de internet como uma lista negra. Mas o que mais interessava a Mularski era a lista pública da organização com os spammers mais famosos. Com nomes como os de Alan "Spam King" Ralsky e do russo Leo "BadCow" Kuvayev, o Registro de Operações de Spams Conhecidas, ou ROSKO, perdia apenas para uma acusação no júri federal na lista de lugares em que um golpista da internet não quer ver seu nome.

Mularski telefonou para o fundador, Steve Linford, em Mônaco com o intuito de explicar seu esquema: ele *queria* estar no ROSKO — ou, pelo menos, queria o Mestre Splyntr lá. Linford concordou, e Mularski foi trabalhar na criação de seu passado. As melhores mentiras faltavam demais com a verdade, então Mularski decidiu que o Mestre Splyntr seria um spammer polonês. Mularski era descendente de poloneses por parte de pai — seu terno feito pela agência escondia uma tatuagem da Orzel Bialy, a águia branca de bico e garras dourados que decora o brasão polonês, em seu braço esquerdo. Mularski usaria Varsóvia como local de origem do Mestre Splyntr; ele visitara a capital da Polônia e poderia descrever mais ou menos suas paisagens se pressionado.

Em agosto, a nova lista do ROSKO foi divulgada, estampando pela primeira vez o nome "verdadeiro" do alter ego, inspirado em um desenho, de Mularski.

```
Pavel Kaminski, também conhecido como "Mestre
Splyntr" opera uma equipe de spams e golpes
frouxamente organizada do leste europeu.
Possivelmente afiliado ao BadCow. Ele está ligado
a: spam de proxy; roubo de dados virtuais; pump 'n
dump; exploits em javascript; fóruns de carders;
botnets.
```

O perfil incluía amostras de mensagens com spams supostamente enviadas por "Pavel Kaminski", produzidas pela Spamhaus, e uma análise de seus arranjos de hospedagem.

Agora, os carders que procurassem pelo Mestre Splyntr no Google podiam ver com os próprios olhos que ele era real, um genuíno criminoso virtual do leste europeu, com os dedos esticados em vários negócios. Quando Mularski se conectou no CarderPortal, encontrou propostas de negócios em sua caixa de entrada vindas de bandidos que esperavam fazer uma parceria com ele. Ainda não podendo engajar nenhum suspeito, ele recusou as propostas sarcasticamente.

Você não é um bom jogador, ele respondia. Eu não quero fazer negócios com você porque sou profissional e você é, obviamente, um novato nisso tudo. Para recusar golpistas do alto escalão, ele desafiava o bolso deles: Você não tem dinheiro suficiente para investir no que estou fazendo.

Como qualquer garota inatingível no baile de formatura, a indiferença do Mestre Splyntr o tornou ainda mais atraente. Quando um novo site chamado Associação Internacional para o Avanço da Atividade Criminal foi lançado como um fórum privado, ele enviou uma simples nota — Ei, eu preciso de uma indicação —, e dois membros cadastrados o atenderam prontamente apenas por causa da força de sua reputação.

Ele foi indicado no Theft Services em seguida, e depois no CardersArmy. Em novembro de 2005, foi um dos primeiros membros a ser convidado para um novo fórum chamado Darkmarket.ws.

Alguns meses depois, outro site concorrente apareceu em seu radar, e o Mestre Splyntr juntou-se ao Cardersmarket.com.

22

Inimigos

Jonathan Giannone estava aprendendo que a perda da privacidade era o preço a se pagar por fazer negócios com Iceman.

Ele trabalhava com o hacker misterioso havia um ano — na maior parte do tempo, adquirindo os servidores que Iceman usara em seu escaneamento de vulnerabilidade — e ainda estava constantemente sob a vigilância eletrônica de Iceman. Um dia, o hacker enviou a Giannone um link fingindo ser um artigo da CNN sobre problemas com os computadores da JetBlue, a linha aérea que tinha rejeitado, muito tempo atrás, a tentativa de extorsão de Giannone. Ele clicou no link sem pensar e, em um segundo, Iceman estava de novo em seu computador. Ataques do lado cliente, sucesso.

Giannone começou a conferir rotineiramente seu computador em busca de malwares, mas não conseguia dar conta das invasões de Iceman. Max apoderou-se da senha do programa de milhagens da United Airlines de Giannone e começou a rastrear suas movimentações ao redor do mundo — Giannone era um grande aficionado por viagens aéreas que, às vezes, voava apenas para acumular milhas. Quando aterrissava no Aeroporto Internacional de São Francisco, ele encontrava uma mensagem de texto de Iceman em seu celular. "Por que você está em São Francisco?"

Isso poderia ser divertido se não fosse pelas assustadoras alterações de humor de Iceman. Ele podia mudar de opinião sobre você em um minuto — um dia você era seu melhor amigo, seu "cara número um"; no outro, ele estaria convencido de que você era um delator, um ripper, ou coisa pior. Ele gratuitamente escrevia a Giannone e-mails longos e ofensivos, com diversas queixas contra Chris ou contra vários membros da comunidade de fraudadores de cartões.

Eram ciúmes, Giannone imaginava. Enquanto ele e Chris festejavam em Vegas e em OC, Iceman estava trancado em seu apartamento, trabalhando igual a um condenado. Realmente, os acessos de raiva do hacker em geral coincidiam com uma das idas de Giannone à Califórnia. Em junho de 2005, Iceman resolveu arrumar briga quando Giannone embarcara logo cedo para Orange County — Iceman o estava levando para fazer uma fiscalização em uma das suas operações conjuntas. A primeira mensagem chegou ao Blackberry de Giannone às 6 da manhã — três da madrugada no horário de São Francisco —, e as mensagens não pararam antes que os 4 mil km da viagem fossem percorridos, e o avião de Iceman finalmente aterrissasse. Quando Giannone conferiu mais tarde seus e-mails, ele encontrou dezenas de mensagens do hacker pedindo desculpas. "Desculpe. Eu estava incomodando."

Em uma situação anterior, em setembro de 2004, Giannone contou a Iceman que estava prestes a pegar um voo para visitar Chris, e Max comentou enigmaticamente que ele poderia impedir a viagem se quisesse. Giannone riu. Mas, após uma hora e meia de voo, o avião virou de repente e se dirigiu para Chicago. Enquanto se dirigiam para o O'hare, o capitão explicou que a central de controle do tráfego aéreo de Los Angeles caíra, obrigando a mudança do itinerário.

Acontece que um erro de computador foi o responsável. Havia um bug conhecido no sistema Windows de radiocontrole no Centro de Controle de Tráfego Aéreo de Los Angeles, em Palmdale, o qual obrigava os técnicos a reiniciar a máquina a cada 49,7 dias. Eles tinham esquecido de reiniciar, e um sistema de backup falhara ao mesmo tempo. A paralisação resultou em centenas de voos cancelados e cinco incidentes de aviões voando mais próximos uns dos outros do que os regulamentos de segurança permitem. Nenhum crime foi descoberto, mas, anos depois, quando o alcance de todos os poderes de Max Vision ficou claro, Giannone pensou se Iceman não tinha invadido os computadores e parado Los Angeles apenas para que ele não fosse às festas com Chris.

Giannone finalmente tomou medidas drásticas para manter Iceman longe de suas coisas: ele comprou um Apple. Iceman podia invadir praticamente tudo. Mas Giannone tinha certeza de que ele não podia hackear Macs.

Enquanto Max continuava vigiando seus parceiros do crime, o Carders Market começava lentamente a fazer barulho, intensificado pela misteriosa bravata de seus fundadores. Como Iceman e Easylivin', Max e Chris eram desconhecidos entre seus colegas bandidos, mas carders experientes podiam praticamente farejar a confiança e a sabedoria das ruas em suas mensagens.

Em Seattle, os rumores do novo site chegaram a Dave "El Mariachi" Thomas, o ex-agente infiltrado do FBI que, como Max, tentara alertar sobre a Operação Firewall. Thomas se sentia à deriva desde que os federais tinham acabado com a sua operação de coleta de informações, e ele procurava por um novo lar na internet.

Desconfiado no começo, Thomas se registrou com um apelido falso. Mas, quando Iceman convocou uma discussão pública sobre a filosofia e os mandamentos do Carders Market, Thomas mergulhou de cabeça, opinando com detalhes sobre o rumo que o site deveria seguir para criar operações de sucesso e ao mesmo tempo evitar o destino do Shadowcrew.

A princípio, Chris e Max acharam que Thomas poderia ser um contribuidor valioso. Mas eles logo perceberam que ele tinha um problema com um dos outros administradores, Brett "Gollumfun" Johnson.

Rumores sobre Johnson rodeavam desde o seu retorno ao cenário — você simplesmente não desaparece por dois anos e depois volta aos fóruns de cartão como se nada tivesse acontecido. Em agosto, um hacker chamado "Manus Dei" — a Mão de Deus — colocou mais lenha na fogueira quando invadiu a conta de e-mail de Johnson e enviou o perfil do carder a um grupo do Google chamado FEDwatch. A pesquisa retornou o nome verdadeiro de Johnson, seu endereço atual em Ohio, e diversos detalhes pessoais roubados de sua caixa de entrada. Entre as revelações: Johnson se correspondia com um repórter do *New York Times* sobre o cenário das fraudes de cartão e tinha registrado um nome de domínio misterioso, Anglerphish.com — talvez se preparando para abrir seu próprio site.

Mas não havia nada que sugerisse que ele estivesse dedurando, e nem Chris e nem Max ficaram particularmente alarmados com a informação vazada. Thomas, por outro lado, agora estava convencido de que o fundador do Shadowcrew era um informante. Afinal de contas, Johnson anunciara sua aposentadoria antes da Operação Firewall e depois reapareceu sem explicação alguma.

A última coisa de que Chris e Max precisavam em seu site emergente era uma troca de farpas entre dois carders da velha guarda com questões mal resolvidas da época do Shadowcrew. Ainda possuído por um orgulho empreendedor, Chris queria que o site fosse o melhor fórum de crimes possível. Então, conversou com Thomas pelo ICQ para tentar acabar com o problema.

Chris escreveu: "Eu não vou dar atenção a nenhuma picuinha sobre Gollumfun, ou qualquer outro, sobre quem é um traíra e quem não é. Eu só quero um tabuleiro bom e limpo para que tenhamos um lugar seguro para jogar".

Chris prometeu que passaria a Johnson a mesma mensagem: Jogue limpo. O segredo era aplicar a Cartilha da Resolução de Conflito. Ele seguiu com o roteiro paternalista pedindo conselhos a Thomas sobre como administrar um fórum de sucesso — mostrando respeito ao carder mais velho por seus anos de experiência. Mas, para ter certeza de que sua advertência fora levada a sério, Chris adicionou um aviso: "Nós não somos crianças, cara. Somos da velha guarda. E somos muito bons naquilo que fazemos".

Thomas prometeu se comportar e adicionou que faria o seu melhor para tornar o Carders Market o fórum sem picuinhas que todos queriam. Mas, secretamente, uma grande suspeita remoía suas entranhas. Por que alguém defenderia Brett Johnson, que era tão claramente um delator?

Ele percebeu que Easylivin' usava uma versão antiga do ICQ, a qual vazava um endereço IP da internet. Thomas tentou rastrear o endereço, indo parar em Boston, um viveiro famoso de informantes federais. O servidor do Carders Planet estava baseado em Fort Lauderdale, Flórida, outro local perfeito para comandar uma operação secreta. E o número do telefone na lista de nomes de domínio era de um departamento de polícia na Califórnia, se bem que com um código de área diferente. Provavelmente era uma coincidência, mas vai saber.

Quando terminou de coletar as evidências, ele se sentiu enojado. O Carders Market era uma armadilha dos federais. Tudo ficou claro. Ele prometeu a si mesmo que faria o possível para destruir o novo site e derrubar os idiotas da velha guarda Easylivin' e Iceman.

23

Anglerphish

Max estava criando suas próprias suspeitas sobre Brett Johnson. Ele começou a ficar de olho no administrador do Carders Market, checando as logs de seus acessos e vigiando suas mensagens particulares. Por precaução, ele invadia a conta de Johnson pela Associação Internacional para o Avanço da Atividade Criminosa, IAACA, e analisava suas atividades de lá. Mas não encontrou indício algum.

Ele poderia mesmo ter trazido um informante para dentro do seu círculo interno de seu novo site criminoso?

O problema era que não havia uma prova confiável que confirmasse que Johnson, ou qualquer outro, trabalhava para o governo. Max queria muito uma coisa — uma falha de segurança na jurisprudência, como o estouro de buffer no BIND, que ele pudesse usar várias e várias vezes em qualquer um que ele suspeitasse. If (is_snitch(Gollumfun)) ban(Gollumfan) ;. Ele confiava em David Thomas, sem perceber que este já colocara Iceman em sua longa lista de inimigos.

Em certo momento ao investigá-lo, ele nos enviou algumas contas do PayPal que eram válidas, as quais constatei ter origens ilegais. Isso me fez pensar: certo, esse cara não é um federal ou um de seus lacaios.

É muito importante que eu descubra isso, porque é como venho tomando decisões de confiança. Nós temos de ter, em mente, um advogado que nos dê a resposta definitiva; meu parceiro disse que estava tomando conta disso e que descobriria. Mas estou cético de que um dia consigamos uma resposta direta, porque os advogados parecem gostar de tirar o seu dinheiro e de lhe dar suposições heurísticas em vez de fatos concretos. Talvez eu só tenha tido advogados ruins.

Eu realmente gostaria de conhecer um jeito específico pelo qual eu pudesse encontrar algo que um policial ou a inteligência não possam fazer. Algo que, se eles fizerem, seus casos são 100% arruinados. Que Santo Graal. Até agora, tenho vivido como se o fato de eu "cometer um ato criminoso" os desqualificasse. Como aqueles que fumam um baseado com outro alguém para ter certeza de que aquela pessoa não é um tira. Ou uma prostituta que pergunta ao seu cliente "Você é um tira? Você sabe que tem que me dizer se for um".

Brett Johnson realmente estava do outro lado. Mas, ao contrário das suspeitas, seu retorno ao crime após a Operação Firewall não tinha começado como uma expedição de delação. Tudo começara com uma garota.

Os crimes de Johnson e seu vício em cocaína o separaram de sua esposa após nove anos — ela jogou fora seu MSR206 enquanto se dirigia para a porta — e ele vinha fazendo consultas com um psicólogo para ajudá-lo a lidar com a perda. Então ele conheceu Elizabeth em um bar da Carolina do Norte. Ela era uma stripper, de 24 anos, em uma boate de strip-tease da região, e, para Johnson, foi amor à primeira vista. Ele torrou suas economias ao comprar presentes para ela, uma bolsa de 1,5 mil dólares aqui, um par de sapatos de 600 dólares ali, e ela foi morar com ele após cinco meses. Entretanto, quando eles transaram pela primeira vez, ela não o deixou beijá-la.

As suspeitas mais sombrias de Johnson se confirmaram quando ele encontrou Elizabeth em um site em que homens fazem avaliações de strippers e prostitutas. Lá estava, linhas e mais linhas dos detalhes nojentos dos serviços que sua namorada fazia em troca de cocaína e dinheiro. Ele a confrontou com as evidências e ela, chorando, prometeu largar as drogas e a prostituição.

Tentando afastá-la dos hábitos de sua velha vida, Johnson banhava Elizabeth com ainda mais presentes e jantares caros. Foi isso, e nenhum compromisso secreto, que provocou seu retorno da aposentadoria. Ele precisava do dinheiro, pura e simplesmente.

A sorte que o acompanhou durante a Operação Firewall não estava com ele em 8 de fevereiro de 2005, quando a polícia de Charleston, na Carolina do Norte, o prendeu por usar cheques falsos do Bank of America para pagar os Krugerrands e os relógios que ele comprara no eBay e enviara a seus destinatários. Após uma semana de molho no Centro de Detenção do Condado de Charleston, pedindo por Elizabeth, o Serviço Secreto lhe fez uma visita. Depois de convencer os agentes de que era Gollumfun — o administrador que escapou quando eles fecharam o Shadowcrew — estes concordaram em ajudá-lo com seu caso se Johnson trabalhasse para eles.

O Serviço Secreto baixou o valor da fiança de Johnson para 10 mil dólares. Quando ele deixou a prisão, os agentes o mandaram de Charleston para Columbia, Carolina do Sul, onde eles lhe alugaram um apartamento corporativo e lhe pagavam 50 dólares por dia. Agora ele era um visitante diário do escritório de Columbia, chegando às 4 da tarde e trabalhando até as 9 da noite, levando o Serviço Secreto para dentro do Carders Market e de outros fóruns. Tudo que aparecia na tela de seu computador era gravado e exibido simultaneamente em um plasma de 42 polegadas pendurado na parede do escritório.

Eles chamavam isso de Operação Anglerphish, e Johnson pensava que tudo daria um belo livro um dia. Foi por isso que ele registrara o nome de domínio Anglerphish.com e iniciara conversas com um repórter do *New York Times*. Quando Manus Dei invadiu seu e-mail e revelou na internet aquelas atividades, os contatos de Johnson no Serviço Secreto ficaram irados. Eles prontamente o baniram de usar computadores fora do escritório e lhe disseram para romper o contato com o repórter. Elizabeth o deixou — seu nome e sua ocupação tinham sido expostos com o vazamento de informações.

Depois, Iceman acabou com o cargo privilegiado de Johnson no Carders Market, e os bandidos que ele conhecia desde os tempos da Counterfeit Library começaram a se recusar a fazer negócios com ele. Johnson estava ficando sem credibilidade, e o Serviço Secreto, sem paciência.

No fim de março de 2006, os agentes decidiram agir sobre uma das únicas presas do Anglerphish, um ladrão de identidades da Califórnia que roubara pelo menos 200 mil dólares solicitando digitalmente restituições fiscais falsas por meio da H&R Block e depois recolhendo ele mesmo os reembolsos. Johnson, um especialista nesse tipo de golpe, vinha falando online com o bandido, e o Serviço Secreto rastreara as conversas até o C&C Internet Café, em Hollywood. Um agente de Los Angeles visitou a cafeteria e se sentou a duas mesas de distância, enquanto o homem solicitava suas restituições falsas.

Mas, quando a polícia local e os agentes do Serviço Secreto invadiram o apartamento do alvo em Hollywood, eles descobriram que o local fora limpo: nenhum computador e nenhum farrapo de provas de documentos. O suspeito tinha feito tudo, menos limpar profundamente os carpetes e pintar as paredes.

Os contatos de Johnson em Columbia já suspeitavam de que ele deixara vazar sua condição de informante após o caso do Carders Market. Agora, eles estavam certos em acreditar que Johnson tinha dado a dica ao alvo para impedir a invasão. Trouxeram um examinador de polígrafo e amarraram Johnson junto à caixa.

As agulhas ficaram estáveis enquanto Johnson respondia às duas primeiras questões: Ele contatou o alvo? Ele pediu para que outra pessoa contatasse o alvo? Não e não. A última pergunta foi mais ampla: Johnson teve algum contato não autorizado com alguém? "Não", ele disse de novo, sua resposta deslizando pelo quadro.

Apesar das advertências dos agentes, Johnson admitiu que continuava a conversar em sigilo com o repórter do *New York Times*, e ele realmente falava sério sobre o negócio de escrever um livro. Os federais interrogaram-no até as duas da manhã, e depois fizeram com que assinasse um formulário aceitando uma busca em seu apartamento pago pela agência.

Vasculhar o apartamento era como uma caça a ovos de Páscoa. Os agentes encontraram um cartão dentro de um sapato no closet do quarto. Um caderno de anotações, contendo números de contas, PINs e informações de identidades estava dentro de um kit de higiene no banheiro. Uma meia dentro de uma calça no closet estava recheada com 63 cartões de caixas eletrônicos. Um pote da Rubbermaid no fundo do cesto de roupa suja mantinha quase 2 mil dólares em dinheiro. Finalmente, havia cartões da Kinko's carregados; Johnson vinha comprando tempo para usar nos computadores da loja.

Ele levava uma vida tripla quase que desde o início de seu serviço para a agência, passando-se por um bandido no escritório de campo em Columbia e aprontando nas suas horas de folga.

A especialidade de Johnson era o mesmo golpe que o alvo de Los Angeles vinha aplicando. Ele conseguiria os números dos cartões da Previdência Social das vítimas em bancos de dados online, incluindo os dados do arquivo de óbitos da Califórnia de residentes recém-falecidos, e depois solicitaria restituições fiscais falsas no nome delas, direcionando os reembolsos a cartões de débito pré-pagos que podiam ser utilizados para fazer saques em caixas eletrônicos. Ele retirara mais de 130 mil dólares em restituição de impostos sob 40 nomes, tudo na frente do nariz do Serviço Secreto.

Os agentes ligaram para o pagador da fiança de Johnson e o convenceram a reclamar os 10 mil que tinham libertado o fraudador. Então eles colocaram Johnson de volta à cadeia do condado. Depois de três dias, o contato de Johnson apareceu com um agente sênior, que não estava feliz com o informante. "Antes de começarmos, Brett, eu só queria dizer que ou você vai nos contar tudo o que você fez nos últimos seis anos, ou vou fazer com que a missão de minha vida seja foder você e sua família", o supervisor rosnou. "E eu não estou falando só dessas acusações atuais. Assim que você sair, eu vou caçá-lo pelo resto de sua vida".

Johnson recusou-se a colaborar, e os agentes saíram de supetão. O escritório de advocacia dos EUA começou a trabalhar em um indiciamento federal. Mas o impostor tinha mais uma carta na manga. Duas semanas depois, ele deu um jeito de ter sua fiança restituída, sendo libertado do centro de detenção e desaparecendo prontamente.

A operação Anglerphish foi um desastre. Após 1,5 mil horas de trabalho, o governo ficou com um informante fugitivo e dezenas de milhares de dólares em novas fraudes. Só havia um saldo positivo: aquela primeira remessa de 29 dumps platinum que Johnson comprara em maio por 600 dólares.

O Serviço Secreto tinha rastreado alguns dos cartões até uma pizzaria em Vancouver — um beco sem saída. Mas a conta corporativa do Bank of America, na qual o comerciante aceitava seu pagamento pertencia a um John Giannone, um jovem de 21 anos que vivia em Rockville Centre, em Long Island.

24

A Exposição

"Tea, essas garotas são um lixo, não seja amiga delas", Chris disse. "A mente delas é diferente".

Eles estavam no Naan and Curry, um restaurante indiano e paquistanês 24 horas no Theater District de São Francisco. Fazia três meses que Tea se juntara a Chris, e ela estava com ele para uma de suas viagens mensais até a Bay Area, onde ele se encontraria com um de seus misteriosos amigos hackers, "Sam", antes do anoitecer. Eles estavam a apenas quatro quarteirões da casa de segurança de Max, mas Tea não seria apresentada ao hacker nesta nem em qualquer outra viagem. Ninguém conheceu Sam pessoalmente.

Ela estava fascinada sobre como tudo funcionava: a natureza sem dinheiro do crime, a forma como Chris organizava sua equipe. Ele lhe contara tudo, quando achou que ela estava pronta, mas nunca lhe pedira para ir às lojas com as outras. Ela era especial. Ele sequer gostava de que ela saísse com sua equipe de compradoras, por medo de que as outras maculassem, de alguma forma, sua personalidade.

Tea também era a única empregada que não recebia. Após reclamar dos 40 dólares que Chris tinha deixado na cabeceira da cama, ele concluiu que Tea não queria dinheiro algum da parte dele, apesar das longas horas que passava no Carders Market e nos fóruns de crime russos. Chris cuidava do aluguel da Tea House, comprava as roupas dela e pagava pelas viagens — mas ela achava isso uma existência estranha, vivendo online, viajando com números de confirmação em vez de passagens de avião. Ela se transformara em um fantasma, com seu corpo em Orange County e sua mente geralmente projetada na Ucrânia e na Rússia, fazendo amizade com chefes do crime organizado cibernético em seu papel como emissária de Iceman do mundo ocidental da fraude de cartões.

Ela achava que Iceman era muito legal. Ele sempre foi respeitoso e amigável. Quando Chris e seu parceiro começavam uma de suas brigas, cada um deles ia choramingar e fofocar sobre o outro para Tea pelo ICQ, como crianças. Certa vez, Iceman enviou a ela uma porção de dumps e sugeriu que ela entrasse por conta própria no negócio, uma ação que acendeu uma raiva petulante em Chris.

Enquanto conversavam sobre comida indiana, um homem alto com um rabo de cavalo entrou vindo da rua e foi até o caixa nos fundos, seus olhos passando pelos clientes, só por um segundo, antes de pegar um pedido para viagem e sair.

Chris sorriu. "Aquele era Sam".

De volta a Orange County, a operação de Chris estava rendendo-lhe o suficiente para matricular seus filhos em escolas particulares, bancar o apartamento de Tea, e, em julho, começar a procurar uma casa maior e melhor para ele e sua família. Ele começou a procurar casas com Giannone e encontrou um local espaçoso para alugar — um sobrado na cidade costeira de Capistrano Beach, no final de uma rua sem saída em uma área que ficava mais alta que a praia. Era uma vizinhança de família, com tabelas de basquete penduradas sobre as garagens e um barco estacionado na entrada da casa de um dos vizinhos. A data da mudança era 15 de julho.

Giannone voou de volta para sua casa para o fim de semana do 4 de julho — o último feriado de Chris em seu velho apartamento — mas apareceu de novo na Tea House enquanto Chris passava um tempo com a família. Isso acontecia o tempo todo; Giannone voava até o Aeroporto John Wayne, esperando um fim de semana de festas com Chris, e, em vez disso, acabava enfurnado com uma das integrantes da equipe ou ficava responsável por cuidar dos filhos de Chris na casa dele. Tea era tolerável, diferentemente das garotas festeiras e mesquinhas que gastavam os cartões de Chris, mas o tempo se arrastava no apartamento em Dana Point.

Ele telefonou para Chris e reclamou que estava entediado. Chris falou: "Venha aqui em casa". Eles estavam na piscina. "Minha mulher está aqui com as crianças".

Giannone convidou Tea, que nunca tinha visto o condomínio de Chris, a apenas 6 quilômetros dali. Quando eles chegaram, Chris, Clara e os dois meninos pulavam na piscina, aproveitando o sol. Giannone e Tea disseram oi e se acomodaram em algumas das cadeiras.

Chris parecia atordoado. "Vejo que trouxe sua amiga", ele disse irritadamente a Giannone.

Clara conhecia Giannone, a babá, mas nunca tinha visto Tea. Ela olhou para a estranha, depois para Giannone, e mais uma vez para a mongol, com a desconfiança e a raiva subindo ao seu rosto.

Giannone percebeu que dera uma mancada. As duas mulheres pareciam estranhamente parecidas. Tea era uma versão mais jovem da esposa de Chris, e, só de olhar, Clara sabia que seu marido estava dormindo com aquela mulher.

Chris saiu da piscina e andou até onde eles estavam sentados, com seu rosto neutro. Ele se agachou de frente para Giannone, seu cabelo pingando água no concreto. "O que você está fazendo?", ele disse em voz baixa. "Dá o fora daqui".

Eles saíram. E, pela primeira vez desde que se juntara a Chris Aragon e sua gangue, Tea se sentiu suja.

Chris não estava bravo — ele sentiu um culpado prazer macho-alfa ao ver Tea e Clara no mesmo lugar. Mas a paixão de Tea se tornava um problema. Ele sentia uma afeição verdadeira por ela e por seu jeito peculiar, mas ela estava se transformando em uma complicação indesejada.

Havia uma solução ideal à sua disposição. Ele comprou para ela uma passagem de avião para ir visitar seu país natal durante um longo período de férias, banindo literalmente sua ardente amante nos confins da Mongólia.

Com Chris distraído nos embaraços de sua vida amorosa, o Carders Market consumia mais tempo de Max, e ele ainda tinha que tocar seu negócio como "Digits". Agora ele trabalhava com a indústria da alimentação, e estava ganhando muito.

Tudo começou em junho de 2006, quando uma grave falha na segurança apareceu no software RealVNC, sendo o VNC "console de rede virtual" — um programa de controle remoto usado para administrar máquinas com Windows pela internet.

O bug estava na breve sequência de reconhecimento que abre todas as novas sessões entre um cliente VNC e o servidor do RealVNC. Uma parte crucial do reconhecimento acontece quando o servidor e o cliente negociam o tipo de segurança a ser aplicada na sessão. É um processo em duas etapas: primeiro, o servidor do RealVNC envia ao cliente uma lista resumida com os protocolos de segurança que o servidor está configurado a suportar. A lista é apenas uma matriz de números: [2,5], por exemplo, significa que o servidor suporta o tipo 2 de segurança do VNC, um esquema de autenticação de senha até que simples, e o tipo 5, uma conexão completamente encriptada.

Na segunda etapa, o cliente diz ao servidor qual dos protocolos de segurança oferecidos ele quer usar enviando de volta o número correspondente, como se estivesse pedindo comida chinesa de um cardápio.

O problema era que o RealVNC sequer conferia a resposta do cliente para ver se ela estava no menu. O cliente podia retornar qualquer tipo de segurança, até mesmo um que o servidor não tivesse oferecido, e este aceitaria sem questionar. Isso incluía o tipo 1, que quase nunca é oferecido, por ser uma opção sem segurança alguma — ele permite que você se conecte no RealVNC sem senha.

Era apenas questão de modificar o cliente VNC para sempre retornar ao tipo 1, transformando essa opção numa chave-mestra. Um invasor como Max podia direcionar seu software hackeado para qualquer máquina que estivesse rodando o RealVNC bugado e desfrutar instantaneamente um acesso sem restrições ao computador.

Max começou a procurar por instalações vulneráveis do RealVNC assim que descobriu essa falha. Ele observava, abismado, enquanto os resultados rolavam em sua tela, milhares deles: computadores em casas e em dormitórios de faculdades; máquinas nos escritórios da Western Union, bancos e recepções de hotéis. Ele logou em alguns deles de modo aleatório; em um deles, ele deparou com as imagens das câmeras de vigilância do circuito interno de monitoramento da recepção de um prédio de escritórios. Outro era um computador no departamento de polícia de Midwest, onde ele podia ouvir as ligações para o 911. Um terceiro o colocou dentro do sistema controlador de temperatura de uma residência; ele aumentou a temperatura em 10 graus e seguiu em frente.

Uma pequena fração dos sistemas era mais interessante e também mais familiar com relação às suas contínuas invasões ao Pizza Schmizza: eles eram sistemas de pontos de venda de restaurantes. Eles eram dinheiro.

Diferentemente dos simples terminais burros nos balcões das lojas de bebidas e nos mercados de bairro, os sistemas de restaurantes tinham se transformado em sofisticadas soluções para tudo em um só aparelho, que dava conta de qualquer coisa, desde a anotação de pedidos até a organização dos lugares, e todos eles tinham o Microsoft Windows instalado. Para dar suporte remoto às máquinas, os vendedores do serviço faziam as instalações com backdoors comerciais, incluindo o VNC. Com essa chave-mestra do VNC, Max podia abrir vários dos sistemas à vontade.

Então Max, que uma vez escaneara todo o exército dos EUA à procura de servidores vulneráveis, agora tinha seus computadores vasculhando a internet noite e dia, encontrando e invadindo pizzarias, *ristorantes* italianos, bistrôs franceses e churrascarias no estilo americano; ele colheu dados de tarjas magnéticas de onde quer que os encontrasse.

De acordo com os padrões de segurança emitidos pela Visa, isso não deveria ser possível. Em 2004, a empresa proibiu o uso de qualquer sistema de ponto de venda que armazenasse os dados da tarja magnética após a transação ser efetuada. Em um esforço para cumprir os padrões, as maiores redes fizeram atualizações que impediam a seus sistemas armazenarem as informações. Mas os restaurantes não estavam com pressa para instalar a melhoria, que, em alguns casos, significava mais despesas.

O maquinário de escaneamento de Max possuía diversas frentes. A primeira objetivava encontrar instalações do VNC por meio de uma "varredura de portas" em alta velocidade — uma técnica padrão de reconhecimento que se baseia na abertura e na padronização da internet.

Desde o início, os protocolos de rede foram feitos para deixar que os computadores fizessem um malabarismo com diversos tipos diferentes de conexões simultaneamente — hoje, isso inclui e-mail, tráfego da web, transferências de arquivos, e centenas de outros serviços mais esotéricos. Para manter tudo isso separado, um computador inicia novas conexões com duas informações: o endereço IP da máquina de destino e uma "porta" virtual naquela máquina — um número de 0 a 65.535 —, que identifica o tipo de serviço que a conexão está procurando. O endereço IP é como o número de um telefone, e a porta é como o ramal, para que a ligação seja transferida ao departamento correto.

Os números das portas são padronizados e publicados online. O software de e-mail sabe se conectar à porta 25 para enviar uma mensagem; os navegadores conectam-se à porta 80 para buscar um site. Se uma conexão na porta especificada é recusada, é como um ramal inexistente; o serviço que você está procurando não está disponível naquele endereço IP.

Max estava interessado na porta 5900 — a porta padrão para um servidor VNC. Ele configurou suas máquinas com o intuito de fazer uma ampla varredura nas faixas do espaço de endereços da internet, mandando para cada uma um único pacote de sincronização de 64 bytes que testaria se a porta 5900 estava aberta para serviço.

Os endereços que respondessem à sua busca apareceriam em um script PERL, escrito por Max, o qual se conectava a cada máquina e tentava logar por meio do bug do RealVNC. Se o exploit não funcionasse, o script tentava algumas senhas comuns: "1234", "vnc", ou um campo em branco.

Se ele entrasse, o programa pegava algumas informações preliminares sobre o computador: o nome da máquina e a resolução e a profundidade de cor do monitor. Max desprezava os computadores com telas de baixa qualidade, presumindo que eles eram PCs domésticos, e não para negócios. Era uma operação de alta velocidade: Max rodava com cinco ou seis servidores de uma vez, cada um capaz de encontrar uma rede Classe B, em mais de 65 mil endereços, em alguns segundos. Sua lista de instalações de VNC vulneráveis crescia na casa dos 10 mil por dia.

Os sistemas de pontos de venda eram como agulhas em um imenso palheiro. Ele conseguia identificar alguns apenas pelo nome: "Aloha" significava que a máquina era provavelmente uma Aloha POS produzida pela Radiant Systems, de Atlanta, seu alvo favorito. "Maitre'D" era um produto concorrente da Posera Software, em Seattle. O resto deles era um trabalho de adivinhação. Qualquer máquina com um nome como "Server", "Admin" ou "Manager" precisava de uma segunda verificação.

Navegando com seu cliente VNC, Max podia ver o que havia na tela do computador como se estivesse parado na frente dele. Por trabalhar à noite, a tela do PC dormente era geralmente escura, então ele mexia seu mouse para tirar a proteção de tela. Se houvesse alguém na sala, devia ser algo meio assustador: você se lembra daquela vez em que o monitor do seu computador ligou sozinho e o cursor se mexeu? Pode ter sido Max Vision dando uma rápida olhada na sua tela.

Esse exame manual era a parte lenta. Max chamou Tea para ajudar — ele lhe deu um cliente VNC e passou a lhe entregar listas de máquinas vulneráveis, junto com instruções sobre o que procurar. Rapidamente, Max estava conectado nos restaurantes ao redor de todos os Estados Unidos. Um Burger King no Texas. Um bar esportivo em Montana. Uma danceteria da moda na Flórida. Um grill na Califórnia. Ele subiu até o Canadá e encontrou ainda mais.

Max começara suas vendas roubando as dumps de um único restaurante. Agora ele tinha centenas lhe fornecendo dados de cartões de crédito quase em tempo real. Digits faria muitos mais negócios.

Com tanto trabalho a ser feito, Dave "El Mariachi" Thomas tinha escolhido uma péssima hora para se transformar em uma verdadeira pedra no sapato de Iceman. Em junho, Thomas fez algo quase que totalmente desconhecido no insular submundo dos computadores: ele levou suas disputas de dentro dos fóruns e as tornou públicas no ciberespaço civil, atacando o Carders Market na seção de comentários de um blog sobre segurança lido amplamente, no qual ele acusou Iceman de ser um "AL" — agente da lei.

"Aqui está um site hospedado em Fort Lauderdale, Flórida", Thomas escreveu. "Na verdade, ele está hospedado bem ali na casa de um cara. Mesmo assim, o AL recusa-se a fechá-lo. Em vez disso, esse site promove a venda de PINs e números e PayPals e eBays e assim por diante, com o AL olhando para os jogadores o tempo todo".

"O AL afirma que eles não podem fazer nada com um site hospedado em solo americano. Mesmo assim, verdade seja dita, o AL está comandando o site do mesmo jeito que comandaram o Shadowcrew".

Ao destacar a estrutura da hospedagem do Carders Market, Thomas mirava no tendão de Aquiles de Iceman. O site não tinha sido incomodado porque a Affinity não percebeu o servidor ilícito entre suas dezenas de milhares de sites legalmente hospedados. El Mariachi trabalhava para mudar isso, fazendo reclamações para a empresa várias e várias vezes. A tática não apresentava lógica: se o Carders Market realmente estivesse sob o controle do governo, as reclamações entrariam por um ouvido e sairiam por outro; apenas se ele fosse um site de crimes verdadeiro, a Affinity ia tirá-lo do ar. Se Iceman caísse, então ele não era uma bruxa.

Uma semana após a mensagem de Thomas, a Affinity cortou abruptamente o Carders Market. O desligamento deixou Max furioso; ele tinha um bom negócio na ValueWeb. Assim, procurou por uma nova hospedagem legal no exterior, a qual permanecesse de pé contra El Mariachi, conversando com empresas na China, na Rússia, na Índia e na Singapura. Sempre terminava da mesma forma — elas precisavam de um adiantamento como parte da admissão e depois pediam por diversas papeladas burocráticas, como passaporte e um alvará de funcionamento ou papéis corporativos.

"Não poderia ser em função de você ter alguns MALDITOS NOMES IDIOTAS chamados CARDERS isso ou CARDERS MARKET aquilo, poderia?". Thomas escreveu, insultando Iceman. "Talvez, se você não anunciasse 'CARDERS TRABALHAM AQUI', conseguiria um pequeno site, e possivelmente cresceria até se transformar na fera que tão desesperadamente precisa ser".

Agora virou pessoal: Thomas odiava Iceman, fosse ele um federal ou não, e o sentimento tornou-se mútuo.

Max finalmente fechou com a Staminus, uma firma da Califórnia especializada em hospedagem de alta banda larga e resistente a ataques de negação de serviço. Até então, Thomas acabava com ele na seção de comentários de um blog qualquer chamado "Life on the Road". O blogueiro tinha feito uma citação dos comentários de Thomas sobre o Carders Market em uma breve mensagem sobre os fóruns, inconscientemente transformando seu blog no novo campo de batalhas da guerra entre El Mariachi e Iceman.

Em resposta às afirmações de Thomas, Iceman publicou um longo texto, acusando seu inimigo de "hipocrisia e difamação".

> O CM NÃO é um "fórum de crimes" ou um "império" ou nenhuma dessas merdas de acusação. Somos simplesmente um fórum que escolhe permitir discussões sobre crimes financeiros. Também nos conferimos a autoridade para julgar quais membros são reais e quais são falsos, mas essas são apenas nossas opções, não ganhamos dinheiro com esse serviço. Somos apenas TRANSMISSORES da informação, um FÓRUM pelo qual essa comunicação pode ocorrer sem opressão. O CM não está envolvido em nenhum crime ou no que quer que seja. Não é ilegal operar um fórum e permitir a discussão.
>
> O Craigslist.com tem pessoas postando sobre prostituição, conexões com drogas e outros crimes óbvios, e mesmo assim as pessoas não o chamam de um "ponto de parada para prostitutas" ou um império do crime. Ele é reconhecido como um TRANSMISSOR que não é responsável pelo conteúdo das mensagens lá dentro. Esta é a condição do Carders Market.

A enérgica defesa ignorava completamente os tutoriais criminosos detalhados e o sistema de avaliações no Carders Planet, sem contar o intuito secreto do site: dar a Max um lugar para vender dados roubados.

Sabendo que seu provedor da Califórnia não satisfaria o submundo, Max recomeçou sua busca para um acordo no exterior. No mês seguinte, ele mesmo hackeou um novo servidor, dessa vez em um país que estivesse o mais longe possível da influência americana na internet do que qualquer outro — uma nação que pouco provavelmente responderia às reclamações de Dave Thomas ou mesmo do governo americano.

"O Carders Market agora está hospedado no IRÃ", ele anunciou em 11 de agosto. "As inscrições foram reabertas".

25

Tomada Hostil

"A velocidade é a essência da guerra. Aproveite-se do despreparo do inimigo, abra caminho por rotas inesperadas e ataque locais desprotegidos".

Max estava lendo *A Arte da Guerra*, de Sun Tzu, usando o tomo de 2,6 mil anos como seu manual para hackear. Ele esboçou seus planos em duas lousas brancas de sua casa de segurança; após alguns atritos e novos participantes, havia cinco sites em inglês sobre fraude de cartões que importavam no submundo, e aqueles quatro eram um número alto demais. Ele tinha passado semanas se infiltrando em seus concorrentes: o ScandinavianCarding, o Vouched, o TalkCash e seu principal rival, o DarkMarket, o site comandado no Reino Unido, o qual surgira um mês antes que o Carders Market e construía uma poderosa reputação por ser um ambiente livre de rippers.

De certa forma, o plano de Max de se infiltrar nos outros fóruns vinha do lado White Hat de sua personalidade. O *status quo* ia bem para Max, o criminoso — ele não era ganancioso, e fazia grandes negócios no Carders Market. Mas o cenário de fraudes de cartão pós-Shadowcrew estava quebrado, e quando Max, o White Hat, via algo quebrado, ele não conseguia resistir em consertar — assim como fizera com o Pentágono alguns anos antes.

Seu ego também tinha um papel. Todo aquele mundo de fraudes parecia transformar Iceman em apenas mais um administrador de fórum, desprovido de qualquer habilidade a não ser configurar um software de fóruns. Max viu uma oportunidade de ouro para mostrar aos carders como eles estavam errados.

O DarkMarket acabou sendo o local desprotegido. Um carder britânico chamado JiLsi administrava o site, e ele cometera o erro de usar a mesma senha — "MSR206" — em todos os lugares, inclusive no Carders Market, onde Max sabia as senhas de todos. Max podia simplesmente passar ali e pegar. O Vouched, por outro lado, era uma fortaleza — você sequer conseguia se conectar ao site sem um certificado digital secretamente emitido instalado em seu navegador. Felizmente, JiLsi também era um membro desse site e tinha privilégios de moderador. Max encontrou uma cópia do certificado em uma das contas de e-mail de JiLsi, protegida com a senha de sempre do carder. De lá, era apenas questão de se logar como JiLsi e aproveitar seu acesso para entrar no banco de dados.

No TalkCash e no ScandinavianCarding, Max constatou que a função de busca do software do fórum era vulnerável a um ataque de "injeção SQL". Não era uma descoberta surpreendente, já que as vulnerabilidades das injeções SQL são as fraquezas mais persistentes da web.

A injeção SQL tem a ver com a arquitetura de bastidor da maioria dos sites sofisticados. Quando você visita um site com conteúdo dinâmico — notícias, mensagens de blogs, cotações de ações, carrinhos de compras virtuais — o software do site está puxando o conteúdo em sua forma bruta de um back-end de banco de dados, geralmente rodando em um computador todo diferente do servidor ao qual você se conectou. O site é uma fachada — o servidor de banco de dados é a parte importante, e ela está bloqueada. Teoricamente, ele sequer pode ser acessado pela internet.

O software do site conversa com o servidor de banco de dados em uma sintaxe padrão chamada Structured Query Language, ou SQL — pronuncia-se "sequel". O comando SELECT, do SQL, por exemplo, pede ao servidor de banco de dados por todas as informações que se encaixem em um critério específico. INSERT coloca novas informações no banco de dados. A instrução DROP, raramente usada, apagará dados em massa.

É uma ação potencialmente perigosa, pois há inúmeras situações em que o software precisa enviar uma solicitação do visitante como parte de um comando SQL — em uma pesquisa, por exemplo. Se um visitante de um site de música digitar "Sinatra" na caixa de busca, o software do site pedirá ao banco de dados para que procure pelo equivalente.

```
SELECT titles FROM music_catalog
WHERE artist = 'Sinatra';
```

Uma vulnerabilidade de injeção SQL ocorre quando o software não higieniza adequadamente a solicitação do usuário antes de incluí-la em um comando do banco de dados. A pontuação é a grande responsável por estragos. Se um usuário na condição acima buscar por "Sinatra':DROP music_catalog;" é tremendamente importante que o apóstrofo e o ponto e vírgula não passem pela pesquisa. Caso contrário, o servidor de banco de dados vê isto.

```
SELECT * FROM music_catalog
WHERE artist = 'Sinatra'; DROP music_catalog; ' ;
```

No ponto de vista do banco de dados, trata-se de dois comandos em sucessão, separados por um ponto e vírgula. O primeiro comando encontra os discos de Frank Sinatra, o segundo "derruba" o catálogo de músicas, destruindo-o.

A injeção SQL é uma arma padrão no arsenal de qualquer hacker — as falhas até hoje infestam sites de todos os tipos, incluindo os de lojas virtuais e bancos. E, em 2005, o software de fórum usado pelo TalkCash e pelo ScandinavianCarding era um alvo fácil.

Para explorar o bug no TalkCash, Max cadastrou uma nova conta e postou uma mensagem aparentemente inofensiva em um dos tópicos de discussão. Seu ataque SQL estava escondido no corpo da mensagem, com a cor da fonte configurada para ser a mesma que a do fundo do site, assim ninguém conseguiria vê-la.

Ele realizou uma busca para encontrar a mensagem, e o software bugado do fórum aceitou seu comando para o sistema de banco de dados, desse modo, ele o executou, inserindo uma nova conta de administrador apenas para Max. Um ataque parecido funcionou no ScandinavianCarding.

Em 14 de agosto, Max estava pronto para mostrar ao mundo das fraudes de cartão do que ele era capaz. Ele se infiltrou nos sites por meio dos buracos que secretamente provocara em suas muralhas, usando seu acesso de administrador ilícito para copiar os bancos de dados. O plano deixaria Sun Tzu orgulhoso: o ataque e a absorção dos fóruns rivais eram realmente rotas inesperadas. A maioria dos carders não apenas queria evitar chamar a atenção, como também não se colocar em evidência. Uma tomada hostil era algo sem precedentes.

Quando ele terminou seus ataques contra os sites falantes do inglês, Max foi para o leste europeu. Ele batalhara para unir os carders da Europa oriental com o oeste, mas os esforços de Tea tinham sido altamente infrutíferos — os russos gostavam dela, mas não confiavam em um fórum americano. A diplomacia falhara; era hora de agir. Ele encontrou o Cardingworld.cc e o Mazafaka.cc não mais seguros que os sites ocidentais e logo estava baixando seus bancos de dados de mensagens particulares e postagens do fórum. Megabytes em cirílico fluíram até seu computador, uma história secreta de golpes e ataques contra o ocidente que se remontava havia meses agora permanentemente armazenada no disco rígido de Max na vizinhança de Tenderloin em São Francisco.

Quando terminou, ele executou o comando DROP em todos os bancos de dados dos sites, acabando com eles. O ScandinavianCarding, o Vouched, o TalkCash, o DarkMarket, o Cardingworld — os movimentados mercados 24 horas que financiavam uma economia informal de 1 bilhão de dólares deixaram todos de existir num piscar de olhos. Dez mil criminosos ao redor do mundo, homens com negócios de seis dígitos em andamento; esposas, filhos e amantes para sustentar; tiras a subornar; dívidas a quitar; e pedidos a cumprir, ficaram às cegas em um segundo. Sem rumo. Perdendo dinheiro.

Todos eles conheceriam o nome de "Iceman".

Max, então, passou a trabalhar com os dados roubados dos membros, ignorando, naquele momento, os carders do leste europeu. Após excluir aqueles duplicados e indesejados dos quatro sites em inglês, ele ficou com 4,5 mil novos membros para o Carders Market. Max colocou todos eles no banco de dados de seu site, assim os carders poderiam usar seus antigos nomes de usuário e suas senhas para se conectarem à sua nova casa. O Carders Market contava agora com 6 mil membros. Era maior do que o Shadowcrew tinha sido.

Ele anunciou a fusão forçada enviando um e-mail em massa para seus novos membros. Enquanto o dia nascia em São Francisco, ele os observava se juntando, confusos e com raiva, em seu consolidado fórum criminoso. Matrix001, um administrador alemão do DarkMarket, exigia uma explicação pelas ações de Iceman. Um anteriormente taciturno rei dos spams chamado Mestre Splyntr se pronunciou para criticar a organização do material que Iceman roubara dos outros fóruns. Todos os conteúdos dos sites concorrentes agora moravam em uma nova seção do Carders Market chamada "Histórico de mensagens dos fóruns fundidos". Eles estavam desordenados e difíceis de se navegar; Max tinha achado que valia a pena conservar, mas não organizar, o conteúdo dos sites.

Max observou os resmungos por um tempo, depois apareceu e fez com que todos soubessem quem estava no comando.

@Mestre Splyntr: a menos que você tenha algo construtivo ou específico a dizer, seus comentários não são bem-vindos. Se você está infeliz com o layout, então vá embora e volte mais tarde, porque ele ainda não está organizado.

@matrix001: os velhos fóruns eram negligentes com sua segurança, usando servidores compartilhados, deixando de usar a encriptação dos dados, logando endereços IP, usando "1234" como as senhas da administração (sim pessoal, isso é verdade) e um nazismo administrativo geral. Alguns, como TheVouched, estavam até mesmo dando uma falsa sensação de segurança, que, como vocês sabem, é muito pior do que nenhuma sequer.

Você se pergunta qual o significado "disso tudo"? Se você quer saber por que faríamos a fusão de cinco fóruns de fraude de cartões, a resposta curta é porque eu não tive tempo nem interesse de fundir com os outros quatro, para um total de nove!

Basicamente, isso estava ultrapassado. Por que ter cinco diferentes fóruns cada um com o mesmo conteúdo, dividindo usuários e vendedores, e uma mistura de falta de segurança e às vezes má administrações e moderações. Não estou dizendo que era esse o caso de todos, mas era da maioria.

Com a moderação certa, o CM retornará a seu anterior reinado "rígido", com uma política de tolerância zero contra rippers, e quase que uma política anarquista em não fechar tópicos e em promover a discussão. Enquanto isso, tem um "pedacinho" a mais dos fóruns anteriores, mas isso será apagado.

Qual é a razão? Segurança. Conveniência. Aumentar a qualidade e diminuir o barulho. Colocar ordem na bagunça...

Um hacker canadense chamado Silo se opôs, dizendo que Iceman tinha dissolvido a cola social que mantinha a comunidade dos carders unida. Ele violara a confiança deles.

Você violou a segurança de nossa comunidade. Roubou os bancos de dados dos outros fóruns. Sua fusão não poderia ter acontecido com o consentimento de todos os outros administradores dos fóruns? Qual é a diferença entre eu hackear seus e-mails e ler sobre seus negócios e postar suas mensagens em meu fórum?

Não importa como você veja isso, você violou a pouca confiança que existia na comunidade. Minha sugestão é que você apague os bancos de dados que possui, os quais não são seus para exibir. A coisa certa a se fazer é PERGUNTAR aos administradores se um fórum realmente unificado é de melhor interesse para nossa comunidade, e esperar para ver se eles estariam interessados em tal fórum.

Essas são minhas considerações.

Há pessoas aqui com muitas habilidades, Iceman. Como elas as usam é o que determina nossa comunidade.

O Vouched voltou ao ar, mas não por muito tempo — ele era para ser um fórum privado e seguro, aberto apenas a um público selecionado. Quando Max quebrou sua segurança, ele despedaçou a credibilidade do site, e ninguém se incomodou em voltar. O TalkCash e o ScandinavianCarding foram condenados — eles não possuíam backups dos bancos de dados que Max destruíra. A maioria de seus membros permaneceu no Carders Market.

Exceto pelos fóruns russos, com os quais Max estava tendo problemas para assimilar por causa da barreira da língua, havia apenas uma mancha no triunfo de Max: o DarkMarket. O chefe de seu rival tinha os backups e deu um jeito de ressuscitar em poucos dias. Era um tapa na cara de tudo o que Max tentava alcançar para ele e para a comunidade. A guerra tinha começado.

Em Orange County, Chris consolidava o seu fim do negócio, também. Ele decidiu que seria conveniente ter seus empregados em tempo integral morando todos no mesmo lugar, e a rede de complexos de apartamentos Archstone oferecia um processo para mudança pela internet que se encaixava perfeitamente em seus planos. Os futuros inquilinos podiam preencher um contrato de aluguel no site da empresa, fazer um simples depósito de 99 dólares e pagar o primeiro mês de aluguel com um cartão de crédito. Chris podia resolver tudo online, e seu pessoal não teria que dar as caras até o dia da mudança, quando eles passariam no escritório dos aluguéis para mostrar rapidamente suas identidades falsas e pegar a chave.

Chris mudou duas de suas compradoras e Marcos, seu traficante de maconha, para o Archestone Mission Viejo, um labirinto de apartamentos ao estilo McMansion pintados com as cores do pôr do sol e agarrados a uma colina marcada com palmeiras e fios de alta tensão ao lado da Interstate 5, a dez minutos de sua casa. Ele também procurava aumentar sua esquipe. Uma garota tinha caído fora e se mudado para Toledo após ser presa pela segunda vez em uma loja, e outras duas saíram enojadas quando Chris engravidou sua namorada adolescente — agora ele pagava um apartamento para sua jovem mulher e seu filho, cuja existência ele mantinha em segredo até de sua mãe.

No escritório do NCFTA em Pittsburgh, Keith Mularski, sob seu disfarce de Mestre Splyntr, recebeu uma mensagem particular do próprio Iceman dois dias após a tomada hostil. O hacker queria se desculpar por algumas de suas declarações precipitadas em seu fórum.

Antecipando a próxima etapa do conflito DarkMarket — Carders Market, Iceman se gabou de que conseguiria neutralizar facilmente qualquer ataque de negação de serviço feito contra seu site. Porém, mais tarde, ele procurou o Mestre Splyntr no Google e descobriu que ele era um spammer de classe mundial com um exército de botnet. Iceman parecia contrário a transformar um mero crítico em um inimigo completo.

```
Não se ofenda com meus comentários espertinhos.
É verdade que, se alguém me atacar, eu vou
simplesmente rastrear o botnet e vou tentar tomá-
lo ou desativá-lo, mas não é uma coisa com a
qual queira provocar as pessoas. Ninguém precisa
perder seu tempo com uma coisa dessas, de verdade,
ataques de negação de serviço não são divertidos e
então não me leve a mal por favor. :-)
```

Mularski começava a ver uma oportunidade se revelando no horizonte do submundo. Ninguém sabia mais em quem confiar; todo mundo bravo com todo mundo. Se fosse jogar dos dois lados, ele teria que fazer incursões contra os administradores dos fóruns enquanto eles lutavam visando conseguir aliados para a batalha que se preparava.

Ele podia fazer três contatos substantivos. Então, decidiu usar um deles para responder a Iceman.

```
Não se preocupe, irmão, estamos de boa. Eu também
sou um espertinho. Merda,  meus bots nem estão
configurados para atacar. Os e-mails me dão muito
mais dinheiro! Eu realmente não tenho interesse
em fazer nada que não me dê dinheiro, a menos que
tenha que me vingar, o que não tenho. E, se você
realmente for atacado, eu também sou muito bom
em rastrear e apreender, então me chama no ICQ
340572667 se vc precisar de ajuda ... :-) MS
```

Mularski ficou olhando para a tela, esperando. Alguns minutos depois, uma resposta.

```
Excelente obrigado :-) Aliás, você tem alguma
sugestão sobre o que rodar aqui, sem contar a
óbvia bagunça organizacional? Além disso, eu vou
mudar isso para que você seja um vendedor e tenha
um título selecionável pelo usuário. (Feito) Não
sei se você vende serviços de e-mail com sua rede,
mas essa é uma coisa legal de se ter por aí e
tenho certeza de que estaremos em melhor condição
se tivéssemos você disponível para contratar. Além
disso, se você foi um vendedor antes (ou outra
coisa?) então, por favor, aceite minhas desculpas
pela pequena perda. Eu preservei alguns dos status
```

```
como vendedores do DM, mas eu fiz uma bagunça
com os outros fóruns e esses eu não consegui
preservar. Só passando a informação. Obrigado,
irmão :-) Também te adicionei no grupo VIP.
```

Era uma resposta promissora. Mularski conversou sobre o assunto com seu supervisor e depois pediu à matriz pela autoridade Grupo II, a mais baixa das duas camadas de operações de disfarce disponíveis no FBI, mas, ainda assim, um degrau acima do que seu mandado anterior de "observação passiva apenas". Essa nova amplitude não lhe permitia participar nos crimes, mas ele finalmente estaria autorizado a se relacionar com o submundo. Mularski decretou o Carders Market e todos aqueles associados ao comando do site como os alvos da investigação.

A aprovação chegou rápido. Mas, apesar de seu discurso encorajador, Iceman provou ser um alvo escorregadio; ele mantinha Mularski a distância, não confiando no agente e conversando apenas por intermédio do sistema interno de mensagens do Carders Market. O agente do FBI teve mais sorte do outro lado do campo de batalha. Ele fora um dos primeiros membros do DarkMarket, e agora que estava interagindo, o fundador do site, JiLsi, rapidamente identificou o Mestre Splyntr como uma ferramenta para a administração. No começo de setembro, Splyntr foi apontado como moderador do site.

A guerra esquentava. Apesar das lições tiradas da incursão de agosto, JiLsi não encontrava um jeito de bloquear completamente o DarkMarket. Iceman começou a bisbilhotar regularmente e a deletar contas de modo aleatório, só para confundir a cabeça de JiLsi. Quando o DarkMarket fez uma retaliação com um violento ataque de negação de serviço contra o servidor iraniano do Carders Market, Iceman disparou de volta seu próprio ataque contra o DarkMarket. Ambos os sites gemeram com o peso dos pacotes maliciosos. Iceman rapidamente contratou o serviço de uma empresa de hospedagem dos EUA com a banda larga a fim de absorver os pacotes do ataque, limpando o tráfego antes de enviar o site de volta para seu servidor verdadeiro por meio de uma VPN encriptada.

JiLsi estava arrancando os cabelos, descarregando suas frustrações com o Mestre Splyntr. Mularski tirou seu foco de Iceman, direcionando-o para o chefe britânico do crime cibernético, que começava a tratá-lo como um amigo. De maneira experimental, ele sugeriu a JiLsi para que pensasse sobre entregar o DarkMarket a alguém experiente em configurar hospedagens à prova de balas. Alguém acostumado a administrar sites que todo mundo odeia. Um spammer.

Hey, você conhece meu passado, ele escreveu em um chat. Em sou realmente bom em configurar servidores. Faço a segurança de servidores o tempo todo. Eu podia configurar esse para você.

Mularski brincava com um plano extraordinário. No passado, o Serviço Secreto e o FBI tinham ambos comandado administradores como informantes: Albert Gonzalez, no Shadowcrew, e Dave Thomas, no Grifters. Mas administrar diretamente um fórum criminoso de verdade daria acesso a tudo, desde o endereço IP dos carders até as suas conversas particulares, enquanto daria ao Mestre Splyntr, como administrador do site, mais credibilidade no submundo do que qualquer agente jamais sonhara.

JiLsi demonstrou interesse na oferta de Mestre Splyntr, e Mularski se atirou a outra viagem para Washington, DC.

26

O que Tem na Sua Carteira?

```
Vendas de DUMPS DOS EUA 100% APROVADAS

*NOVO* Preços com desconto para dumps aprovadas:

US$11 Mastercard

US$8 Visa Classic

US$13 Visa Gold/Premium

US$19 Visa Platinum

US$24 Visa Signature

US$24 Visa Business

US$19 Visa Corporate

US$24 Visa Purchasing

US$19 America Express = nova queda de preço
(era 24)

US$24 Discover = nova queda de preço (era 29)

Pedido mínimo de 10 cartões.

Dumps vendidas pelo tipo de cartão. Sem lista NIB.
```

A tomada hostil de Max tratava-se de consertar a comunidade, não de benefício próprio. Mas seu negócio de vendas de dados roubados de tarjas magnéticas estava mais forte do que nunca após a fusão — agora ele ganhava mil dólares por dia vendendo dumps para carders ao redor do mundo, além da quantia entre cinco e dez mil mensais que ele ainda tirava de sua parceria com Chris.

Publicamente, nas reuniões da Comissão Federal do Comércio e em outros lugares, a indústria dos cartões de crédito estava fazendo seu melhor para esconder o impacto do roubo desenfreado de tarjas magnéticas acontecendo ao redor do mundo. A líder do comércio de cartões, Visa, fez um levantamento mediante um relatório da Javelin Estratégia e Pesquisa, financiado pela indústria, o qual afirmava que os clientes, e não as empresas, eram a fonte da grande maioria de roubos de identidade e casos de fraudes de cartões: cerca de 63% dos casos originava-se dos consumidores, principalmente vítimas por perdas ou roubos de carteiras, seguido pelo roubo feito por parceiros de confiança, correspondência roubada e vasculhamento de lixeiras.

O relatório era grosseiramente enganoso, considerando apenas os casos em que a vítima sabia como sua informação fora roubada. Os números particulares da Visa contavam a história verdadeira. Carteiras roubadas não eram a principal fonte de fraude desde a metade de 2001, quando o roubo de cartões de sites de lojas virtuais mandou as transações fraudulentas sem o "cartão presente" — por meio de compras online e por telefone — para o topo das estatísticas, enquanto todas as outras categorias permaneceram estáveis.

Em 2004, quando os dados roubados das tarjas transformaram-se em uma mercadoria maciça do submundo, as perdas causadas por cartões falsificados seguiram a mesma escalada estratosférica. No primeiro trimestre de 2006, a falsificação ao estilo Chris Aragon superou pela primeira vez as fraudes sem cartão presente, passando da casa dos 125 milhões de dólares em perdas no trimestre aos bancos membros da Visa, apenas.

Praticamente todas essas perdas começaram com uma lista de preços tal quais as de Max. Como Digits, Max acumulou páginas e mais páginas de avaliações positivas no Carders Market, além de uma reputação por bom atendimento. Isso era motivo de orgulho para Max — e um sinal da compartimentalização da moral que ele tinha posto em prática desde a infância. Max hackeava alegremente um carder e copiava todo o seu disco rígido, mas, se um cliente tivesse pago pelas informações, Max sequer cogitava não cumprir com o prometido.

Sua generosidade também era muito conhecida. Se Max tivesse dumps prestes a expirar, ele as dava em vez de desperdiçá-las. Juntas, suas atitudes de negócios exemplares e a qualidade de seu produto fizeram dele um dos cinco maiores vendedores de dumps no mundo, em um mercado geralmente dominado por comerciantes do leste europeu.

Max era cauteloso com suas vendas. Ao se recusar a vender dumps pelo NIB — número de identificação do banco —, ele dificultou para os federais a identificação de suas infrações: o governo simplesmente não conseguia comprar 20 dumps originadas de uma única instituição financeira e pedir para que esse banco procurasse por um ponto de compra em comum em seus registros de transações. Em vez disso, uma remessa de 20 cartões podia pertencer a 20 bancos diferentes. Todos eles teriam que cooperar entre si para rastrear a fonte.

Além disso, apenas alguns parceiros de confiança sabiam que Digits e Iceman eram a mesma pessoa: principalmente os administradores, como Chris, um carder canadense chamado NightFox e um novo recruta chamado Th3C0rrupted0ne.

De todos que ele tinha conhecido no mercado, era com Th3C0rrupted0ne que Max parecia dividir o mesmo histórico de ataques hacker. Quando adolescente, C0rrupted descobriu o mercado da pirataria nos quadros de mensagens de conexão discada, e depois começou a se divertir como hacker sob as alcunhas Acid Angel, -null-, entre outras. Ele destruía sites por diversão e se juntou a uma gangue de hackers chamada Hackers Éticos Contra Pedófilos — chapéus cinzas vigilantes trabalhando contra a pornografia infantil na internet.

Como Max, uma vez ele pensou ser um dos mocinhos, antes de se tornar Th3C0rrupted0ne.

Sob outros aspectos, eles eram bem diferentes. Produto de uma infância sofrida em um projeto habitacional de uma grande cidade, C0rrupted virou um traficante de drogas logo cedo e foi preso pela primeira vez — uma acusação por porte de arma — em 1996, quando tinha 18 anos. Na faculdade, ele começou a fazer identidades falsas para seus amigos, e sua pesquisa online o levou até o Fakeid.com, um quadro de mensagens da web, no qual especialistas como ncXVI começaram as carreiras. Ele passou para os pequenos golpes de cheque e cartões na época em que o Shadowcrew foi desativado, e depois encontrou seu caminho nos sites substitutos.

Diplomático e com temperamento equilibrado, C0rrupted era apreciado por todos no cenário e desfrutava privilégios de moderador ou administrador na maioria dos fóruns. Max o promoveu a administrador no Carders Market no verão de 2005 e o transformou no porta-voz não oficial do site após a tomada hostil. Max deixou que C0rrupted soubesse de sua identidade dupla aproximadamente uma semana depois de sua jogada de força.

```
Então obviamente eu também sou Digits. Era melhor
eu dizer isso logo, já que estraguei meu disfarce
no ICQ (para conversar sobre "nosso fórum", etc.)
  É um saco tentar manter isso em segredo das
pessoas que conheço e confio e gosto, como você.
Então aí está...
  De qualquer forma, pela lógica, Iceman é legal.
Digits está violando a lei. Eu presumi que, se eu
pudesse manter essa separação, não haveria nenhum
obstáculo legal em meu caminho que viesse atrás
de "mim" por ser administrador do fórum.
```

Chris continuava a ser a maior ameaça à segurança de Max. Todas as vezes em que eles brigavam agora, Max era lembrado de quão vulnerável estava sobre sua identidade secreta como carder e sobre sua identidade da vida real. "Não posso acreditar no quanto você sabe sobre mim", ele cuspia as palavras, bravo consigo mesmo.

Enquanto isso, Chris tentava convencer Max a fazer um grande negócio, algo que catapultaria os dois para fora do crime para sempre e que talvez financiasse um novo começo legítimo para Chris em Orange County. Ele tinha criado um fluxograma e o passo a passo de um plano para cada um deles seguir, chamando isso de "Whiz List".

Max deveria se infiltrar nas redes dos bancos e conseguir o poder de direcionar milhões de dólares para as contas especificadas por Chris. De sua parte, ele já tinha feito isso — desde o início de sua parceria, de volta a quando ele trabalhava na garagem de Chris, ele vinha violando pequenos bancos, poupanças e empréstimos. Estava em centenas deles agora e podia transferir dinheiro das contas dos clientes à vontade. Mas o esquema estava emperrando no lado de Chris. Ele precisava encontrar um porto seguro para o dinheiro que Max roubaria — um repositório fora da vista onde eles poderiam colocar o dinheiro sem que ele fosse reclamado pelo banco vítima. Até agora, ele falhara.

Até que, em setembro, Max colocou as mãos em um incrivelmente novo Internet Explorer sem ter sido lançado; ele não compartilhou a notícia com Chris, mas com um parceiro diferente, um que tinha mais conhecimento sobre finança internacional, o administrador do Carders Market chamado NightFox.

A falha na segurança era monstruosa: outro estouro de buffer, dessa vez no código do Internet Explorer feito para deixar os sites desenharem gráficos vetoriais na tela de um visitante. Infelizmente para Max, os hackers do leste europeu tinham encontrado o bug primeiro, e já estavam usando. Uma empresa de segurança de computadores já encontrara o código do exploit russo infectando os visitantes de um site pornográfico e comunicou à Microsoft. O Departamento de Segurança Interna tinha emitido um brusco aviso aos usuários do Internet Explorer: "Não sigam links não solicitados".

A informação foi divulgada, mas não saiu patch de correção algum. Todos os usuários do Internet Explorer estavam vulneráveis. Max pegou sua cópia do exploit russo nas primeiras horas da manhã de 26 de setembro e informou NightFox entusiasmadamente.

"Digamos que a gente ganhasse hoje um passe livre para sermos donos de qualquer empresa que quiséssemos", Max escreveu no sistema de mensagem do Carders Market. "Aí está. Sem limites. Visa.com. Mastercard.com. egold.com. Para fazer qualquer coisa com os e-mails dos funcionários. Google. Microsoft. Não importa. Podemos ser donos de qualquer uma delas agora mesmo".

A Microsoft disponibilizou um patch mais tarde naquele dia, mas Max sabia que até mesmo a empresa mais segura levaria dias ou semanas para testar e instalar a atualização. O exploit russo já era detectado pelos softwares de antivírus, então Max fez uma modificação para alterar sua assinatura, rodando o exploit em seu laboratório de antivírus e confirmando que ele, agora, era indetectável.

A única coisa que faltava era a engenharia social: Max deveria enganar seus alvos a fim de que visitassem um site carregado com o código do exploit. Ele escolheu o nome de domínio Financialedgenews.com e configurou a hospedagem no ValueWeb.

NightFox voltou com a lista de alvos: CitiMortage, GMAC, Lowermybills.com (da Experian), Bank of America, Western Union Money-Gram, Lending Tree e Capital One Financial, uma das maiores emissoras de cartões de crédito no país. NightFox possuía um amplo banco de dados com endereços de e-mail internos de empresas que ele adquirira de uma firma "de inteligência concorrente", e ele enviou a Max milhares deles, contendo os endereços de todos os alvos.

Em 29 de setembro, Max acionou seu software de spam, e ele enviou um e-mail personalizado para suas vítimas. A mensagem era de "Gordon Reily", com o endereço de retorno g.reily@lendingnewsgroup.com.

```
Sou um repórter do Lending News fazendo o
acompanhamento da história sobre o recente
vazamento dos registros dos clientes do Capital
One. Eu vi o nome Mary Rheingold no artigo da
Financial Edge e gostaria de entrevistá-la para
mais informações.

  http://financialedgenews.com/news/09/29/
Disclosure_CapitalOne

  Se você tiver tempo, agradeceria profundamente
pela oportunidade de discutir com mais detalhes sobre
o artigo acima.
```

Cada cópia da mensagem era personalizada, então cada funcionário pensaria que ele fora mencionado por nome no artigo imaginário do Financial Edge. Na Capital One, quinhentos empregados receberam a mensagem, dos executivos ao pessoal das relações públicas e trabalhadores de TI. Em torno de 125 deles clicaram no link infectado e foram enviados a uma página carregada com notícias genéricas da indústria financeira. Enquanto ficavam confusos com a página, um payload escondido passava pelo firewall da empresa e entrava nos computadores.

O software abria uma backdoor que permitia a Max entrar quando quisesse e limpar o disco rígido das vítimas em busca de dados importantes, além de farejar as redes internas dos bancos, e roubar senhas. Não era muito diferente do que ele fizera a milhares de computadores do Departamento de Defesa muito tempo atrás. Numa época em que era tudo jogos e diversão.

27

Primeira Guerra Digital

Keith Mularski estava no palanque, sua apresentação em PowerPoint preenchendo uma grande tela de LCD às suas costas. À frente dele, havia 15 oficiais sênior do FBI e advogados do Departamento de Justiça, sentados em volta da mesa da sala de conferências da sede da Justiça. Eles estavam estáticos. Mularski propunha algo que nunca tinha sido feito antes.

As autorizações para "circunstâncias sensíveis" do Grupo I eram uma coisa rara na agência. Mularski primeiro escreveu uma proposta de 20 páginas, endereçando cada aspecto do plano e reunindo opiniões legais dos advogados do FBI para cada um. O conselho geral do FBI estava animado com as possibilidades; se aprovada, a operação poderia estabelecer um precedente para os futuros trabalhos online secretos.

O maior obstáculo para o Comitê de Avaliação de Operações Secretas, do Departamento de Justiça, era a responsabilidade civil e a punição por permitir que crimes acontecessem em um site pertencente e operado pelo governo dos Estados Unidos. Como Mularski atenuaria os danos de forma que pessoas e instituições inocentes não sofressem com eles? Mularski tinha uma resposta engatilhada. A atividade criminosa no DarkMarket aconteceria quer o FBI comandasse o fórum ou não. Mas, com a agência controlando o servidor e o Mestre Splyntr conduzindo o site, o FBI poderia, potencialmente, interceptar grandes quantidades de dados roubados que, caso contrário, correriam livremente pelo mercado negro. Sua proposta era que qualquer dado financeiro seria enviado imediatamente aos bancos afetados. Cartões de créditos roubados poderiam ser cancelados antes mesmo de serem usados.

A reunião durou 20 minutos. Quando ele retornou para Pittsburgh, em 7 de outubro, Mularski possuía uma aprovação escrita para adquirir o DarkMarket. Iceman ainda estava listado como um tópico da operação secreta, mas agora JiLsi e outros líderes do DarkMarket eram os alvos principais.

Quando sua esposa foi para cama, Mularski ficou na frente de seu sofá e ligou a TV no *Saturday Night Live*, e procurou por JiLsi no ICQ. Após algumas cordialidades, ele foi direto aos negócios. O DarkMarket ainda estava sob outro ataque DDoS, e Mularski, como Mestre Splyntr, encontrava-se pronto para levar o site a um servidor seguro — JiLsi só tinha que dizer uma palavra, e seus problemas com Iceman seriam coisa do passado.

JiLsi, entretanto, apresentava algumas ressalvas. O DarkMarket era seu bebê, e ele não queria ser visto pela comunidade como se tivesse cedido o controle. Isso não seria um problema, Mularski explicou. Mestre Splyntr seria um administrador discreto. Ninguém além de JiLsi saberia que ele comandava o site. Para todos os demais, ele continuaria sendo apenas um moderador.

"Irmão", JiLsi respondeu. "Apronte o seu servidor. Estamos mudando".

Mularski começou o trabalho na hora. Ele alugou um servidor de uma empresa de hospedagem do Texas chamada Planet, e foi até o submundo para fortalecê-lo, comprando serviços de proteção contra ataques DDoS, por 500 dólares mensais, de um russo chamado Quazatron, pagando por isso com e-gold. Quazatron configurou o site de forma que sua face pública estivesse no Staminus, uma companhia de hospedagem com muita banda larga, resistente a ataques DDoS. O encanamento da empresa resistiria a um dilúvio, e o software de Quazatron canalizaria apenas o tráfego legítimo para o servidor verdadeiro do DarkMarket nos bastidores.

Tudo seria feito da forma que os bandidos cibernéticos do leste europeu fariam. Quando Mularski queria logar no back-end do site, ele passava pela KIRE, uma empresa da Virgínia que oferecia "contas shell" para o Linux — um serviço que permite a usuários do IRC conectarem-se a salas de bate-papo sem terem o endereço IP de origem rastreado. Ninguém veria que o rei polonês do spam estava se logando de Pittsburgh.

Quando a mudança terminou, Mularski foi até o tribunal e conseguiu um mandado de busca selado contra seu próprio servidor, autorizando--o a invadir o banco de dados dos usuários do DarkMarket, e a acessar as logs e as mensagens particulares.

Havia mais uma coisa a ser feita. Após Shadowcrew, era uma exigência dos fóruns de carders fazer com que os usuários clicassem no acordo dos termos de serviço, proibindo conteúdo ilegal e estipulando que os operadores do site não eram responsáveis por nenhuma das informações. Os administradores dos fóruns acreditavam que a linguagem legal os protegeria de acusações. O DarkMarket possuía um acordo de usuário particularmente longo e detalhado, então ninguém percebeu quando Mestre Splyntr adicionou uma linha.

"Ao utilizar este fórum, você concorda que os administradores podem avaliar qualquer comunicação enviada por meio deste para garantir a conformidade com esta política ou com qualquer outro propósito", ele escreveu.

"Acho que é importante ressaltar que Iceman é um tolo aspirante a hacker que fica por aí, invadindo sites em troca de diversão e prazer".

El Mariachi sabia como irritar Iceman. Após a tomada hostil, Dave Thomas retornou ao blog Life on the Road para intimidar seu inimigo implacavelmente, chamando-o de "Iceboy", "Officer Ice" e de "uma porra de uma merda em meus sapatos". Ele desafiou Iceman a se encontrarem pessoalmente, assim resolveriam suas diferenças como homens. E ele insinuou que podia contratar um pistoleiro para rastrear o rei dos fraudadores de cartão e acabar com sua vida.

Max respondeu com uma fúria crescente. Ele não se esquecera do aborrecimento e dos gastos para encontrar um novo servidor após Thomas tê--lo fechado na Flórida. A agressividade que ele tinha mantido enterrada desde os tempos de Boise ressurgiu em suas entranhas e saiu nas pontas dos dedos. Ele escreveu: "Seu saco de merda perneta e de pau pequeno. Eu podia te quebrar inteiro com minhas próprias mãos, mas um dedo-duro COVARDE como você chamaria a polícia e correria atrás de uma arma assim que me visse. É melhor rezar para seu Deus que eu nunca seja exposto; não só você vai parecer um idiota ainda maior do que já é, como eu não vou ter nada que me impeça de ir até aí e torcer esse seu pescoço de moleque dedo-duro".

Quando se acalmou, ele enviou a Thomas um e-mail em particular. Estava pensando em acabar com o Carders Market e em aposentar sua identidade como Iceman. Não seria uma rendição; pelo contrário, era a ameaça mais séria possível à campanha de Thomas.

```
Você não leu A Arte da Guera, leu, seu merda? Você
não sabe NADA sobre mim. Eu sei TUDO sobre você.
  Eu acabo com o CM, acabo com Iceman, e daí
você fica com o que, sua putinha de merda?
Shadowboxing? Você está FODIDO. Um inimigo que vai
te foder constantemente por anos, porque você está
SEM DEFESA e SEM ALVO para se vingar.
  Eu sou seu pior pesadelo, sua putinha, e você
e sua família sentirão os efeitos do dinheiro que
você me custou por muito, muito tempo.
```

Dois dias depois, Max provou que estava falando sério. Ele hackeou o site de El Mariachi, o Grifters, o qual Thomas transformara em um site de segurança semilegítimo, dedicado a vigiar os fóruns de fraude de cartão. Max limpou o disco rígido. O site nunca mais voltou.

Iceman anunciou sua vitória com uma última mensagem pública ao blog. "Eu não tenho nada para provar, e agora que acabei com David Renshaw Thomas, dedo-duro dos federais, faço minha saída", ele escreveu. "Ao contrário de vocês, pessoas, eu cuido do que é da minha conta. Aprendam uma lição. Sigam em frente e me deixem em paz".

Porém Max não seria capaz de retornar às sombras. Dois repórteres do *USA Today* tomaram conhecimento da guerra pública dos carders e confirmaram os detalhes da tomada hostil com empresas de segurança que observavam os fóruns. Na manhã seguinte, após Max declarar vitória contra El Mariachi, entregadores de todo o país distribuíram a edição de quinta-feira do jornal em mais de duas milhões de casas de costa a costa. Na primeira página da seção de negócios, estava toda a sórdida história da anexação dos sites de fraude de cartão de Iceman.

Ao deixar que seu ego o levasse a uma batalha pública com David Thomas, Max expôs Iceman no jornal de maior circulação na América.

"O Serviço Secreto e o FBI se recusaram a comentar sobre Iceman ou as tomadas", o artigo dizia. "Mesmo assim, as atividades dessa figura misteriosa ilustram a crescente ameaça que a expansão implacável do crime cibernético — possível, em grande parte, pela existência de fóruns — representa para todos nós".

A história não era uma surpresa; os repórteres abordaram Iceman para comentar, e Max enviou um longo e-mail, usando os argumentos sobre o Craigslist para sua defesa. Seus comentários não foram adicionados ao artigo, e a história só fez com que Max ficasse mais provocador. Ele adicionou uma citação da matéria no topo da página de login do Carders Market: "É como se ele tivesse criado o Wal-Mart do submundo".

Max mostrou o artigo para Charity: "Parece que eu criei um baita agito".

Chris ficou irritado quando soube que Max se correspondera com os jornalistas. Ele assistia a tudo enquanto Max passava horas brigando com Thomas. Agora seu parceiro estava dando entrevistas para a imprensa?

"Você perdeu a merda da sua cabeça", ele disse.

Max estava atolado de trabalho. Pedidos de aceitação chegavam ao Carders Market como uma avalanche. O artigo do *USA Today* pareceu desentocar todo o pessoal dos guetos que esperava entrar para a fraude de computadores. O site recebeu 300 novos membros em uma noite. Duas semanas depois, eles ainda continuavam a chegar.

Ele repassou o máximo do trabalho que podia para seus administradores. Max tinha outras coisas com que se preocupar agora. Seu ataque contra as instituições financeiras foram extremamente bem-sucedidos, mas conseguir passar pelos firewalls dos bancos acabou se provando a parte fácil. O Bank of America e o Capital One, em particular, eram instituições enormes, e Max estava perdido em suas amplas redes. Ele podia facilmente passar anos em qualquer uma, apenas procurando pelos dados e acessos de que precisava para faturar alto. Max apresentava problemas em se manter motivado com o acompanhamento entediante de suas intrusões; invadir as redes foi a parte divertida, e agora isso tinha acabado.

Em vez disso, Max deixou os bancos em banho-maria para se focar na guerra das fraudes de cartão. O novo provedor de Max recebia reclamações sobre a criminalidade desenfreada no Carders Market. Max viu um dos e-mails, enviado de uma conta anônima. Num palpite, tentou logar na conta com a senha de JiLsi. Funcionou. JiLsi estava tentando fechar o site de Max.

Max revidou invadindo a conta de JiLsi no fórum russo Mazafaka e postando uma avalanche de mensagens que diziam, simplesmente, "Sou um federal". Depois, ele tornou públicas as evidências da conduta ilegal de JiLsi; dedurar para a empresa de hospedagem do Carders Market era uma tática muito baixa.

O DarkMarket simplesmente não teve a decência de morrer. Max podia ter derrubado de novo o banco de dados, mas isso não faria bem algum — o site já voltara antes. Seus ataques DDoS tinham se tornado ineficazes, também. Da noite para o dia, o DarkMarket passara para um servidor caro com banda alta e erguera servidores dedicados para e-mails e banco de dados. De repente, ele virou um alvo difícil.

Então Max ouviu um rumor intrigante sobre o DarkMarket.

A história envolvia Silo, um hacker canadense conhecido por sua incrível capacidade de utilizar dezenas de contas diferentes na comunidade, mudando seu estilo de escrita e sua personalidade para cada uma que usasse, sem se esforçar. O segundo motivo de sua fama era compulsividade por fazer back-door contra outros carders. Ele postava, constantemente, softwares com um código escondido, que permitia a ele espionar seus colegas.

Ambos os traços entraram em jogo quando Silo cadastrou uma conta no DarkMarket com um novo usuário e disponibilizou um software hacker para a avaliação dos vendedores. Como esperado, Silo havia escondido uma função oculta no software, que contrabandearia os arquivos do usuário para um de seus servidores.

Quando Silo viu os resultados, encontrou um pequeno esconderijo com templates em branco do Microsoft Word, incluindo um formulário de "relatório de malwares". Os templates possuíam o logo de uma organização chamada National Cyber Forensics and Training Alliance, em Pittsburgh. Max procurou por eles; era uma casa dos federais. Alguém ligado com o DarkMarket trabalhava para o governo.

Empenhado em investigar, Max invadiu o DarkMarket de novo por sua back-door. Dessa vez, era uma missão de reconhecimento. Ele se conectou com uma conta root e digitou um comando para exibir o histórico recente de logins, começando, em seguida, a carregar a lista em outra janela, conferindo os registros dos cadastros públicos para cada um dos endereços IP usados pelos administradores. Quando chegou no Mestre Splyntr, ele parou. O suposto spammer polonês se conectara com um endereço IP pertencente a uma corporação privada nos Estados Unidos, chamada Pembrooke Associates.

Ele buscou nos registros de cadastros do Whois.net o site da empresa, Pembetal.com. O endereço listado era uma caixa postal em Warrendale, Pensilvânia, 32 km ao norte de Pittsburgh. Também havia o número de um telefone.

Outro clique do mouse, outra janela do navegador — página de busca reversa de endereços no Anywho.com. Ele digitou o número do telefone e dessa vez conseguiu um endereço de verdade: Technology Drive, 2000, Pittsburgh, Pensilvânia.

Era o endereço que ele já encontrara para a National Cyber Forensics and Training Alliance. Mestre Splyntr era um federal.

28

A Corte dos Carders

Keith Mularski estava ferrado.

Ele ficou sabendo primeiro de um agente no escritório de campo do Serviço Secreto da cidade. "Acho que você pode estar enrascado". Um de seus milhares informantes tinha ouvido que Iceman descobrira provas incontestáveis de que Mestre Splyntr era ou dedo-duro, ou espião da segurança corporativa ou, ainda, um agente federal. Iceman fizera uma aliança temporária com seu, às vezes, inimigo, Silo, e preparava uma apresentação abrangente para as lideranças do Carders Market e do DarkMarket. Iceman e Silo iam colocar Mestre Splyntr em julgamento.

Isso iniciou com o código de Silo. A reputação de Mestre Splyntr como spammer e programador o transformou na referência do DarkMarket para as análises de malwares. Era uma das regalias de sua operação secreta: Mularski dava a primeira olhada no novo código de ataque do submundo e podia passá-lo para a Equipe de Resposta a Emergências Computacionais, que, por sua vez, o encaminhava para todas as empresas de antivírus. O código malicioso seria detectável antes mesmo de chegar ao mercado negro.

Dessa vez, Mularski usara o código como um exercício de treinamento para um dos estudantes da Universidade Carnegie Mellon, o qual fazia estágio na NCFTA. Como procedimento padrão, o aluno rodava o programa isolado em uma máquina virtual — um tipo de software que podia ser limpo em seguida. Mas ele esqueceu que havia um pen drive na porta USB. O drive foi carregado com os formulários de relatórios sobre malwares em branco contendo o logo da NCFTA e a declaração da missão.

Antes que o estagiário percebesse o que acontecia, os documentos estavam nas mãos de Silo.

Seis administradores e moderadores do DarkMarket tinham pego uma cópia do código de Silo. Agora o canadense sabia que um deles era um federal.

Silo era uma carta coringa. Na vida real, ele era Lloyd Liske, gerente de uma loja de automóveis em Vancouver e falsificador de cartões de crédito que tinha sido preso alguns meses após a Operação Firewall. Quando foi condenado a 18 meses de prisão domiciliar, Liske trocou seu sobrenome para Buckell e seu apelido para Canucka, e reapareceu no cenário de fraudes de cartão.

O canadense passou a ser intocável. Dentre os círculos policiais, era um fato conhecido que Silo se tornara informante do Departamento de Polícia de Vancouver. Era por isso que ele estava sempre espionando os outros hackers: o cavalo de Troia que se infiltrara na NCFTA não tinha a intenção de expor a operação; era apenas Silo tentando coletar informações sobre os membros do DarkMarket para a polícia.

Silo não possuía ligação alguma com o FBI, mas ele provavelmente não se submeteria a expor uma operação secreta da agência. Infelizmente, Iceman soube da descoberta e colocou em prática sua incursão de reconhecimento no DarkMarket. Foi aí que a trapalhada pessoal do próprio Mularski entrou no jogo. Ele normalmente logava no DarkMarket com sua shell de KIRE, escondendo sua localização. Mas JiLsi era um chefe exigente, pedindo constantemente a Mestre Splyntr tarefas de manutenção — como colocar um novo banner de anúncio — as quais deveriam ser realizadas de forma simples e de uma só vez. Às vezes, a KIRE estava indisponível quando Mularski recebia um desses pedidos, então ele pegava um atalho para logar diretamente. Iceman o pegara.

Mesmo assim, ele devia estar relativamente seguro. O serviço de banda larga do escritório fora configurado sob o nome de uma empresa fantasma, com um número de telefone que tocava em uma linha VoIP sem resposta na sala de comunicações. A linha de telefone não era para estar listada. Mas, de alguma forma, estava, e Iceman tinha conseguido o endereço e o reconhecera como o da NCFTA.

Mularski andou apressadamente até a sala de comunicações, passou seu cartão de acesso, digitou o código da porta e se trancou lá dentro. Ele pegou a linha segura para Washington. O agente do FBI não mascarou os fatos em seu relatório. Após todo o seu trabalho para conseguir a autorização de atuar à paisana com o intuito de assumir o DarkMarket, conquistando o apoio do Departamento de Justiça sênior e dos oficiais da agência, Iceman ia desmascarar todos eles após apenas três semanas de operação.

Max se esforçava para lidar com a exposição — após seus ataques no DarkMarket, ele sabia que suas descobertas seriam vistas como acusações partidárias. Ele pensou em fechar o Carders Market antes de expor Mestre Splyntr, para evitar a sensação de que tudo se tratava de apenas mais uma batalha na guerra dos carders. Em vez disso, decidiu mandar seu novo tenente, Th3C0rrupted0ne, para representar seu site.

O julgamento aconteceu no "Carder IM" de Silo — um programa de mensagens instantâneas gratuito e supostamente encriptado que o hacker canadense oferecia como alternativa ao AIM e ao ICQ, mantido pelas exibições de propagandas dos vendedores de dumps. Matrix001 representou o lado do DarkMarket — JiLsi estava ocupado com os estragos do ataque de Max no Mazafaka. Silo e outros dois carders canadenses também estavam presentes. Silo abriu a reunião enviando um arquivo RAR comprimido contendo a evidência colhida por ele e por Iceman.

Quando alguns dos carders abriram o arquivo, seus antivírus ficaram loucos. Silo fizera um back-door na evidência; não era um começo promissor para uma reunião de cúpula.

C0rrupted e Silo explicaram o caso para os demais: os documentos com os templates de Silo mostravam que alguém da NCFTA possuía um cargo privilegiado no DarkMarket, e os logs de acesso que Iceman tinha roubado provavam que Mestre Splyntr era o infiltrado.

"Uma prova 100% incontestável", C0rrupted escreveu. "A gente trabalhou duro para tentar fazer as pazes, mas, se formos a público, os AL (agentes da lei) virão atrás da gente COM TUDO. Mas, se não dissermos nada, seremos responsáveis por todos que forem fodidos".

"Isso é verdade cara", Silo disse.

Matrix não estava convencido. Ele fez sua própria pesquisa no Whois sobre o nome de domínio Pembrooke Associates, a qual resultou numa lista anônima sobre Domínios por Proxy: nenhum endereço, nenhum número de telefone. "Blah", Matrix digitou. "Vocês nem sequer verificaram a informação do whois e a empresa, verificaram? Quem passou a vocês essa coisa?".

"Não é coisa minha", Silo escreveu. "É do Iceman".

"Então você acredita em qualquer merda que passam para você? Sem sequer verificar?".

A evidência não convencia mais a Matrix: os templates da NCFTA tinham erros de digitação e formatação — o FBI, ou um grupo de segurança sem fins lucrativos, faria um trabalho de tão má qualidade? Além disso, o desprezo de Iceman pelo DarkMarket era bem conhecido, e Silo era um incômodo constante no fórum.

A conversa esquentou. C0rrupted caiu fora, e os outros ficaram em silêncio enquanto Silo e Matrix começavam a trocar insultos. "O que nesse mundo deveria fazer com que eu confiasse em você?", Matrix perguntou.

"Não confie", Silo disse finalmente. "Não confie em mim. Saia do meu IM... vai lá ser preso".

Mularski ficou de fora da reunião, mas, quando ela acabou, Matrix enviou ao Mestre Splyntr uma transcrição. O agente estava satisfeito por ver que sua limpeza de última hora funcionara: assim que soube dos planos de Iceman para o expôr, ele contatou o registrador de domínio e fez com que a empresa apagasse o nome e o telefone da Pembrooke Associates dos registros. Em seguida, pediu para a Anywho retirar de sua lista a linha de telefone secreta. O encobrimento convenceu Iceman plenamente de que o Mestre Splyntr era um federal, mas ninguém foi capaz de verificar de maneira independente suas descobertas.

Agora Mularski fora assumir o controle pelo ICQ. Ele disse a Matrix, e a todos os demais, que sabiam que ele era inocente. Ele direcionou as atenções dos carders para as logs, ressaltando todas as ocasiões em que logara do endereço IP do KIRE. Esses são os meus logins, ele escreveu. Não sei de quem são esses outros.

Então, Mestre Splyntr mudou sua postura e atacou. A discórdia que Iceman tinha semeado funcionou a favor do hacker. As coisas estavam virando uma loucura, ele escreveu. JiLsi agia de forma suspeita. Para começar, JiLsi instruíra o Mestre Splyntr a não contar para ninguém que ele era o responsável por administrar o servidor. E, enquanto JiLsi passava a impressão de que o DarkMarket estava hospedado em um país fora do alcance da lei do ocidente, ele estava, na verdade, o hospedando em Tampa, Flórida, onde os federais podiam entrar a qualquer momento e realizar um mandado de busca. Era mesmo um comportamento estranho.

JiLsi afirmou ser inocente, mas as coisas estavam ficando feias para ele. Mestre Splyntr agradeceu a Iceman publicamente por levantar o assunto e disse que levaria o DarkMarket para fora dos EUA de uma vez por todas.

Mularski foi atrás de seus contatos policiais na Ucrânia, e eles o ajudaram rapidamente a conseguir uma hospedagem lá. Num piscar de olhos, o DarkMarket estava no leste europeu. A maioria dos carders foi obrigada a concordar que nenhum federal levaria um site infiltrado para um ex-estado soviético.

Não houve um veredicto formal, mas entrou-se em consenso de que Mestre Splyntr era inocente. Entretanto, eles não tinham tanta certeza quanto a JiLsi.

Quando a controvérsia foi superada, Mularski voltou a seu negócio rotineiro de comandar sua operação secreta. Ele preenchia relatórios em sua mesa algumas semanas depois, quando recebeu uma ligação de outro agente.

O Agente Especial Michael Schuler era uma lenda entre os agentes de crime cibernético da agência. Foi ele quem havia invadido os computadores dos russos na infiltração da Invita. Agora, situado em um escritório de campo de Richmond, Virgínia, Schuler ligava a respeito de uma invasão próxima ao Capital One. Os oficiais de segurança do banco tinham detectado um ataque que usava um exploit do Internet Explorer. Eles enviaram uma cópia do código para Schuler, e ele queria que Mularski pegasse um dos geeks da NCFTA para dar uma olhada na tal cópia.

Mularski ouvia enquanto Schuler descrevia sua investigação até o momento. Ele se concentrara no falso site de notícias, Financialedgenews.com, usado para passar o malware. O domínio estava registrado no nome de uma identidade falsa na Geórgia. Mas quando o site de hospedagem Go Daddy conferiu seus registros, ele descobriu que o mesmo usuário tinha registrado uma vez outro endereço com a empresa.

Cardersmarket.com.

Mularski entendeu a importância disso na hora. Iceman se passou por um operador inocente de um site que por ventura discutia atividades ilegais. Agora Schuler tinha a prova de que ele também era um hacker visando ao lucro, alguém que invadira a rede da quinta maior emissora de cartões de crédito na América. "Cara, você resolveu o caso!", Mularski riu. "Você colocou o caso *justamente* no cara que estávamos tentando atingir com nosso Grupo II. Temos que trabalhar nisso juntos".

Na cidade, os agentes do Serviço Secreto no escritório de campo de Pittsburgh tinham feito sua própria descoberta sobre Iceman: um informante lhes passou a dica de que o rei do crime do Carders Market possuía uma segunda identidade como vendedor de dumps, Digits. Quatro dias após o artigo do *USA Today*, os agentes aproveitaram essa descoberta e fizeram com que um segundo informante realizasse uma compra controlada com Digits: 23 dumps por 480 dólares em e-gold.

Era mais do que eles precisavam para uma acusação criminosa.

29

Um Platinum e Seis Clássicos

Keith Mularski não sabia no que tinha se metido quando assumiu o DarkMarket.

Seus dias eram uma loucura agora. Ele começava às oito da manhã, logando em seu computador com o disfarce no escritório e conferindo as mensagens noturnas do ICQ — qualquer negócio urgente com o Mestre Splyntr. Depois, acessava o DarkMarket para garantir que ele estava funcionando. Era sempre tudo ou nada com Iceman à solta.

Em seguida, vinha o trabalho de fazer o backup do banco de dados SQL. Iceman, de alguma forma, derrubara o banco duas vezes desde sua tentativa fracassada de expor Mularski, então os backups agora eram parte da rotina matinal de Mularski. Eles também tinham um propósito investigativo: enquanto o banco de dados era copiado, um script simples, criado por um codificador da NCFTA, escaneava todas as linhas em busca de números de 16 dígitos que começassem com os numerais de três a seis. Os números dos cartões de crédito roubados seriam automaticamente separados pelo número de identificação do banco (NIB) e enviados aos bancos responsáveis para o cancelamento imediato.

Em seguida, Mularski devia avaliar todas as mensagens particulares, selecionar as conversas interessantes e colocá-las na central de banco de dados de vigilância eletrônica ELSUR, do FBI. E uma ou duas horas escrevendo relatórios posteriormente. Como Mestre Splyntr, Mularski começara sua própria operação modesta de saques. Alguns bancos tinham concordado em lhe emitir dumps descartáveis como iscas, com nomes falsos mas com linhas de crédito verdadeiras, as quais o FBI pagaria com seu orçamento para as investigações. Mularski colocava PINs nos cartões e os passava aos carders ao redor do país, enquanto que as instituições financeiras informavam diariamente onde e quando cada saque acontecia. Mularski era responsável por passar a informação aos agentes locais em qualquer cidade de onde seus compradores operassem, o que significava escrever um detalhado memorando todas as vezes.

Às três da tarde, quando os carders apareciam com força total, a segunda vida de Mularski tomava controle. Todo mundo queria alguma coisa do Mestre Splyntr. Havia disputas a apaziguar, como um vendedor de dumps reclamando que seus anúncios não eram tão exibidos quanto os de seu concorrente, ou um vendedor recebendo acusações de se aproveitar de um cliente. Pedintes vinham atrás de dumps de graça ou de serviços de spam.

Mularski ia para casa no fim do dia, apenas para se conectar novamente. Manter sua credibilidade como Mestre Splyntr significava ter que trabalhar durante as mesmas horas que um carder de verdade, então todas as noites Mularski se via no sofá de casa, com a televisão ligada no que estivesse passando, e seu laptop aberto e online. Ele estava no DarkMarket, no AIM e no ICQ, respondendo a perguntas, indicando avaliadores, aprovando vendedores e banindo rippers. Ele ficava online até as duas da manhã, quase todos os dias, lidando com o submundo.

Para ganhar a afeição de seus alvos principais, ele lhes dava presentes ou lhes vendia mercadorias com desconto, supostamente compradas com cartões de crédito roubados, mas, na verdade, pagos pela agência. Cha0, um chefe turco do crime e administrador do DarkMarket, cobiçava um PC leve que custava 800 dólares nos EUA, então Mularski enviou dois deles ao endereço de recebimento de Cha0 na Turquia. Brincar de Papai Noel estava na descrição de seu cargo agora: ele precisava parecer comandar operações e ganhar dinheiro, e, com certeza absoluta, não enviaria spams para ninguém.

Ele descobriu que ser um chefe do crime cibernético era uma tarefa árdua.

Quando viajava ou saía de férias, ele tinha que informar ao fórum com antecedência — até mesmo uma breve ausência sem explicação levantaria a suspeita de que ele fora preso e mudara de time. Em janeiro de 2007, ele informou ao fórum que estaria em um avião por um tempo. Não disse onde ou por quê. Ele ia para a Alemanha a fim de falar com os promotores sobre o cofundador do DarkMarket, Matrix001.

Entre outras coisas, Matrix001 era o "artista" habilidoso do DarkMarket por sua excelência. Ele criava e vendia templates do Photoshop usados por fraudadores com o intuito de produzir cartões de crédito ou identidades falsas. Ele possuía de tudo: Visa, MasterCard, American Express, Discover, o cartão da Previdência Social dos EUA, selos de tabelionato e carteiras de motorista de vários estados. Seu template de um passaporte americano era vendido por 45 dólares. Um Visa do Bank One custava 125.

Matrix001 e Mestre Splyntr tinham se aproximado bastante desde a tentativa de exposição três meses antes: Mularski e o alemão gostavam de videogames e eles conversavam sobre os mais recentes até tarde da noite. Falavam sobre negócios, também, e Matrix001 havia confidenciado que recebera transferências bancárias por algumas de suas vendas na cidade de Eislingen, no sul da Alemanha. Essa era a primeira pista para rastreá-lo.

De lá, era apenas questão de seguir o dinheiro. Como praticamente todos os carders, Matrix preferia receber em e-gold, um sistema de pagamento eletrônico criado por um ex-oncologista da Flórida, chamado Douglas Jackson, em 1996. Concorrente do PayPal, o e-gold foi a primeira moeda virtual amparada por depósitos de barras de ouro e prata verdadeiras mantidas em cofres de bancos em Londres e Dubai.

Era o sonho de Jackson criar um sistema monetário de fato internacional, independente de qualquer governo. Os criminosos adoravam isso. Ao contrário de um banco verdadeiro, o e-gold não tomava medida alguma para verificar a identidade de seus usuários — os titulares de contas incluíam "Mickey Mouse" e "Sem Nome". Para colocar ou tirar dinheiro do e-gold, os usuários se aproveitavam de qualquer um dos centenas de trocadores independentes ao redor do mundo, empresas que aceitavam transferências bancárias, pedidos anônimos de dinheiro ou até mesmo dinheiro vivo poderia ser convertido em e-gold, em troca de uma porcentagem do valor. Os trocadores recebiam outra porcentagem quando o usuário queria fazer a conversão contrária, trocar o dinheiro virtual pela moeda local ou receber o valor pelo Western Union, pelo PayPal ou por transação bancária. Uma empresa oferecia até mesmo um cartão pré-carregado — o "Cartão G" — que permitia ao titular da conta sacar seu e-gold de qualquer caixa eletrônico.

Até onde consta, os criminosos eram arroz com feijão do e-gold. Por volta de dezembro de 2005, as investigações internas da empresa tinham identificado mais de 3 mil contas envolvidas com fraudes de cartão, outras 3 mil usadas para comprar e vender pornografia infantil e 13 mil contas ligadas a vários golpes de investimento. Eles eram fáceis de identificar: o campo "memo" nas transações de pornografia infantil seria, por exemplo, "Lolita"; nos esquemas em pirâmide seria "PIAR", para "programa de investimento de alto rendimento". Os carders incluíam pequenas descrições do que eles compravam: "Para 3 IDs"; "para dumps"; "10 clássicos"; "dumps da Fame"; "10 M/C"; "um platinum e seis clássicos"; "20vclassics"; "18 ssns"; "10 AZIDs"; "4 v clássicos"; "4 cvv2s"; "para 150 clássicos".

Por muito tempo, o e-gold fez vista grossa para as transações criminosas; empregados bloquearam algumas contas usadas por vendedores de pornografia infantil, mas não os impendiam de transferir seu dinheiro. Entretanto, a atitude da empresa mudou drasticamente em dezembro de 2005, quando os agentes do FBI e do Serviço Secreto executaram um mandado de busca nos escritórios da e-gold de Melbourne, Flórida, e acusaram Jackson de administrar um serviço de transferência de dinheiro não autorizado.

Jackson começou, então, a procurar voluntariamente em seu banco de dados por sinais de criminalidade e deu dicas à única agência que não tentava colocá-lo na cadeia, o Serviço de Inspeção Postal dos Estados Unidos. Seu novo compromisso com a lei e a ordem foi uma dádiva para Mularski. Por meio de Greg Crabb e sua equipe nos correios, Mularski pediu a Jackson informações sobre a conta de Matrix001 no e-gold, a qual estava sob o codinome "Ling Ching". Quando Jackson olhou seu banco de dados, descobriu que a conta fora aberta originalmente sob outro nome: Markus Kellerer, com um endereço em Eislingen. Em novembro, Mularski enviou, por intermédio do consulado americano em Frankfurt, um pedido formal de assistência para a polícia da Alemanha, a qual confirmou que Kellerer era uma pessoa de verdade, e não apenas outro apelido; desse modo, Mularski agendou seu voo para Stuttgart.

Matrix001 seria a primeira prisão da operação infiltrada no DarkMarket. Mularski teria que encontrar outra pessoa para conversar sobre videogames.

. . .

Quando ele voltou a Pittsburgh, Mularski começou a trabalhar em uma nova teoria forçada sobre Iceman. Ele foi atrás de todos os "Iceman" que pôde encontrar — existira um no Shadowcrew e outros no IRC. Eles sempre acabavam sendo distrações. Agora Mularski brincava com a ideia de que seu Iceman não existia de verdade.

Era a suposta colaboração de Iceman com o informante canadense Lloyd "Silo" Liske que o intrigava. Silo tinha trabalhado com Iceman para expôr Mularski. Isso, por si só, não significava muita coisa — informantes geralmente delatavam possíveis tiras e delatores para se desviarem das suspeitas. Mas Silo falara a seu contato no Departamento de Polícia de Vancouver que tinha hackeado o computador de Iceman, e, mesmo sob essas circunstâncias, ele não conseguira o nome verdadeiro ou sequer um bom endereço de IP. E acontecia que Silo possuía dezenas de contas e-gold — uma delas sob o nome "Keyser Söze".

Se Liske fosse um fã de *Os Suspeitos*, podia ter lhe ocorrido criar uma mente criminosa fantasma e depois alimentar a polícia, em seu papel como informante, com informações falsas sobre o suposto rei do crime.

Mularski voou até Washington e apresentou sua teoria para o Serviço Secreto em sua sede. Ela foi descartada de primeira. Eles trabalhavam de perto com o contato de Silo no Departamento de Polícia de Vancouver, e conheciam Silo como um dos mocinhos.

O próprio Serviço Secreto tinha ido atrás de algumas pistas falsas. Em um laboratório no escritório de campo em Pittsburgh, os agentes possuíam uma lousa branca com garranchos de apelidos e nomes conectados por rabiscos e linhas. Muitos dos nomes estavam riscados. Era o mapa até Iceman e seu mundo, e mudava sempre.

Mularski retornou a Pittsburgh, e as duas agências retomaram suas buscas pelo verdadeiro Keyser Söze do mundo cibernético — o ardiloso hacker chefe do crime Iceman.

30

Maksik

Max podia prever o que estava por vir. Com um agente do FBI no comando, o DarkMarket ia colocar um monte de carders na prisão. Mas, como Cassandra, da mitologia grega, ele foi amaldiçoado em saber o futuro sem que ninguém acreditasse nele.

Entre o artigo do *USA Today* e sua tentativa fracassada de expor Mestre Splyntr, Max podia sentir o calor chegando até ele. Em novembro, ele declarou a aposentadoria de Iceman e fez um teatro passando o controle do site para Th3C0rrupted0ne. Ele se isolou enquanto as coisas esfriavam e, três semanas depois, retomou o fórum sob outro apelido. Iceman estava morto; vida longa a "Aphex".

Max estava cansando-se dos locais apertados no Post Street Towers, então Chris levou Nancy, uma de suas compradoras, até São Francisco a fim de alugar para Max um apartamento de um quarto na torre Fox Plaza do condomínio Archstone, no distrito financeiro. Ela se passou por uma representante de vendas da Capital Solutions, uma frente corporativa que Aragon usava para lavar parte de seus rendimentos. Tea, de volta da viagem à Mongólia, foi escolhida para ficar no apartamento com o intuito de receber a entrega de uma cama, paga com seu cartão American Express verdadeiro. Chris a reembolsou mais tarde.

Por volta de janeiro de 2007, Max estava de volta aos negócios em sua nova casa de segurança, com um mar de Wi-Fi do lado de fora. O Fox Plaza era muito mais luxuoso que o Post Street Towers, mas Max podia pagar — ele podia pagar um mês de aluguel com dois bons dias de vendas de dumps. Como Digits, Max agora era considerado por alguns o segundo vendedor de dados de tarjas magnéticas mais bem-sucedido do mundo.

O primeiro lugar era solidamente ocupado por um ucraniano conhecido como Maksik. Ele operava fora dos fóruns de carders, comandando sua própria dispensa na internet de seus cartões roubados no Maksik.cc. Os compradores começavam enviando um dinheiro adiantado via e-gold, WebMoney, transação bancária ou Western Union. Isso lhes garantia o acesso a seu site, onde eles podiam escolher as dumps que quisessem por NIB e tipo de cartão e fazer um pedido. De sua parte, Maksik apertava um botão para aprovar a transação, e o comprador recebia um e-mail com as dumps solicitadas, diretamente do maciço banco de dados com cartões roubados de Maksik.

Os artigos de Maksik eram fenomenais, com uma alta taxa de sucesso no caixa e uma gigantesca opção de números de identificação de bancos. Assim como Max, os cartões de Maksik vinham de *passadas* em terminais de vendas. Só que, em vez de se concentrar em lojas pequenas e em restaurantes, Maksik conseguia seus cartões de um número menor, mas de alvos gigantes: Polo Ralph Lauren, em 2004; Office Max, em 2005. Em três meses, a Discount Shoe Warehouse perdeu 1,4 milhões de cartões tirados de 108 lojas em 25 estados — diretamente para o banco de dados de Maksik. Em julho de 2005, um recorde de 45,6 milhões de dumps foram roubadas das redes de lojas T.J. Maxx, Marshalls e HomeGoods, de propriedade da TJX.

Houve uma época em que tais invasões podiam ter permanecido em segredo entre os hackers, as empresas e os agentes da lei — com os consumidores lesados ficando no escuro. Para encorajar as empresas a relatar as invasões, alguns dos agentes do FBI tinham uma política não oficial de manter os nomes das empresas fora dos indiciamentos e dos comunicados à imprensa, protegendo as corporações da má publicidade sobre sua segurança de qualidade inferior. No caso de 1997, de Carlos Salgado Jr. — o primeiro roubo online de cartões de crédito em grande escala — o governo persuadiu o juiz de condenação a selar permanentemente as transcrições da corte, por temer que a empresa alvo sofresse com uma "perda de negócios devido à percepção por outros de que os sistemas computacionais fossem vulneráveis." Consequentemente, as 80 mil vítimas nunca foram notificadas de que seus nomes, endereços e números de cartões de crédito foram colocados à venda no IRC.

Em 2003, o estado da Califórnia acabou efetivamente com tais encobrimentos quando a legislatura decretou a SB1386, a primeira lei do país a obrigar a revelação das invasões. A lei exigia que as organizações hackeadas que fazem negócio no estado avisassem prontamente as potenciais vítimas de roubo de identidade sobre a invasão. Nos anos que se seguiram, outros 45 estados aprovaram legislações similares. Agora, nenhuma violação significante de dados de consumidores fica em segredo por muito tempo, uma vez detectada pela empresa e pelos bancos.

As manchetes sobre as enormes invasões das lojas apenas davam mais brilho ao produto de Maksik — ele não tentava esconder o fato de que vendia as dumps das redes de varejo. Quando o ataque a TJX virou notícia em janeiro de 2007, os detalhes que surgiram também confirmaram o que muitos carders já suspeitavam: o ucraniano tinha um hacker nos Estados Unidos fornecendo-lhe dumps. Maksik era intermediário de um hacker misterioso nos EUA.

No meio de 2006, o hacker estava aparentemente em Miami, onde parou em dois outlets Marshalls, de propriedade da TJX, e invadiu a encriptação Wi-Fi das lojas. De lá, ele pulou para a rede local e nadou rio acima até a sede da empresa, de onde lançou um farejador de pacotes para capturar transações com cartões de crédito ao vivo das lojas Marshalls, T. J. Maxx e HomeGoods ao redor do país. O farejador, uma investigação descobriria mais tarde, rodou sem ser detectado por sete meses.

Max tinha um rival na América, um puta rival.

Graças em grande parte ao hacker de Maksik e a Max Vision, a impressão popular dos consumidores de que as transações via web eram menos seguras do que as compras na vida real tornara-se agora completamente falsa. Em 2007, a maioria dos cartões comprometidos foi roubada de lojas de construção e restaurantes. As invasões às grandes lojas comprometiam milhões de cartões de uma vez, mas as violações aos pequenos comerciantes eram muito mais comuns — uma análise da Visa descobriu que 83% das violações de cartões de crédito ocorreram em estabelecimentos que processavam um milhão de transações Visa por ano, ou menos, com a maioria dos roubos centrada em restaurantes.

Max tentou manter as fontes de suas dumps em segredo, afirmando falsamente em suas mensagens no fórum, para tirar as investigações do caminho, que os dados vinham de centros de processamento de cartões. Mas a Visa sabia que os terminais de vendas de restaurantes eram atingidos com força. Em novembro de 2006, a empresa emitiu um boletim à indústria dos serviços de alimentação alertando sobre ataques hackers desdobrando-se por meio do VNC e de outro software de acesso remoto. Max, no entanto, continuava a encontrar um fluxo constante de restaurantes vulneráveis.

Mas, para Max, isso não bastava. Ele não entrara no ramo de roubo de dados para ser o segundo melhor. Maksik estava lhe custando dinheiro. Agora, até mesmo Chris comprava tanto de Max quanto de Maksik, ficando com aquele vendedor que lhe fizesse uma boa oferta para as melhores dumps.

Sob instruções de Max, Tea passou meses se tornando amiga do ucraniano e, então, o pressionou para começar a vender no Carders Market. Maksik recusou graciosamente e sugeriu que ela o visitasse na Ucrânia, qualquer dia desses. Inconformado, Max parou com a brincadeira e fez com que Tea enviasse um Trojan, na esperança de assumir o controle do banco de dumps do ucraniano. Maksik ridicularizou a tentativa de hacking.

Se ele soubesse, Max podia ter se conformado com o fato de não ser o único a ter um plano frustrado pela forte segurança de Maksik.

A polícia federal rastreava Maksik desde sua ascensão à infâmia no início da Operação Firewall. Um agente do Serviço Secreto disfarçado comprava dumps dele. O Inspetor do Serviço Postal Americano Greg Crabb tinha trabalhado com a polícia na Europa para prender carders que tivessem negociado com Maksik, e ele compartilhou as informações resultantes com a polícia da Ucrânia. No início de 2006, os ucranianos finalmente identificaram Maksik como um tal de Maksym Yastremski, de Kharkov. Mas não tinham evidências suficientes para efetuar uma prisão.

Os Estados Unidos retornaram o foco para identificar a fonte dos ataques de Maksik. O e-gold mais uma vez forneceu o ponto de acesso. Desse modo, o Serviço Secreto analisou as contas de Maksik no banco de dados do e-gold e descobriu que, entre fevereiro e maio de 2006, ele transferira 410.750 mil dólares de sua conta para "Segvec", um vendedor de dumps do Mazafaka, o qual geralmente se pensava estar no leste europeu. Uma transferência para o exterior sugeria que Segvec não era um dos clientes de Maksik, mas um fornecedor recebendo sua parte.

Os federais tiveram uma oportunidade para obter uma informação mais direta em junho de 2006, quando Maksik passava férias em Dubai. Agentes do Serviço Secreto de San Diego trabalharam com a polícia local a fim de dar uma "espiadinha" em seu quarto, onde eles copiaram secretamente seu disco rígido para análise. Entretanto, era uma rua sem saída; o material importante no drive estava encriptado com um programa chamado Pretty Good Privacy (Privacidade Boa pra Caramba). Era bom o suficiente para deixar o Serviço Secreto parado em seus rastros.

Carders como Maksik e Max estavam na linha de frente da adoção de uma das dádivas não anunciadas da revolução computacional: softwares de encriptação tão fortes que, na teoria, nem mesmo a NASA podia invadi-los.

Nos anos 1990, o Departamento de Justiça e Lous Freeh, do FBI, esforçaram-se para tornar tal encriptação ilegal nos Estados Unidos, temendo que ela fosse adotada pelo crime organizado, por pedófilos, terroristas e hackers. Foi um esforço condenado. Matemáticos americanos tinham desenvolvido e publicado, décadas antes, algoritmos de encriptação de alta segurança, os quais rivalizavam com os próprios sistemas secretos do governo; o gênio estava fora da lâmpada. Em 1991, um programador dos Estados Unidos e ativista chamado Phil Zimmerman lançara o software gratuito Pretty Good Privacy, disponível na internet.

Mas isso não impediu a polícia e os oficiais da inteligência de tentar. Em 1993, a administração Clinton começou a produzir o então chamado Clipper Chip, um chip de encriptação desenvolvido pela Agência de Segurança Nacional destinado ao uso em computadores e telefones e criado com um recurso de "recuperação de chaves", o qual permitiria ao governo quebrar a encriptação sob demanda, com a autoridade legal adequada. O chip foi um tremendo fracasso no mercado, e o projeto morreu em 1996.

Então, os legisladores começaram a partir para a direção oposta, falando sobre revogar as regulamentações de exportação da era da Guerra Fria responsáveis por classificar a forte encriptação como uma "munição" geralmente proibida de exportação. As regras forçavam as empresas de tecnologia a manter uma encriptação consistente fora da chave dos softwares para internet, enfraquecendo a segurança online; enquanto isso, as empresas no exterior não estavam presas às leis e encontravam-se em posição de superar a América no mercado de encriptação.

Os federais responderam com uma contraproposta rigorosa que transformava em crime a venda de qualquer software de encriptação na América, o qual não apresentasse um backdoor para os agentes da lei e para os espiões do governo. Em testemunho a um subcomitê da Câmara, em 1997, um advogado do Departamento de Justiça alertou que os hackers seriam os principais clientes da encriptação legal e usou a prisão de Carlos Salgado para ilustrar seu raciocínio. Salgado tinha encriptado o CD-ROM que continha os 80 mil números de cartões de crédito roubados. O FBI só conseguiu o acesso porque ele deu a chave ao seu suposto comprador.

"Tivemos sorte nesse caso, pois o comprador de Salgado cooperava com o FBI", o oficial testemunhou. "Mas, se tivéssemos descoberto esse caso de outra forma, a polícia não conseguiria acessar as informações no CD-ROM de Salgado. Crimes como esse causam sérias implicações à capacidade da polícia de proteger os dados comerciais, assim como a privacidade pessoal".

Os federais, entretanto, perderam essa guerra, e em 2005 encriptações inquebráveis estavam amplamente disponíveis a qualquer um que as desejasse. As previsões apocalípticas falharam miseravelmente; a maioria dos criminosos não era conhecedora de tecnologia a ponto de adotar a encriptação.

Max, no entanto, era. Se todos os seus negócios falhassem, e os federais arrombassem a porta de sua casa de segurança, eles encontrariam tudo o que Max acumulou com seus crimes, de números de cartões a códigos hackers, embaralhados por um programa de encriptação israelense chamado DriveCrypt — uma criptografia 1344 bit de nível militar que ele comprara por 60 dólares.

O governo o prenderia de qualquer forma, ele imaginava, e exigiria sua senha. Ele, porém, afirmaria ter esquecido. Um juiz de algum lugar ordenaria que Max revelasse a chave secreta, e ele se recusaria. Ficaria, então, preso por desacato por talvez um ano e seria libertado. Sem seus arquivos, o governo não teria evidência alguma de seus crimes de verdade.

Nada foi deixado ao acaso — Max tinha certeza. Ele era intocável.

31

O Julgamento

Jonathan Giannone, o carder de Long Island que Chris e Max tinham descoberto quando adolescente, escondia um segredo de todos.

No mesmo dia em que Max absorvera a concorrência, os agentes do Serviço Secreto tinham prendido Giannone na casa dos pais por vender algumas das dumps de Max para Brett Johnson, o informante do Serviço Secreto conhecido como Gollumfun. Giannone foi solto mediante pagamento de fiança, mas ele não falou a ninguém sobre a prisão. Para ele, era apenas uma pedra no caminho — quão enrascado ele podia ficar por vender 29 dumps?

A impressão de que ele estava recebendo apenas um puxão de orelha foi reforçada quando o juiz na Carolina do Sul suspendeu sua restrição de viagens um mês após sua prisão. Giannone voou imediatamente para o Aeroporto de Oakland numa corrida para os carders, e Tea o pegou e o exibiu por lá. Eles dirigiram para cima e para baixo, pela rodovia Pacific Coast, e ela comprou para ele uma pizza na Fat Slice na avenida Berkeley's Telegraph. Tea sempre achou Giannone divertido — um garoto branco e arrogante, de cabelos encaracolados, com gosto para o hip-hop e que uma vez se gabara por ter batido em um membro do New York Jets em um bar da cidade. Mas, agora, eles possuíam algo em comum: Chris tinha parado de falar com Giannone por volta da época de sua prisão, enquanto Tea, por vontade própria, pedira para voltar a Bay Area a fim de que não causasse mais problemas nas relações de Chris. Este, por sua vez, tinha exilado os dois.

Chris ligou para Tea, enquanto eles se divertiam, e ficou surpreso ao saber que Giannone estava na cidade. Pediu que passasse o telefone para o garoto. "Então quer dizer que agora você leva minhas garotas para se divertirem?", perguntou, zangado por Giannone estabelecer relações com uma de suas pessoas — talvez cortejando-a para sua própria equipe de compradores.

"Não, eu só estou aqui por acaso e procurei por ela", disse meio que na defensiva.

Esta seria a última conversa entre Chris e Giannone por telefone. Giannone voou de volta para casa, e manteve contato com Tea; alguns meses depois, lhe alertou de que não era bom estar associada a ele. Tinha bastante certeza de que fora seguido em sua viagem até a Bay Area.

"Tem um bafo quente em mim agora", Giannone disse.

"Que tipo de bafo?", Tea perguntou. Giannone gostava de dar um ar de perigo.

"Vou a julgamento na semana que vem".

Julgamentos federais de crimes são raros. Confrontados pelo longo período de prisão recomendado pelas rígidas diretrizes de condenação, a maioria dos acusados opta por fazer um acordo judicial em troca de uma condenação ligeiramente mais curta ou de limitar sua exposição para se tornar um informante. Por volta de 87% dos processos foram resolvidos dessa forma em 2006, o ano do julgamento de Giannone. Em outros 9% dos casos, as acusações eram retiradas antes do julgamento, com a preferência do governo por deixar de lado um caso secundário em vez de correr o risco de uma derrota. Com um júri uma vez formado, as chances de absolvição de um acusado são de aproximadamente 1 em 10.

Mas Giannone gostava de suas chances. A maioria dos casos não leva em conta o trabalho disfarçado feito por um criminoso de computadores em atividade. Logo depois de entregar Giannone, Brett "Gollumfun" Johnson realizou uma onda de crimes pelo país com duração de quatro meses, aplicando seu golpe da receita federal no Texas, no Arizona, no Novo México, em Las Vegas, na Califórnia e na Flórida, onde ele foi finalmente pego, em Orlando, com quase 200 mil dólares enfiados em mochilas no seu quarto. Ele não seria uma testemunha muito boa para o processo.

O meirinho passou blocos de papel e lápis para os 12 jurados, e o promotor iniciou sua declaração de abertura, adotando um tom patriota, de volta às origens.

Ele disse: "Eu amo a internet. Ela é uma coisa fascinante. É um lugar onde podemos nos entreter; podemos conseguir informações; podemos assistir a vídeos; podemos jogar; podemos comprar coisas. O eBay é um ótimo lugar, pois pode-se dar um lance para coisas. Se puder pensar em uma coisa, poderá comprá-la no eBay".

"Mas, senhoras e senhores, existe um lado da internet no qual não gostamos de pensar. Existe um tipo de lado sombrio, onde bugigangas e pompons não são comprados, vendidos e trocados. Existe uma parte da internet em que *vidas* de pessoas são compradas, vendidas e trocadas...".

"Vocês verão esse lado da internet. E suspeito que nunca mais olharão para ela da mesma forma novamente".

O julgamento durou três dias. O promotor descartou Brett Johnson prontamente, reconhecendo que Gollumfun era um mentiroso e um ladrão que tinha traído a confiança de seus contatos do Serviço Secreto. Em função disso, o governo não o estava convocando para testemunhar. A "grande testemunha" da acusação seriam os logs do computador das conversas de Giannone com o informante. Os registros falariam por si só.

O advogado de Giannone deu o seu melhor para atacar os logs. "Máquinas cometem erros". Ele argumentou que, pelo fato de os cartões de créditos roubados nunca terem sido usados de forma fraudulenta, não havia vítimas. Lembrou aos jurados que ninguém morrera ou sofrera dano físico.

Após um dia de deliberações, foi dado o veredicto: culpado. O primeiro julgamento federal do submundo das fraudes de cartão estava encerrado. O juiz ordenou que Giannone fosse levado sob custódia.

Uma semana depois, foi chamado de sua cela da prisão Lexington County . Ele reconheceu imediatamente os agentes do Serviço Secreto esperando ao lado da saída, separado da liberdade por duas portas de aço;

os dois homens tinham sido os contatos de Johnson e eles testemunharam no julgamento de Giannone.

"Queremos saber quem é esse tal de Iceman", disse um deles.

"Quem é Iceman?", Giannone perguntou inocentemente.

A situação era grave, disseram os agentes; eles ficaram sabendo que Iceman tinha ameaçado matar o presidente. Giannone pediu por seu advogado, e os agentes telefonaram para ele na hora. O advogado, por sua vez, aceitou dar uma entrevista na esperança de conseguir a clemência de seu cliente pela condenação.

Em uma série de reuniões ao longo das três semanas seguintes, os agentes tiraram Giannone da cadeia de novo e de novo, trancafiando-o no mesmo escritório de campo onde Gollumfun tinha orquestrado sua ruína. Ao contrário da maioria dos carders, Giannone guardara sua sujeira quando foi preso e arriscara-se a ir a julgamento, em vez de fazer um acordo de delação. Mas, agora, ele olhava para um poço de cinco anos de condenação. E tinha apenas 21 anos.

Giannone contou a eles tudo o que sabia: Iceman vivia em São Francisco, fez um grande negócio com dumps, e, às vezes, usava os pseudônimos Digits e Generous para vender seus produtos. Usava Wi-Fi hackeada para cobrir seus rastros. Uma mulher da Mongólia chamada Tea era sua tradutora de russo.

E, mais importante, ele tinha um parceiro chamado Christopher Aragon em Orange County, Califórnia. Você quer o Iceman? Peguem Chris Aragon.

As revelações eletrificaram os agentes para rastrear Iceman. Quando Keith Mularski digitou o nome de Chris Aragon no sistema de gerenciamento de casos do FBI, encontrou as sessões de provas de Werner Janer de 2006, nas quais ele nomeara o fornecedor de dumps de Chris como um homem alto, com rabo de cavalo, que ele conhecia como "Max, o hacker". A coisa ficou melhor. De volta a dezembro de 2005, Jeff Norminton tinha sido preso por receber uma transação bancária de Janer em nome de Aragon. Ele falara ao FBI sobre apresentar Aragon ao super-hacker Max Butler após ele ser libertado de Taft. O agente entrevistador estava apenas interessado na fraude imobiliária, e não foi atrás das pistas.

Agora Mularski e suas contrapartes do Serviço Secreto tinham um nome. As declarações de Iceman confirmavam isso. Ele dissera a Giannone que uma vez ele tinha sofrido uma busca por ser suspeito do roubo do código-fonte do Half-Life 2. Mularski fez outra consulta e viu que havia apenas dois mandados de busca nos EUA executados naquela investigação: um contra Chris Toshok e outro contra Max Ray Butler.

A identidade de Iceman esteve escondida nos computadores do governo o tempo todo. Giannone tinha lhes dado a senha para destravá-la.

Porém, conhecer a identidade de Iceman não era a mesma coisa que prová-la. Os federais tinham o suficiente para um mandado de busca, mas eles não sabiam a localização da casa de segurança de Max. Pior ainda, Giannone lhes dera a dica de que Iceman usava o DriveCrypt. Isso significava que, mesmo se eles rastreassem o endereço de Max, não podiam contar que encontrariam evidências em seu disco rígido. Poderiam derrubar a porta de Max e depois vê-lo sair de uma sala do tribunal, 24 horas depois, sob fiança ou com um vínculo de assinatura. Com uma rede internacional de vendedores de identidades falsas e ladrões de identidades à sua disposição, Max podia desaparecer sem jamais ser visto novamente.

Eles precisavam amarrar bem o caso antes de agir. Mularski decidiu que Chris era a chave. Graças a Norminton, eles sabiam tudo sobre a transferência bancária e sobre o esquema de fraude imobiliária com as quais Chris obteve lucro quase cinco anos antes. Se eles pegassem Aragon por isso, poderiam pressioná-lo para cooperar contra Max.

Desconhecendo que o cerco se fechava contra ele, Max continuava com seu gerenciamento de sempre do Carders Market como "Aphex". Não que sua nova identidade realmente enganasse alguém. Ele não conseguia resistir à campanha de Iceman contra os líderes do DarkMarket em sua nova pessoa, chamando-os de "idiotas e incompetentes" e divulgando as evidências que ele reunira contra Mestre Splyntr. Max estava abismado com o fato de tanta gente não acreditar nele. "O DarkMarket foi fundado e administrado pela NCFTA/FBI, pelo amor de Deus!"

Th3C0rrupted0ne acreditava em Max e abriu mão de seu status no DarkMarket para trabalhar como administrador em tempo integral no fórum de Max — ele estava dedicando dez horas por dia ao site, agora. Porém, Max também não confiava nele. Era bem conhecido que C0rrupted morava em Pittsburgh, casa da NCFTA.

Max desenvolvera um novo tipo de teste contra possíveis informantes, e, em março, tentou usá-lo com o carder anunciando, do nada, que trabalhava para uma célula terrorista e que "eles deviam tentar matar o Presidente Bush no próximo fim de semana". Se C0rrupted fosse um federal, ele seria obrigado a desencorajar o suposto plano de assassinato, Max pensou, ou pediria por mais detalhes.

A resposta de C0rrupted amenizou brevemente as dúvidas de Max. "Boa sorte com o lance do presidente. Certifique-se de pegar o vice-presidente também. Ele é igualzinho".

Havia muito trabalho a ser feito no fórum. O Carders Market prosperava, com mais de uma dezena de vendedores especializados. DataCorporation, Bolor, Tsar Boris, Perl e RevenantShadow vendiam números de cartões de crédito com CVV2, variadamente roubados dos Estados Unidos, do Reino Unido e do Canadá; Yevin vendia carteiras de motorista da Califórnia; Notepad conferia a validade das dumps em troca de uma pequena taxa; Snake Solid movia dumps americanas e canadenses; Voroshilov oferecia aos ladrões de identidade um serviço que podia obter o número da Previdência Social e a data de nascimento das vítimas; DelusinNFX vendia logins bancários hackeados; Illusionist era a resposta do Carders Market a JiLsi, vendendo novos templates e imagens de cartões de crédito; Imagine competia com EasyLivin' no comércio de plástico.

Max tentava controlar a organização empresarial com eficácia — "a disciplina é militar", um carder exigente reclamou. Como em sua época de hacker, ele valorizava a honestidade intelectual, recusando-se a dar privilégios até mesmo a seus aliados mais próximos.

Em abril, C0rrupted preparou uma análise sobre a última geração de "novas" identidades e plásticos de Chris. Ele os considerou deficientes — por alguma razão, as tiras de assinatura foram impressas diretamente nos cartões; você tinha que assiná-las com uma caneta hidrográfica. Desse modo, ele achou que os produtos valiam cinco, das dez estrelas, mas perguntou a Max se deveria aliviar um pouco suas conclusões. "Sei que você e EasyLivin' são próximos, então queria saber se deveria postar uma avaliação verdadeira sobre essas coisas que constatei, ou se não deveria ser tão rigoroso".

"Acho que você deve definitivamente postar a verdade, e, se possível, reforçar isso com figuras etc", Max escreveu de volta. "Eu sou próximo de Easylivin', mas creio que a verdade seja mais importante. Além disso, se ele for acobertado e continuar enviando má qualidade (caramba ... está tão ruim assim?), então isso vai se refletir negativamente sobre você e o Carders Market".

Uma avaliação ruim custaria dinheiro a Chris. Porém, Max não hesitava quando o assunto era a credibilidade de seu site criminoso.

32

O Shopping

Chris entrou com seu Tahoe na garagem do Fashion Island Mall, em Newport Beach, estacionou e saiu do carro com seu novo parceiro, Guy Shitrit, de 23 anos. Eles andaram em direção a Bloomingdale's, com cartões American Express falsos nas carteiras.

Originário de Israel, Shitrit era um guitarrista bonito e mulherengo que Chris conhecera no Carders Market. Shitrit vinha comandando uma operação de clonagem em Miami, recrutando strippers profissionais para roubar os dados das tarjas magnéticas dos clientes. Quando os gerentes da casa de strip-tease descobriram, Shitrit teve que deixar a cidade às pressas. Ele aterrissara em Orange County, onde Chris o acolheu com uma identidade falsa, um carro alugado e um apartamento no Archstone. Em seguida, eles foram para as lojas.

Chris estava perto agora, muito perto de cair fora. Sua esposa, Clara, tinha conseguido 780 mil dólares no eBay em pouco mais de três anos: 2.609 bolsas da Coach, iPods, relógios Michele e roupas Juicy Couture. Ela tinha um empregado trabalhando 20 horas por semana só para enviar as mercadorias ilícitas. Chris adicionava à quantia arrecadada por meio de suas vendas de plástico e novidades no Carders Market, um empreendimento que não foi ajudado pela avaliação minuciosa de Th3C0rrupted0ne.

Chris sentia que Max ignorava a Whiz List, o projeto deles de conseguir um grande ganho e cair fora. Chris finalmente entendera: Max não queria parar. Ele gostava de hackear; era tudo o que queria fazer. Então, dane-se ele. Chris tinha sua própria estratégia de saída definida. Ele aplicara seus lucros em uma empresa para Clara, uma companhia de moda jeans chamada Trendsetter USA que já empregava vários funcionários em período integral em um escritório iluminado e agradável em Aliso Viejo. Ele tinha certeza de que a empresa acabaria sendo rentável. E 100% legítima.

Até lá, ele estaria ocupado.

Shitrit era como um armário de roupas, e eles já haviam desperdiçado um pouco do crédito roubado com roupas masculinas para ele. Nessa visita, eles manteriam o foco. Entraram no friozinho do ar-condicionado da Bloomingdale's e fizeram o caminho mais curto até as bolsas para mulheres. As da Coach ficavam em pequenas prateleiras ao longo de uma parede, iluminadas individualmente como exposições em um museu. Chris e Guy pegaram algumas cada um e foram para o caixa. Após algumas passadas de cartão na máquina, eles dirigiram-se até a porta com 13 mil dólares em bolsas da Coach em suas mãos.

Chris estava quebrando suas próprias regras ao ir pessoalmente à loja, mas sua equipe diminuía repentinamente. Nancy, que ajudara a montar a nova casa de segurança de Max, tinha, desde então, se mudado para Atlanta e fazia só um pouco de dinheiro lá. Liz estava ficando paranoica — ela acusava Chris constantemente de explorá-la, mostrando seu descontentamento com planilhas meticulosas feitas a mão, as quais calculavam quanto Chris devia a ela por cada aparição nas lojas: 1.918 mil de uma viagem a Vegas; 674 dólares por iPods e aparelhos de GPS; 525 por quatro bolsas Coach que valiam 1.750 mil. A coluna "valor pago a mim" tinha zeros de cima a baixo. Enquanto isso, sua mais nova recruta, Sarah, se recusava a comprar itens de alto valor, embora ainda fosse útil para passar recados. No dia dos namorados, ela comprou presentes para Chris dar para sua esposa e para sua namorada.

Com as exigências das vendas, de iniciar um negócio legítimo e de tentar ressuscitar sua equipe, Chris agora achava mais eficiente pagar a uma pessoa para fazer seu plástico. Ele conhecera Federico Vigo na UBuyWeRush. Vigo estava procurando por uma forma de liquidar uma dívida de 100 mil dólares com a máfia mexicana, após aceitar essa quantia como dinheiro adiantado para importar uma carga de ephedra da China, apenas para ter o produto interceptado na fronteira. Chris o colocou para trabalhar. O equipamento de falsificação foi levado da Tea House para o escritório de Vigo em Northridge, e um dos lacaios de Chris ia até o Valley duas vezes por semana para pegar as últimas remessas de cartões recém-saídos do forno, pagando a Vigo 10 dólares por cartão.

Chris e Guy deixaram a Bloomingdale's e mantiveram um andar tranquilo de volta a SUV. Chris deu a volta e encontrou um lugar para as novas compras no meio de uma dezena de sacolas marrons de lojas de departamento que já lutavam por espaço, cada uma recheada com bolsas, relógios e um punhado de roupas masculinas. Ele fechou a porta; eles entraram no carro e começaram a planejar sua próxima parada.

Ainda estavam planejando quando uma viatura branca da polícia apareceu na garagem. Ela parou próxima a eles e jogou pra fora dois oficiais uniformizados do Departamento de Polícia de Newport Beach.

O coração de Chris parou. Outra prisão.

A polícia fichou Chris na Delegacia de Polícia de Newport Beach, logo descendo a rua do shopping, depois fez uma busca em seu carro, encontrando 70 cartões de crédito e pequenas quantidades de ecstasy e Xanax. Após tirar as impressões digitais, Chris foi levado a uma sala de interrogatório, onde o Detetive Bob Watts lhe entregou o documento com seus direitos.

Chris assinou e utilizou a mesma história básica que o livrara de sérios problemas em São Francisco alguns anos antes. Ele deu seu nome verdadeiro imediatamente e confessou, com uma vergonha evidente, usar cartões falsificados na Bloomingdale's e em outros lugares. Era a economia, ele disse. Ele tinha trabalhado na indústria imobiliária e foi atingido com força quando o mercado imobiliário entrou em colapso. Foi quando o chefe de um círculo de carders de Orange County o recrutou para comprar mercadorias em troca de uma pequena porcentagem dos lucros. Ele era só uma mula.

Era um conto familiar a Watts, que prendera reles cashers antes. A história explicava até mesmo a operação amadora de Aragon a Bloomingdale's — devorando de uma só vez bolsas da Coach avaliadas em milhares de dólares. O pessoal da segurança da loja não gostava de constranger seus clientes, então, quando deparavam com alguém suspeito, normalmente chamavam Watts ou seu parceiro, que fariam uma batida de trânsito discreta por uma "violação do código veicular" a fim de revistar o suspeito longe da loja. Se o freguês fosse inocente, ele jamais saberia que a Bloomingdale's chamara a polícia. O comportamento de Chris e Shitrit, no entanto, foi tão flagrante que a loja nem se preocupou que eles pudessem ser inocentes. A equipe de segurança ligou diretamente para a mesa de despacho da polícia com o intuito de garantir que os homens não saíssem do estacionamento.

Mas Watts não caía na história de má sorte de Chris Aragon. Ele era um detetive fazia apenas oito meses, mas policial por sete anos; a primeira coisa que fez quando Aragon chegou foi procurar por ele no centro de informações de crimes nacionais. Ele tinha visto que a ficha criminal de Chris se alongava até a década de 1970 e que, tecnicamente, ainda estava em liberdade condicional por sua prisão mais recente em São Francisco — por fraude de cartão de crédito.

Watts percebeu que havia um chefe em sua cela de espera. Assim, conseguiu um mandado de busca apressadamente e se reuniu com uma equipe de detetives e tiras uniformizados no único endereço de Chris que ele pôde encontrar: Trendsetter, EUA. Só de olhar os rostos perplexos dos empregados quando os tiras invadiram a porta, Watts sabia que eles eram inocentes. Após algumas perguntas, um dos trabalhadores mencionou que sua chefe, Clara, administrava um negócio do eBay no escritório dos fundos.

Watts abriu os armários e fez um registro: 31 bolsas da Coach, 12 novas câmeras digitais PowerShot da Cannon, e vários navegadores GPS da TomTom, óculos de sol da Chanel, organizadores da Palm e iPods, tudo novo e nas caixas.

Clara entrou no escritório no meio da busca e foi presa imediatamente. Em sua bolsa, Watts encontrou várias contas de serviços para um endereço em Capistrano Beach, todas com nomes diferentes. Clara admitiu com relutância que morava lá; sua cabeça caiu quando Watts lhe disse que lá era sua próxima parada.

Com as chaves da casa de Clara e um novo mandado de busca em mãos, o detetive chegou ao lar de Aragon e começou suas buscas. No escritório de Chris, encontraram um cofre destravado no closet. Dentro havia duas pastas de plástico repletas de cartões falsos. Havia mais cartões no quarto, amarrados com um elástico e enfiados no criado-mudo. Havia um MSR206 sobre a prateleira da sala e, na garagem ao lado, uma caixa com bolsas estava no chão, ao lado do aparelho de musculação.

Além da sala de jantar e dos banheiros, o único lugar da casa sem evidências era o quarto confortável dos filhos. Apenas duas camas de solteiro, lado a lado, alguns bichinhos de pelúcia e brinquedos.

De todo o seu discurso de que a fraude de cartões de crédito era um crime sem vítimas, Chris se esquecera das duas vítimas mais vulneráveis de sua conduta. Eles tinham quatro e sete anos, e o pai deles não voltaria para casa.

33

Estratégia de Saída

"Aquele é um federal", disse Max, apontando para um sedã que passava por eles na rua. Charity olhou ceticamente para o Ford. Carros fabricados nos EUA eram apenas uma das muitas coisas que alarmavam Max nessa época.

Semanas passaram desde a prisão de Chris, e, lendo a cobertura da imprensa de Orange County, Max não conseguia saber quantas provas a polícia encontrara na casa de Aragon. Usando as folhas de pagamento de Chris como um mapa da mina, os tiras tinham cercado toda a sua equipe de compradores; até Marcus, o cultivador de maconha e garoto de recados de Max, foi preso cultivando drogas hidropônicas em seu apartamento em Archstone. Após duas semanas de caçada, a polícia dirigiu-se até a fábrica de cartões de crédito de Chris, no escritório de Vigo em Valley, prendendo Vigo e apreendendo o equipamento de falsificação. Chris era mantido preso sob uma fiança de 1 milhão de dólares.

Toda a operação foi desmontada peça por peça. Eles a chamavam de, talvez, o maior círculo de roubo de identidades na história de Orange County.

"Merda, eu me pergunto sobre que tipo de registros ele mantinha naquilo tudo", escreveu Max mais tarde a Th3C0rrupted0ne. "Digo, se ele foi desleixado o suficiente para ter equipamento em sua casa".

Max já abandonara seu telefone celular pré-pago e instituíra um "banimento de segurança" para a conta do Carders Market de seu ex-parceiro. Foram precauções de rotina — ele estava bastante despreocupado com a prisão, a princípio; tratava-se, afinal de contas, de apenas um caso estadual. Chris fora pego em flagrante no W, também, e daquela vez ficou livre com a condicional.

Mas, conforme as semanas passaram com Chris ainda na cadeia, Max começou a se preocupar. Ele notava carros estranhos parados em sua rua — uma van de controle de animais levantou tanto sua suspeita que ele pegou uma lanterna para espiar pelas janelas. Depois, um agente do FBI de São Francisco o chamou do nada para questionar sobre o banco de dados de Max, arachNIDS, há muito tempo sem funcionar. Ele decidiu investir em uma escada de corda; deixava-a do lado da janela de trás do apartamento que dividia com Charity, caso precisasse sair rapidamente.

Max parava a todo o momento para refletir sobre sua liberdade — aqui estava ele, curtindo a vida, hackeando, enquanto, naquele exato momento, Chris estava numa cela em Orange County.

Max escolheu aleatoriamente um advogado de defesa criminal de São Francisco nas páginas amarelas, foi até seu escritório e entregou uma pilha de dinheiro; ele queria que o advogado viajasse até o sul da Califórnia para verificar Chris e ver se havia qualquer coisa que ele pudesse fazer. O advogado disse que cuidaria disso, porém Max nunca mais ouviu falar dele.

Foi quando ele finalmente soube da prisão de Giannone por meio de um artigo de um jornal sobre a vida de Brett Johnson como informante. Max tinha perdido o rastro de Giannone e, por conta de sua atividade como hacker, nunca pensara em procurar o nome de seus associados no site do tribunal público federal. A notícia de que Giannone tinha perdido em um julgamento criminal preocupou Max.

"De todos os malditos delatores filhos da puta por aí, Giannone é o que está mais perto de poder me dedurar para os federais", confidenciou em uma mensagem aos administradores privados do fórum no Carders Market. "O merdinha pode realmente conseguir colocar os federais perto de mim".

Max deixou o Fox Plaza, escondendo seu equipamento em casa até arrumar um novo santuário. Em 7 de junho, ele pegou as chaves no Oakwood Geary, outro conjunto privado de prédios de apartamentos esculpido em mármore reluzente no bairro Tenderloin. Ele era "Daniel Chance" agora, só mais um deslocado trabalhador da indústria da informática se mudando para a Bay Area. O Chance verdadeiro tinha 50 anos e usava barba, enquanto Max tinha o rosto barbeado e cabelos compridos — mas a carteira de motorista falsa e a ordem de pagamento de verdade foram suficientes para ele ser aceito.

Na noite seguinte, Max pegou um Mustang vermelho de sua Zipcar na vizinhança e encheu o carro com seus equipamentos de informática. Em função da sua paranoia, ele não reparou nos agentes do Serviço Secreto que o seguiam no caminho para Oakwood e observavam da rua enquanto Max se mudava para sua nova casa de segurança.

Um mês depois, Max acordou em um solavanco, deu um pulo da cama e ficou piscando na escuridão do apartamento. Era apenas Charity; ela tinha engatinhado na cama para ficar ao lado dele, tentando, em vão, não acordá-lo. Ele ficava mais assustado a cada dia.

"Querido, você não pode continuar fazendo isso", Charity murmurou. "Você pode não perceber, mas eu, sim. Eu posso ver. Você está ficando muito envolvido nisso mentalmente. Você está perdendo o foco de quem você é e do que está fazendo".

"Você está certa", ele disse. "Chega".

Muito tempo se passara desde sua última prisão, ele pensou. Talvez conseguisse encontrar um trabalho honesto de novo. NightFox já tinha lhe oferecido um emprego legítimo no Canadá, mas ele recusara. Não podia se mudar sem Charity. Ele estava pensando em se casar, e brincava com a ideia de levá-la até Las Vegas, em uma viagem de férias, para fazer o pedido. Ela era muito independente, mas não podia dizer que Max não lhe dera espaço.

Era hora, ele decidiu, de Max Vision, o White Hat, retornar. Seria oficial. Ele visitou o tribunal de São Francisco e preencheu a papelada necessária. Em 14 de agosto, um juiz aprovou a mudança de seu nome legal de Max Butler para Max Ray Vision.

Ele já possuía uma ideia para um novo site que talvez o impulsionasse de volta ao cenário dos White Hats: um sistema para divulgar e gerenciar vulnerabilidades de zero-days. Ele podia alimentá-lo com as falhas de segurança das quais ele tomasse conhecimento no submundo, trazendo os exploits para o mundo dos White Hats como um desertor cruzando o Checkpoint Charlie com uma maleta cheia de segredos de estado.

Mas, após todo o seu trabalho de transformar o Carders Market no maior fórum criminoso do mundo falante do idioma inglês, ele não podia simplesmente abandoná-lo.

Max retornou à sua casa de segurança. Era agosto, e o calor estava de volta — a temperatura chegava a 32ºC lá fora, e era mais alta em seu estúdio. Seu CPU ameaçava pegar fogo. Ele ligou seus ventiladores, sentou-se em frente ao teclado e começou o trabalho de eliminar gradativamente suas identidades como Digits e Aphex.

Logou no Carders Market e, como Digits, colocou uma nota dizendo que estava transferindo suas vendas de dumps para Unauthorized, um de seus administradores. Depois, como Aphex, anunciou sua aposentadoria como carder e informou vender o Carders Market. Ele deixou o anúncio no ar por alguns minutos e depois derrubou o site. Quando subiu o fórum novamente, Achilous, um de seus administradores no Canadá, estava no comando. Max criou um apelido novo, genérico, para si, "Admin", para ajudar o novo rei do crime do Carders Market durante a transição.

Ele ainda estava trabalhando em sua estratégia de saída quando uma mensagem instantânea apareceu na tela. Era de Silo, o carder canadense que sempre tentava hackeá-lo, mas falhava. Max o rastreara e o identificara como Lloyd Liske, de Colúmbia Britânica. Ele suspeitava de que Liske fosse um informante.

A nota era estranha, uma frase longa sobre novatos cometendo erros bobos. Mas Silo havia escondido uma segunda mensagem dentro dela, colocando estrategicamente em maiúsculas nove das letras.

Elas soletravam "MAX VISION".

Um palpite, Max pensou. *Silo não poderia saber de nada.*

Era só um palpite.

. . .

Um dia depois de Max anunciar sua aposentadoria, a agente do Serviço Secreto, Melissa McKenzie, e um promotor federal de Pittsburgh voaram até a Califórnia para amarrar algumas pontas soltas.

A investigação estava quase completa. O Serviço Secreto se apoderara do e-mail de Digits por meio de um contato no Departamento de Polícia de Vancouver — o contato de Silo. Max usava um provedor de e-mail canadense chamado Hushmail, o qual oferece encriptação de alta segurança por intermédio de um miniaplicativo Java que descriptografa as mensagens de um cliente em seu próprio computador, em vez de no servidor da empresa. Teoricamente, o acordo garante que nem mesmo a Hushmail tenha acesso à chave secreta do cliente ou às mensagens recebidas. A empresa anunciava abertamente seu produto como uma forma de contornar a vigilância do FBI.

Mas, como o e-gold, o Hushmail era outro ex-serviço amigo dos criminosos agora sendo minado pela polícia. Agências americanas e canadenses vinham conseguindo ordens especiais da Corte Suprema da Colúmbia Britânica que forçava os funcionários do Hushmail a sabotar seu próprio sistema e a comprometer as chaves de decodificação dos alvos de vigilância específicos. Agora os federais tinham o e-mail de Max.

Ao mesmo tempo, a agência localizara Tea vivendo em Berkeley, cumprindo uma liberdade condicional — acontece que ela foi pega, meses antes, usando os cartões de presente feitos por Aragon na Emeryville Apple Store. Era para ser um treinamento para uma das novas recrutas de Chris, mas, como Tea nunca comprara antes, ela adicionou impulsivamente um PowerBook em sua compra do iPod, e foi presa junto com a trainee. Ansiosa para evitar mais problemas, ela contara tudo o que sabia ao Serviço Secreto.

Enquanto isso, o Serviço Secreto tinha começado uma esporádica vigilância física de Max. Das ofertas de Werner Janer, Mularski ficou sabendo que Max tinha uma namorada chamada Charity Majors. Registros públicos forneceram seu endereço, e uma intimação de seus registros bancários mostraram que ela possuía uma conta conjunta com Max. O Serviço Secreto demarcou a casa e acabou rastreando Max ao Oakwood Geary.

A vigilância eletrônica confirmou que ele operava de Oakwood. O FBI tinha conseguido uma ordem judicial secreta que permitia à agência monitorar eletronicamente os endereços IP conectados à frente falsa do Carders Market em uma empresa americana de hospedagem — o equivalente moderno a retirar as placas do lado de fora de um bar mafioso. Vários endereços retornavam a assinantes de banda larga morando dentro de um quarteirão do complexo de apartamentos e utilizando Wi-Fi.

Duas semanas antes, uma agente do Serviço Secreto disfarçada de camareira subiu no elevador com Max e o observou destrancando o apartamento 409. O número do apartamento era a última peça dos dados que eles precisavam.

Havia apenas mais uma parada antes que eles se mexessem: a Prisão Masculina Central de Orange County, uma detenção austera no centro plano e ensolarado de Santa Mônica, Califórnia. McKenzie e o promotor federal Luke Debosky foram levados até uma sala de entrevista para se encontrarem com Chris Aragon.

Chris era a última resistência na equipe de Orange County. Clara e seis membros de sua equipe foram enviados para fazer acordos judiciais que, em última análise, os colocaria entre seis meses e sete anos na prisão. Clara pegaria dois anos e oito meses. A mãe de Chris cuidaria dos dois garotos.

Depois de feitas as apresentações, McKenzie e Dembosky foram direto ao assunto. Eles não podiam fazer nada a respeito do caso estadual de Chris, mas, se ele cooperasse, teria uma bela carta do governo dos Estados Unidos em sua ficha atestando que ajudara em uma grande acusação federal. Isso podia influenciar o juiz na hora da condenação. Era tudo o que eles poderiam fazer.

McKenzie pegou uma série de fotos e perguntou a Chris se alguém lhe parecia familiar.

A situação de Chris era cruel. Com suas condenações por roubos a bancos e tráfico de drogas, ele era elegível à árdua lei dos três strikes. Isso significava uma condenação obrigatória que ia de 25 anos à prisão perpétua.

Chris pegou o mugshot de Max das fotos. E, então, contou aos federais a história da ida de Max Vision ao lado negro.

. . .

Na quarta-feira de 5 de setembro de 2007, Max deixou Charity nos correios para realizar alguns afazeres e direcionou o motorista do táxi para o centro da cidade, com destino à loja ComUSA na Market Street. Ele pegou uma ventoinha nova para seu CPU, andou até seu apartamento, tirou as roupas e desabou em sua cama em meio a um emaranhado de roupas desdobradas. Caiu em um sono profundo.

Max parara de hackear, mas ele ainda se desvinculava de sua vida dupla — após cinco anos, ele criou várias relações e empreendimentos que não poderiam simplesmente ser cortados da noite para o dia.

Dormiu até baterem em sua porta por volta das duas da tarde. Então a porta voou aberta, e meia dúzia de agentes correram para dentro da sala, com armas em punho, gritando ordens. Max ficou de pé e gritou.

"Ponha as mãos onde eu possa vê-las!", gritou um agente. "Pro chão!" O agente estava posicionado entre Max e seus computadores. Max geralmente pensava que, em uma incursão, ele pudesse conseguir puxar a tomada de seu servidor, transformando suas já formidáveis defesas cibernéticas completamente em algo à prova de balas. Agora que isso realmente acontecia, ele percebeu que chegar perto das máquinas não era uma opção, a menos que quisesse levar um tiro.

Max recuperou sua compostura. Desconectadas ou não, suas máquinas estavam bloqueadas, e sua encriptação era sólida como uma rocha. Ele deu um jeito de relaxar um pouco enquanto os agentes deixaram que se vestisse, e depois o levaram algemado para o corredor.

No caminho, passaram por uma equipe de três homens que esperavam pelo Serviço Secreto a fim de proteger a casa de segurança. Eles não eram federais; eram da Equipe de Resposta a Emergências Computacionais da Carnegie Mellon University, e estavam lá para pegar a encriptação de Max.

Foi a primeira vez que a EREC fora convidada para uma incursão — mas as circunstâncias eram especiais. Chris Aragon tinha colocado o mesmo software DriveCrypt para encriptação completa do disco rígido que Max usou, nem o Serviço Secreto e nem a EREC foram capazes de recuperar algo do drive. A encriptação total do disco mantém o HD completamente encriptado: todos os arquivos e seus nomes, o sistema operacional, o software, a estrutura do diretório — nenhuma pista sobre o que o usuário andou fazendo. Sem a chave de decodificação, o disco também podia ter sido um peso de papel.

A chave para se quebrar um programa de encriptação total de disco é chegar até ele enquanto ainda estiver rodando no computador. A essa altura, o disco continua completamente encriptado, mas a chave de decodificação está armazenada na memória RAM, para permitir que o software decodifique e encripte os dados do disco rígido com rapidez.

A batida na porta de Max tinha a intenção de atrai-lo para longe de suas máquinas; se ele as tivesse desligado antes que o Serviço Secreto colocasse as algemas, não haveria muito o que a EREC pudesse fazer — os conteúdos da RAM teriam evaporado. Porém, Max foi pego cochilando, e seus servidores ainda funcionavam.

A EREC passara as últimas duas semanas imaginando os diferentes cenários que eles podiam encontrar na esconderijo de Max. Agora, o líder da equipe olhou para as instalações: o servidor de Max estava ligado a meia dúzia de discos rígidos. Dois tinham desligado quando um agente tropeçou em um fio elétrico que serpenteava pelo chão, mas o servidor em si ainda funcionava, e isso era o importante.

Enquanto os flashes do Serviço Secreto ricocheteavam pelas paredes do apartamento bagunçado de Max, os peritos forenses foram até as máquinas e começaram seu trabalho, usando o software de aquisição de memória que eles haviam trazido para sugar os dados em tempo real da RAM e transferi-los para um dispositivo de armazenamento externo.

No corredor, Max esfriava a cabeça no apartamento dos federais.

Dois agentes o vigiavam. Max seria interrogado mais tarde — por ora, os agentes estavam apenas como babás, conversando entre eles. O agente do Serviço Secreto era do escritório de campo local de São Francisco; ele perguntou a sua contraparte do FBI onde trabalhava.

"Eu sou de Pittsburgh", Keith Mularski respondeu.

Max levantou a cabeça para olhar para Mestre Splyntr. Não havia dúvidas sobre quem ganhara a guerra dos carders.

Os agentes do Serviço Secreto ficaram muito alegres com a prisão. "Eu venho sonhando com você", a agente Melissa McKenzie disse enquanto levava Max para o escritório de campo. Ao ver sua sobrancelha levantada, ela adicionou: "Estou falando sobre Iceman. Não você pessoalmente".

Dois dos agentes locais foram despachados para a casa de Charity. Eles lhe contaram o que aconteceu e a levaram ao centro da cidade para se despedir de Max.

"Sinto muito", ele lhe disse quando ela entrou. "Você estava certa".

Max conversou com os agentes no escritório por um tempo, tentando descobrir o que eles sabiam e calcular o quão encrencado estava. Alguns deles pareciam surpresos com sua educação — sua completa simpatia. Max não era o que eles esperavam do rei do crime frio e calculista que eles rastrearam por um ano.

A caminho da prisão, McKenzie finalmente exprimiu como se sentia confusa. Você parece um cara legal, e isso vai te ajudar. "Mas eu tenho uma pergunta para você...".

"Por que você nos odeia?".

Max ficou calado. Ele nunca odiou o Serviço Secreto, ou o FBI, ou sequer os informantes no Carders Market. Iceman odiava. Mas Iceman nunca foi real; ele era uma máscara, uma personalidade que Max usava como um terno quando estava no ciberespaço.

Max Vision nunca odiou alguém em sua vida.

Os Programadores Famintos foram os primeiros a saber da notícia de que Max tinha sido preso de novo. Tim Spencer se ofereceu para assinar a fiança de Max. Como garantia, ele tinha oito hectares de terra em Idaho, que ele comprara como sua propriedade para aposentadoria dos sonhos. Quando Tim soube dos detalhes das acusações contra seu velho amigo, ele hesitou. E se não conhecesse Max de verdade?

O momento de hesitação passou, e ele assinou o formulário. A mãe de Max se ofereceu para colocar a equidade em sua casa, também, a fim de garantir a soltura de seu filho. No fim das contas, isso não importou. Quando Max apareceu para receber a acusação, em San Jose, um magistrado federal ordenou que o hacker fosse mantido sem pedido de fiança enquanto aguardava sua transferência para Pittsburgh.

O governo anunciou a prisão de Iceman em 11 de setembro de 2007. A notícia chegou ao Carders Market, provocando uma onda de atividade. Achilous deletou imediatamente todo o banco de dados de postagens e mensagens particulares, sem saber que os federais já possuíam essas informações. "Acho que o banco de dados do SQL quase teve um ataque do coração quando eu fiz isso, mas agora está feito. Acho que é isso que Aphex ia querer", ele escreveu. "Este fórum está aberto para receber mensagens, então as pessoas podem conversar e descobrir para onde ir daqui. Só tenham muito cuidado, especialmente sobre seguir os links. Tentem manter as teorias da conspiração no mínimo, por favor.

"Boa sorte, fiquem em paz".

Silo apareceu com um pseudônimo para rotular erradamente seu ex-rival como delator, baseando-se nas notícias que deram má interpretação ao trabalho de Max para o FBI durante sua época como White Hat. "É triste ver um cara brilhante partir", ele escreveu. "Ele trouxe muita coisa para este fórum e para o cenário como um vendedor e administrador. Muita gente ganhou um monte de dinheiro por causa dele".

Mas, "uma vez um rato, sempre um rato", ele escreveu, sem sinal algum de ironia. "Toda essa discussão foi gerada a partir do fato de que anos atrás o FBI e Aphex tiveram uma divergência sobre quem ele estava dedurando... A verdade é que ele é o maior hipócrita que já agraciou o cenário".

De volta a seu local de trabalho em Pittsburgh, Mularski colocou o chapéu preto de Mestre Splyntr para se juntar às análises pós-jogo. O agente do FBI sabia muito bem que Iceman não fora um informante, mas esperava-se que seu alter ego comprasse a notícia de que Max tinha trabalhado uma vez com os federais. "Nossa, por onde eu começo?", ele se regojizou no DarkMarket, desfrutando o momento. "Vamos ver ... Vamos ver ... Que tal pôr essa manchete do SFGate.com? E eu cito, 'Ex-delator do FBI em S.F. acusado de hackear instituições financeiras'".

"Mais alguém aí reparou numa coisa dessa manchete? Ah, é, Delator do FBI. Isso está ficando igualzinho ao Gollumfun e El. Não é à toa que Iceman sempre teve um tesão por eles, porque era igualzinho e estava competindo pelos elogios de seus contatos".

Quando Max chegou em Pittsburgh, seu novo defensor público tentou novamente que ele fosse solto sob fiança, mas o juiz recusou após os promotores especularem que Max estava sentado sobre vastas reservas de dinheiro escondido e poderia usar facilmente seus contatos para desaparecer com um novo nome. Visando provar que ele tentara escapar dos federais, os promotores usaram sua carta coringa: mensagens particulares escritas pelo próprio Max descrevendo seu uso de identidades falsas enquanto viajava e seu "movimento evasivo" para seu último esconderijo. Max tinha enviado a mensagem para um informante do Serviço Secreto de Pittsburgh que fora um administrador no Carders Market por um ano inteiro.

Max não ficou nem um pouco surpreso ao saber que ele era Th3C0rrupted0ne.

34

DarkMarket

O homem senta-se rigidamente em uma cadeira de madeira polida e olha de modo sinistro para a câmera. Lascas de tinta saem da parede de gesso rachada atrás dele. Ele teve suas roupas tiradas, ficando só de cuecas, e segura uma placa escrita a mão sobre sua barriga exposta. EU SOU KIER, ela diz, em grandes letras maiúsculas. MEU NOME REAL É MERT ORTAC .... EU SOU UM RATO. UM PORCO. FUI FODIDO POR CHA0.

A aparição da foto no DarkMarket em maio de 2008 mandou Mularski de volta apressadamente à sala de comunicações da NCFTA. A sede gostaria de saber que um dos administradores de Mestre Splyntr tinha acabado de sequestrar e torturar um informante.

Cha0 era um engenheiro em Istambul, o qual vendeu clonadores de qualidade de caixas eletrônicos e maquininhas registradoras para fraudadores ao redor do mundo. Secretamente afixado ao caixa, o clonador gravava os dados da tarja magnética de todo cartão de débito ou crédito inserido no caixa, enquanto a máquina registradora mantinha armazenado o código secreto do usuário.

Cha0 criou uma presença desenvolta no submundo. Seu anúncio animado em flash no DarkMarket era um clássico, começando com um desenho de um homem passeando por uma casa cheia de dinheiro. "É você?", o texto pergunta. "Sim. Se você comprasse um clonador e uma máquina registradora do Cha0". Um tutorial em vídeo, quase no mesmo estilo, destinado a novos clientes era narrado por uma caricatura sorridente do próprio Cha0. "Olá, meu nome é Cha0. Sou desenvolvedor de dispositivos de clonagem. Eu trabalho para você 24 horas por dia e faço os melhores aparelhos. Você conseguirá ganhar dinheiro nesse negócio comigo e meu grupo. Fazemos esses dispositivos para novatos — é muito fácil de usar!". O Cha0 animado continua e oferece conselhos práticos: não instale seu clonador de manhã, pois transeuntes estão mais alerta nessa hora. Não escolha um lugar onde mais de 250 pessoas passam por dia. Evite cidades com menos de 15 mil habitantes — os moradores sabem muito bem como deve ser a aparência do caixa eletrônico e podem reparar no produto de Cha0.

Apesar de seu marketing extravagante, Cha0 sempre deixou claro a seu amigo Mestre Splyntr que era um criminoso sério, sem medo de partir às vias de fato para proteger seu negócio de milhares de dólares. Agora ele provara isso. Mert "Kier" Ortac tinha sido parte da organização de Cha0, a Executores do Crime, até ir a um canal de TV turco e falar demais sobre as atividades de Cha0. Após algumas entrevistas, ele desapareceu. Quando ressurgiu, pouco tempo depois, contou uma história angustiante sobre ser abduzido e espancado por Cha0 e seus capangas.

Agora Cha0 confirmara o conto postando a foto do sequestro no DarkMarket como um aviso aos demais.

A imagem deu provas às suspeitas de longa data do FBI: o submundo dos computadores tornava-se violento. Com centenas de milhões de dólares inundando o cenário todos os anos, parecia inevitável que os carders adotassem os métodos brutais do crime organizado tradicional para ampliar ou proteger sua renda ilegal.

Com Max seguramente trancafiado em um centro de detenção de Ohio, o DarkMarket estava livre para crescer, e Mularski se aproximava de seus pesos mais pesados — entre eles, Cha0. Um detetive turco de crimes cibernéticos passara três meses na NCFTA por camaradagem e trabalhava com Mularski a fim de acabar com o fabricante de aparelhos de clonagem.

Mularski tinha enviado dois PCs leves a Cha0 de presente no ano anterior, abrindo a primeira porta da investigação. Cha0 direcionara o carregamento para lacaios de sua organização, que foram colocados prontamente sob vigilância da Polícia Nacional Turca. Isso levou até Cagatay Evyapan, um engenheiro elétrico com antecedentes criminais — detalhes que combinavam com a biografia que Cha0 compartilhara com Mularsky de modo secreto.

A polícia abordou várias empresas que faziam envios internacionais, e as informou sobre as operações de Cha0. Uma delas identificou alguns dos envios de clonadores de Istambul para a Europa, apontando um membro conhecido da organização de Cha0 como remetente.

Isso deu à polícia as provas de que precisavam. Em 5 de setembro, cinco policiais com colete a prova de balas invadiram o apartamento de Cha0 na periferia de Istambul. Eles entraram correndo em sua casa e empurraram Cha0 e seu sócio para o chão sob a mira de armas.

Dentro de seu apartamento, estava um laboratório e uma linha de montagem completos, com os componentes muito bem organizados em bandejas e caixas. Quase uma dúzia de computadores funcionava sobre as mesas. Cha0 possuía exatamente o mesmo equipamento de falsificação que havia agraciado a fábrica de Chris Aragon, assim como caixas gigantes de papelão com por volta de mil clonadores e duas mil máquinas registradoras, todos esperando pelo envio internacional. Os registros de Cha0 mostravam que quatro deles já tinham chegado aos Estados Unidos.

Os tiras levaram Evyapan algemado; ele era um homem alto e musculoso, com cabelo raspado, usando uma camiseta preta estampada com o Ceifador. O rosto do crime organizado na era da internet.

Cha0 era o último alvo listado na autorização para a operação secreta de Mularski; os outros jogadores-chave do DarkMarket já tinham sido abatidos. Markus Kellerer, Matrix001, foi preso na Alemanha em maio de 2007 e passou quatro meses numa prisão de alta segurança. Renukanth "JiLsi" Subramaniam, um cidadão britânico nascido no Sri Lanka, foi invadido em Londres em junho de 2007 depois que detetives, com a agência britânica de combate ao crime organizado, demarcaram o cibercafé que ele utilizava como escritório, comparando suas aparições no Java Bean com as mensagens de JiLsi no DarkMarket e suas conversas com Mestre Splyntr. O sócio de JiLsi, John "Devilman" McHugh, de 67 anos, foi pego ao mesmo tempo; a polícia encontrou uma fábrica de falsificação de cartões de crédito na casa do coroa.

Na Turquia, seis membros da organização de Cha0 foram acusados com ele. Com a ajuda de Mularski, a polícia também atacou Erkan "Seagate" Findikoglu, um membro do DarkMarket que comandava uma enorme operação de saques, a la King Arthur, responsável pelo roubo de pelo menos 2 milhões de dólares de bancos e de uniões de crédito americanos — eles recuperaram um milhão em dinheiro vivo ao prendê-lo. Vinte e sete membros da organização de Seagate receberam acusações na Turquia, e o FBI pegou seis de seus sacadores nos Estados Unidos.

Com Cha0 e Seagate na cadeia, o trabalho de Mularski estava terminado — seus dois anos administrando o DarkMarket resultavam agora em 56 prisões em quatro países. Na terça-feira, 16 se setembro de 2008, ele esboçou uma mensagem anunciando formalmente o fechamento do site. Em homenagem à história e à cultura do mundo dos carders, o agente do FBI pegou emprestada a lendária mensagem de encerramento de King Arthur para o Carder Planet anos antes. "Bom dia, respeitáveis e queridos membros do fórum", ele começou.

É hora de lhes dar a má notícia - o fórum deve ser fechado. Sim, eu realmente quero dizer fechado.

Ao longo do último ano, nós perdemos muitos administradores dos fóruns: Iceman, no Carders Market, JiLsi e Matrix001 desapareceram, e, agora, Cha0 no DM. É evidente que este fórum, que está por aí há quase três anos, está chamando muita atenção de vários serviços mundiais . . .

Eu mesmo preferia cair fora como King Arthur do que como Iceman. Enquanto Iceman decidiu que tudo o que faria seria mudar ser apelido para Aphex, e continuar operando o CM, King Arthur fechou o CarderPlanet e desapareceu na noite. A história

```
mostrou que Iceman cometeu um erro mortal. Eu não
vou fazer o mesmo.
```

Mularski planejou manter sua identidade como Mestre Splyntr dormente, mas viva: ele teria uma lenda do submundo bem estabelecida, a qual poderia tirar da cartola sempre que precisasse dela em investigações futuras. Mas isso não aconteceria. Por volta de uma semana depois do fechamento do DarkMarket, um repórter da Südwestrundfunk, a rádio pública do sudoeste da Alemanha, pôs as mãos nos documentos judiciais apresentados no caso de Matrix, os quais revelavam a vida dupla de Mularski. A imprensa americana publicou a história. Agora, 2.500 membros do DarkMarket sabiam que tinham feito negócios em um site do governo e que Iceman estava certo o tempo todo.

Três dias após a história ser divulgada nos Estados Unidos, Mularski encontrou uma mensagem de ICQ para Mestre Splyntr em seu computador. Ela era de TheUnknown, um alvo do Reino Unido que fugira após ser invadido pela polícia britânica. "Seu merda maldito. Filho da puta. Pensou que pudesse me pegar. Hahaha. Novato idiota. Vc não está nem um pouco perto de mim".

"Se você quiser fazer um acordo para se entregar, me avise", Mularski respondeu. "Será mais fácil do que ficar olhando pros lados pelo resto de sua vida".

TheUnknown se entregou uma semana depois.

Mularski quase se sentia aliviado por ter sua identidade secreta revelada; por dois anos, seu laptop fora seu companheiro constante — até mesmo nas férias, ele esteve online para conversar com os carders. Ele tinha gostado de parte disso — construir amizades online com alguns de seus alvos, provocando e insultando outros. Mestre Splyntr podia dizer coisas aos criminosos que um respeitável agente do FBI jamais poderia.

Embora Mularski estivesse ansioso para ter sua vida de volta, isso levaria tempo. Quase um mês depois do fim do DarkMarket, ele ainda lutava contra uma vaga inquietação. Mularski tinha mais um desafio para dominar. Ele teria que aprender como não ser Mestre Splyntr.

35

A Condenação

Max se esticava sobre os marechais enquanto eles o traziam para o tribunal de Pittsburgh a fim de receber a condenação. Ele vestia um uniforme de prisão laranja mal ajustado, e seu cabelo estava cortado e arrumado.

Seus acompanhantes tiraram as algemas dele e Max se sentou ao lado do defensor público na mesa da defesa. Meia dúzia de repórteres conversavam entre eles em um lado da tribuna, havia um mesmo número de federais no outro. Atrás deles, os compridos bancos de madeira estavam quase vazios: sem amigos, sem familiares, sem Charity; ela já tinha dito a Max que não esperaria por ele.

Era 12 de fevereiro de 2010, dois anos e meio depois de sua prisão na casa de segurança. Max passara o primeiro mês trancado na cadeia do condado de Santa Clara, conversando diariamente com Charity em longos telefonemas mais íntimos do que qualquer conversa que eles tiveram quando ele estava envolvido com seus crimes. Os marechais, finalmente, o colocaram em um avião e o enviaram para um centro de detenção em Ohio, onde Max ficou em paz com seu confinamento, agora em grande parte livre de sua raiva hipócrita que tomava conta dele durante suas prisões anteriores. Ele fez novos amigos no local: geeks como ele. Começaram uma campanha de Dungeons and Dragons.

No fim do ano, Max não tinha mais segredos. Os investigadores da EREC levaram apenas duas semanas para encontrar a chave de encriptação na imagem da RAM de seu computador. Em uma de suas aparições no tribunal, o promotor Luke Dembosky entregou ao advogado de Max um pedaço de papel com sua senha escrita nele: "Um homem pode fazer a diferença!".

Por anos, Max usara seu disco rígido encriptado como uma extensão de seu cérebro, armazenando tudo o que ele encontrava e fazia. Que os federais o tivessem era desastroso para seu futuro legal, mas, mais do que isso, era uma violação íntima. O governo estava em sua cabeça, lendo seus pensamentos e suas lembranças. Quando ele voltou à sua cela após a audiência, chorou em seu travesseiro.

Eles tinham tudo: cinco terabytes de ferramentas hacker, e-mails para roubar dados eletrônicos, dossiês que ele compilara sobre seus amigos e inimigos online, notas sobre seus interesses e suas atividades, e 1,8 milhão de contas de cartões de crédito de mais de mil bancos. O governo fez as contas: Max roubara 1,1 milhão dos cartões a partir de sistemas de pontos de venda. O restante vinha, na maioria, de carders que Max tinha hackeado.

Havia 12 km de dados de tarjas magnéticas, e os federais estavam preparados para acusar Max por cada centímetro. O governo enviara secretamente Chris para Pittsburgh para semanas de interrogatório enquanto as empresas de cartão de crédito calculavam as cobranças fraudulentas nos cartões de Max, chegando a um total de 86,4 milhões de dólares em perdas.

Os lucros de Max eram muito menores: ele disse ao governo que ganhou menos de 1 milhão de suas artimanhas e que gastara grande parte disso com aluguel, refeições, tarifas de táxi e aparelhagem. O governo encontrou por volta de 80 mil na conta do WebMoney de Max. Mas as diretrizes condenatórias federais em casos de roubo são baseadas no dano à vítima, não nos lucros do transgressor, então Max poderia ser responsabilizado pelos encargos provocados por Chris, pelos carders que compraram as dumps de Digits e Generous, e potencialmente responsável pela fraude realizada pelos carders hackeados por ele. Adicionada à ficha de Max, os 86 milhões de dólares traduziam-se em uma condenação entre 30 anos e perpétua, sem liberdade condicional.

Confrontado por décadas na prisão, Max começou a cooperar com a investigação. Mularski o levou para longas sessões de interrogatório sobre os crimes do hacker. Em uma delas, depois de o caso do envolvimento do governo com o DarkMarket ir parar na imprensa, Max pediu desculpas a Mularski por suas tentativas de expor Mestre Splyntr. Mularski sentiu sinceridade na voz de seu velho inimigo e aceitou as desculpas.

Após um ano de negociações, o advogado de Max e o governo concordaram com um número — uma recomendação conjunta ao juiz por 13 anos. Em julho de 2009, Max declarou-se culpado.

O acordo não estava vinculado ao tribunal; teoricamente, Max poderia ser solto naquele momento, condenado à prisão perpétua ou qualquer coisa no meio disso. Na véspera da condenação, Max digitou uma carta de quatro páginas a seu juiz, Maurice Cahill Jr., um nomeado por Ford de 70 anos que já era um jurista desde antes de Max nascer.

"Eu não acredito que mais tempo na prisão em meu caso vai ajudar alguém", Max escreveu. "Não acho que seja necessário, porque tudo o que quero fazer é ajudar. Eu discordo da avaliação superficial das diretrizes condenatórias. Infelizmente, estou encarando uma condenação tão horrível que até mesmo 13 anos parecem 'bons', em comparação. Mas eu lhe garanto que é um exagero, sou o cachorro morto do provérbio[4]. Isso posto, planejo aproveitar ao máximo o tempo que me resta nesta terra, seja na prisão ou onde for".

Ele continuou. "Tenho muitos arrependimentos, mas acho que minha falha principal foi que eu perdi o contato com a obrigação e a responsabilidade que vêm com ser membro de uma sociedade. Um amigo meu uma vez me disse para eu me comportar, como se todos pudessem ver o que eu estava fazendo o tempo todo. Era uma forma certeira de evitar entrar numa conduta ilegal, mas acho que eu não acreditava o suficiente, pois, quando eu era invisível, esquecia completamente esse conselho. Agora sei que não podemos ser invisíveis, e que isso é um pensamento perigoso".

Max observava com uma calma estudada enquanto seu advogado se levantava para conferir com a acusação sobre detalhes de última hora, e os

---

[4] "Cachorro morto não morde", provérbio inglês.

funcionários do tribunal conferiam a checklist antes da audiência, testando os microfones e organizando os papéis bagunçados. Às 10:30 da manhã, as portas para o tribunal se abriram. "Todos em pé!".

O Juiz Cohill assumiu seu posto. Um homem enrugado com uma barba bem aparada, branca como a neve, espiava a corte com óculos redondos e anunciou a condenação de Max Butler, o nome sob o qual Max fora acusado. Ele leu as diretrizes condenatórias de Max para o registro, de 30 anos à perpétua, e depois ouvia enquanto o promotor Dembosky expunha seu caso de clemência. Max fornecera ajuda significativa ao governo, ele disse, e merecia uma condenação menor do que as diretrizes.

O que se seguiu podia ter sido uma cerimônia de premiação em vez de uma audiência de condenação, com o advogado de Max, o promotor e o juiz revezando-se para elogiar os conhecimentos de informática de Max e seu aparente remorso. "Ele é um brilhante, autodidata, expert em computadores e", disse o defensor público federal Michael Novara, embora fosse um que orquestrou "em violações da segurança de computadores em uma grande escala".

Dembosky, especialista em crimes de computador e um veterano de sete anos no Escritório de Advocacia dos Estados Unidos, chamou Max de "extremamente brilhante, articulado e talentoso". Ele estivera em um dos interrogatórios de Max, e, como praticamente todos que conheciam Max na vida real, ele tinha começado a gostar do hacker. "Ele tem quase um olhar aberto e otimista em sua visão do mundo", ele disse. A cooperação de Max, ele adicionou, era porque eles estavam pedindo apenas por 13 anos em vez de uma condenação 'astronômica'. "Eu acredito que ele sente muito".

Max tinha pouco a adicionar. "Eu mudei", ele disse. Hackear não tinha mais apelo algum para ele. Convidou o Juiz Cohill a lhe fazer qualquer pergunta. Cohill não precisava. O juiz disse estar impressionado com a carta de Max e com as cartas escritas por Charity, Tim Spencer, e pela mãe, pelo pai e pela irmã de Max. Ele estava satisfeito por Max estar com remorso. "Não creio que tenha que lhe dar um sermão sobre os problemas que você causou às suas vítimas".

Cohill já tinha escrito a ordem de condenação. Ele a leu em voz alta. Treze anos de prisão. Max também seria responsabilizado por 27,5 milhões de dólares em restituição, baseados nos custos dos bancos para reemitir o 1,1 milhão de cartões que Max roubara dos sistemas de terminais de venda. Após sua libertação, ele ficaria cinco anos sob supervisão judicial, durante a qual estaria autorizado a usar a internet apenas para procurar emprego ou para sua educação.

"Boa sorte", ele disse a Max.

Max se levantou — seu rosto neutro — e deixou que um marechal o algemasse por trás das costas, guiando-o em seguida pela porta no fundo do tribunal, ligado às celas de espera. Com crédito pelo tempo preso e por bom comportamento, ele estaria fora logo antes do natal de 2018.

Quase nove anos de prisão ainda estavam à sua frente. Na época, foi a condenação americana mais longa aplicada a um hacker.

36

O Resultado

Na época em que Max foi condenado, o Serviço Secreto tinha identificado o misterioso hacker americano que transformara Maksik no maior carder do mundo, e ele estava prestes a receber uma condenação que faria com que a de Max parecesse uma multa de trânsito.

A grande descoberta no caso veio da Turquia. Em julho de 2007, a Polícia Nacional Turca descobriu, por meio do Serviço Secreto, que Maksik, Maksym Yastremski, de 25 anos, estava de férias em seu país. Um agente do Serviço Secreto disfarçado o atraiu a uma casa noturna em Kemer, onde a polícia o prendeu e apreendeu seu laptop.

A polícia encontrou o disco rígido do laptop encriptado de forma impenetrável, assim como quando o Serviço Secreto realizou sua espiadinha em Dubai um ano antes. Mas, após alguns dias em uma cadeia turca, Maksik revelou a senha de 17 caracteres. A polícia deu a senha e uma cópia do disco para o Serviço Secreto, que começou a se debruçar sobre os conteúdos, demonstrando um interesse particular nos logs que Maksik mantinha de seus bate-papos no ICQ.

Um companheiro de bate-papo se destacou: o usuário do ICQ 201679996 podia ser visto ajudando o ucraniano em um ataque hacker contra a rede de restaurantes Dave & Buster's e discutindo sobre algumas invasões importantes anteriores responsáveis por colocar Maksik no mapa. Os agentes conferiram o número do ICQ e obtiveram o endereço de e-mail utilizado para registrar a conta: soupnazi@efnet.ru.

SoupNazi era um nome que a agência já ouvira antes, em 2003, quando prenderam Albert Gonzalez.

Gonzalez era o informante que tinha atraído os carders do Shadowcrew a uma VPN grampeada, resultando em 21 prisões na Operação Firewall — a repressão lendária do Serviço Secreto ao cenário das fraudes de cartão. Mas, anos antes de ele ser conhecido como Cumbajohnny no Shadowcrew, Gonzalez usara o apelido SoupNazi no IRC, inspirado no seriado *Seinfeld*.

O carder vira-casaca que tornara a Operação Firewall possível havia organizado os maiores roubos de identidades da história dos Estados Unidos.

Um mês depois da operação, Gonzalez conseguira uma permissão para se mudar de Nova Jersey para sua casa em Miami, onde tinha iniciado o segundo ato de sua carreira como hacker. Ele assumiu o nome Segvec e fingiu ser um ucraniano, passando a operar no fórum Mazafaka, do leste europeu. Sob a rubrica Operation Get Rich or Die Tryin' (Operação Fique Rico ou Morra Tentando) — o título de um disco do 50 Cent e lema de Maksik no Shadowcrew — ele criou um círculo de roubos cibernéticos de milhões de dólares, o qual afetou dezenas de milhões de americanos.

Em 8 de maio de 2008, os federais pegaram Gonzalez e seus sócios americanos. Esperando por clemência na condenação, Gonzalez cooperou novamente, fornecendo aos agentes a chave de encriptação para seu disco rígido e lhes dando informações sobre toda a sua gangue. Ele admitiu não apenas ter invadido a TJX, OfficeMax, DSW, Forever 21 e a Dave & Buster's, como também ter ajudado hackers do leste europeu a penetrar na rede de supermercados Hannaford Bros., nas redes de caixas eletrônicos da 7-Eleven, do Boston Market e da companhia de processamento de cartões de crédito Heartland Payment Systems, que sozinha vazou quase 130 milhões de cartões. Era um negócio lucrativo para o hacker. Gonzalez desenhou ao Serviço Secreto um mapa para mais de 1 milhão de dólares em dinheiro que ele enterrara no quintal da casa de seus pais; o governo solicitou o confisco do dinheiro, de sua BMW ano 2006 e de uma arma Glock 27 com munição.

Gonzalez tinha montado sua equipe por meio de uma fonte inesgotável de talento hacker — outrora hackers caseiros com problemas para encontrar um lugar no mundo dos White Hats. Entre eles, estava Jonathan "C0mrade" James, que hackeara a NASA quando adolescente e recebera uma marcante condenação juvenil de seis meses na mesma semana que Max Vision se confessou culpado por seus ataques ao Pentágono, em 2000. Após seus 15 minutos de fama — incluindo uma entrevista no *Frontline*, do canal PBS —, James caiu no ostracismo, vivendo calmamente em uma casa que herdou de sua mãe, em Miami.

Então, em 2004, ele supostamente começou a trabalhar com Gonzalez e com um sócio chamado Christopher Scott. O governo acredita que James e Scott foram responsáveis por uma das primeiras remessas de tarjas magnéticas a ir parar nos cofres de Maksik, por meio de uma invasão ao Wi-Fi da OfficeMax do estacionamento de uma loja em Miami e do roubo de milhares de passadas de cartão e PINs encriptados. Os dois supostamente forneceram os dados para Gonzalez, que arrumou um outro hacker para descriptografar os códigos Pin. As companhias de cartões de crédito reemitiram mais tarde 200 mil cartões em resposta ao ataque.

De todos os hackers, foi Jonathan James quem pagou o preço mais caro na repressão pós-Shadowcrew aos carders. Nos dias após a batida policial em maio de 2008, James se convenceu de que o Serviço Secreto tentaria colocar todas as invasões de Gonzalez sobre ele para espremer um suco de revelações de seu notório passado e proteger o informante, Gonzalez. Em 18 de maio, o rapaz de 24 anos entrou no chuveiro com uma arma e se matou com um tiro.

"Eu não tenho fé no sistema de 'justiça'", dizia sua carta de suicídio de cinco páginas. "Talvez minhas ações hoje, e esta carta, enviem uma mensagem mais forte ao público. De qualquer forma, eu perdi o controle da situação, e esta é minha única forma de retomá-lo".

Em março de 2010, Gonzalez foi condenado a 20 anos de prisão. Seus cúmplices americanos receberam sentenças que variaram de dois a sete anos. Na Turquia, Maksik foi condenado por hackear bancos turcos e pegou 30 anos.

Desde a prisão de Max, novos golpes apareceram no submundo, o pior deles envolvendo trojans especializados em roubar as senhas online dos bancos dos alvos e em iniciar transferências de dinheiro da conta da vítima diretamente de seu computador. Os ladrões inventaram uma solução engenhosa para o problema que atormentou Chris Aragon: como chegar até o dinheiro. Eles recrutam consumidores comuns como lavadores de dinheiro inconscientes, oferecendo oportunidades falsas para trabalhar em casa, nas quais o "trabalho" consiste em aceitar transferências de dinheiro e depósitos de pagamento, e depois enviar o volume do dinheiro para o leste europeu pela Western Union. Em 2009, o primeiro ano da operação generalizada do esquema, bancos e seus clientes perderam uma estimativa de 120 milhões de dólares para o ataque, com as pequenas empresas sendo o alvo mais comum.

Enquanto isso, a venda das dumps continuava, dominada agora por uma nova safra de vendedores, igual à antiga — Mr. BIN; Prada; Vitrium; The Thief.

A polícia, no entanto, conquistou algumas vitórias duradouras. Até agora, nenhum fórum proeminente de língua inglesa ascendeu para substituir o Carders Market e o DarkMarket, e os europeus orientais ficaram mais isolados e protetores. Os principais nomes se refugiaram em servidores de bate-papo encriptados somente para convidados. O mercado existe, mas a sensação de invulnerabilidade dos carders está aniquilada, e seu comércio, repleto de paranoia e desconfiança, graças principalmente ao FBI, ao Serviço Secreto, a seus parceiros internacionais e ao trabalho não divulgado dos correios.

O véu de sigilo que uma vez protegeu os hackers e as empresas semelhantes praticamente desapareceu, com a polícia não saindo mais do caminho para proteger as empresas das responsabilidades por sua falta de segurança. Mais de um dos alvos atacados por Gonzalez foram revelados ao público pela primeira vez em seu indiciamento federal.

Por fim, o DarkMarket comandado por Mularski provou que os federais não precisam ir para a cama com os bandidos para fazer prisões.

Todos os momentos mais baixos na guerra do submundo dos computadores aconteceram por meio das palhaçadas dos informantes. Brett "Gollumfun" Johnson, o delator que trabalhou brevemente como um administrador do Carders Market, transformou a Operação Anglerphish, do Serviço Secreto, em um circo ao organizar um golpe de restituição de impostos paralelamente. Albert Gonzalez foi o exemplo mais claro. Após a Operação Firewall, o Serviço Secreto pagava a Gonzalez um salário anual de 75 mil dólares, mesmo enquanto ele organizava um dos maiores ataques hacker a cartões de crédito da história.

As violações de tarjas magnéticas pós-Shadowcrew levaram a um ajuste de contas nos tribunais civis. A TJX pagou 10 milhões para resolver uma ação judicial movida por procuradores-gerais de 41 estados e outros 40 milhões aos bancos emissores do Visa cujos cartões foram comprometidos. Bancos e uniões de crédito entraram com processos contra a Heartland Payment Systems pela imensa violação da firma de processamento de transações. Os ataques de Gonzalez também abriram um buraco na principal defesa da indústria dos cartões de crédito contra as violações: a chamada Indústria de Cartões de Pagamento — ou ICP — Segurança de Dados Padrão, que dita os passos que comerciantes e processadores precisam seguir para proteger os sistemas que lidam com dados de cartões de crédito. A Heartland tinha sido certificada por seguir as normas do ICP antes de ser violada, e a Hannaford Brothers recebeu o certificado de segurança mesmo enquanto os hackers estavam em seus sistemas, roubando passadas de cartões de crédito.

Quando a poeira dos ataques em grande escala de Gonzalez começou a baixar, os menores, mas muito mais numerosos, ataques contra terminais de venda em restaurantes começaram a aparecer. Sete restaurantes em Mississipi e na Louisiana que tinham sofrido invasões descobriram que todos eles usavam o mesmo sistema de terminal de venda, o Aloha POS que uma vez fora o alvo favorito de Max. Os restaurantes entraram com uma ação coletiva contra a fabricante e a empresa que vendeu os terminais, a Computer World, de Louisiana, que supostamente instalou o software de acesso remoto pcAnywhere em todas as máquinas e configurou as senhas de todas elas como "computador".

Por baixo de todas essas violações, está uma única falha de segurança sistêmica, medindo exatamente 8,57 cm. As tarjas magnéticas dos cartões são um anacronismo tecnológico, um retrocesso à época do cartucho de oito faixas, e hoje os Estados Unidos estão praticamente sozinhos mantendo essa falha de segurança. Mais de outros 100 países ao redor do mundo, na Europa, na Ásia e até mesmo no Canadá e no México, implementaram ou começaram a introduzir um sistema muito mais seguro chamado EMV ou "chip e PIN".

Em vez de confiar em um armazenamento passivo de uma tarja magnética, os cartões com chip e PIN têm um microchip embutido no plástico, o qual utiliza uma criptografia de reconhecimento para se autenticar no terminal de venda e depois no servidor de processamento de transação. O sistema não deixa nada para o hacker roubar – um intruso esperando na linha poderia acompanhar toda a transação e ainda assim não conseguiria clonar o cartão, pois a sequência do reconhecimento muda todas as vezes.

Os White Hats criaram ataques contra o chip e o PIN, mas nada que levasse ao imenso mercado de dumps que ainda existe hoje. Até agora, a maior falha no sistema é que ele é compatível com transações com tarjas como uma alternativa para os americanos que viajam para fora do país ou para os turistas que visitam os Estados Unidos.

Os bancos americanos e as companhias de cartão de crédito rejeitaram o chip e o PIN devido ao enorme custo para substituir centenas de milhares de terminais de venda com novos aparelhos. No fim, as instituições financeiras decidiram que suas perdas por fraude são aceitáveis, mesmo com figuras como Iceman rondando suas redes.

EPÍLOGO

Na prisão masculina de Orange County, Chris Aragon está solitário, sentindo-se abandonado por seus amigos e dilacerado pela dor de que seus filhos crescem sem ele. Em outubro de 2009, Clara pediu o divórcio, solicitando a guarda das duas crianças. Além disso, sua namorada entrou com pedido de pensão para seu filho.

Chris estuda o *Bagavadguitá* e trabalha em período integral como representante dos detentos, ajudando várias centenas de prisioneiros com assuntos jurídicos, queixas médicas e problemas com os funcionários da prisão. Seu advogado faz um jogo de paciência, vencendo continuações intermináveis para o julgamento criminal que, se ele perder, ainda carrega uma sentença entre 25 anos à perpétua. Depois de a história de Chris ser apresentada em um artigo sobre Max, na revista *Wired*, um roteirista e produtor de Holywood o contatou, mas ele não respondeu. Sua mãe, então, lhe sugeriu que arrumasse um agente.

Max foi mandado para a FCI Lompoc, uma prisão de segurança baixa, a uma hora ao norte de Santa Barbara, Califórnia. Ele espera usar seu tempo para conseguir um diploma em física ou em matemática — finalmente concluindo a faculdade que foi interrompida uma década antes em Boise.

Ele fez um registro mental e está consternado por descobrir que, apesar de tudo, ele ainda tem os mesmos impulsos que o guiaram para uma vida de ataques hackers. "Não tenho certeza de como atenuar realmente isso, a não ser ignorar", ele disse em uma entrevista da prisão. "Eu realmente acredito que estou recuperado. Mas não sei o que vai acontecer depois".

Isso pode parecer uma curiosa confissão — admitir que os elementos de sua personalidade responsáveis por sua ida à prisão ainda permanecem enterrados lá no fundo. Mas a nova autoconsciência de Max mostra esperança para uma mudança de verdade. Se alguém nasce um hacker, nenhum tempo preso pode acabar com isso. Nenhuma terapia, ou supervisão judicial, ou oficinas na prisão podem oferecer uma correção. Max tinha que se corrigir — aprender a ser dono de suas ações e canalizar as partes úteis de sua natureza para algo produtivo.

Com esse objetivo, ele se voluntariou a ajudar o governo durante seu confinamento, defendendo as redes americanas ou, talvez, contra-atacando adversários estrangeiros online. Assim, escreveu uma lista dos serviços que podia oferecer em um memorando intitulado "Por Que os EUA Precisam de Max". "Eu poderia penetrar nas redes dos militares e dos empreiteiros militares da China", ele sugeriu. "Eu posso hackear a al-Qaeda". Ele está esperançoso de que faça o suficiente ao governo para pedir uma condenação reduzida a seu juiz.

É um longo caminho e, até agora, os federais ainda não aceitaram sua oferta. Entretanto, um mês após sua condenação, Max deu um passo de bebê nessa direção. Keith Mularski deu um jeito para que Max falasse na NCFTA para um ansioso público formado por oficiais da lei, estudantes, especialistas de segurança financeira e corporativa, e universitários da Carnegie Mellon.

Mularski o levou da cadeia para fazer a aparição. E, por uma hora ou duas, Max Vision foi um White Hat novamente.

NOTAS

Prólogo

xi *O táxi estava parado:* Entrevistas com Max Vision.

Capítulo 1: A Chave

1 *Assim que a picape subiu pelo meio-fio:* Entrevistas com o amigo de Max, Tim Spencer. O confronto também foi descrito em menos detalhes por Kimi Mack, ex-esposa de Max. Embora Max pudesse intimidar valentões, ele nunca foi forçado a um confronto físico com eles.

2 *Os pais de Max casaram cedo: Ohio State v. Max Butler,* 1991. District Court of the Fourth Judicial District, Condado de Ada, Caso no. 17519.

2 *Robert Butler era um veterano do Vietnã: Estado de Ohio v. Max Butler* e entrevistas com Max.

2 *Weather Channel e documentários da natureza:* Entrevistas com Kimi Winters e Max, respectivamente. Os pais de Max se negaram a ser entrevistados.

2 *relaxado e completamente insano de tédio:* Entrevistas com Tim Spencer e com "Amy", ex-namorada de Max. Os problemas emocionais de Max nessa época também são refletidos nos registros do tribunal em *Ohio State v. Max Butler.* Max reconhece que o divórcio entre seus pais teve um profundo efeito nele.

2 *Um dia, ele saiu de casa:* Entrevista com Tim Spencer. Max confirma o incidente, mas diz que ele acendeu o fogo em um terreno ao lado da casa de Spencer.

2 *Os geeks de Meridian tinham encontrado o chaveiro:* O relato do incidente da chave-mestra vem de entrevistas com Tim Spencer. Os registros do tribunal confirmam a condenação juvenil de Max. Ele admite a invasão e o roubo de elementos químicos, mas se nega a detalhar o que ocorreu dentro da escola. John, seu cúmplice indiciado no roubo, se recusou a comentar.

4 *Max se tornou "Lord Max":* Max descreveu seus problemas com o Serviço Secreto em uma entrevista. Também mencionado em uma carta escrita por Max, a qual foi apresentada em *Ohio State v. Max Butler*.

Capítulo 2: Armas Mortais

6 *ESTA é a Sala de Recreação!!!!: De MUDs to Virtual Worlds*, Don Mitchell, grupo social de computação da Microsoft (23 de março de 1995).

6 *300 mil computadores:* diversas fontes, incluindo *"Illuminating the net's Dark Ages"*, Colin Barras, BBC News, 23 de agosto de 2007.

7 *Sob a insistência de Max:* Os eventos ao redor da condenação de Max por lesão corporal são baseados em transcrições e outros documentos em *Ohio State v. Max Butler*, assim como em entrevistas com Max e "Amy". Onde há controvérsias factuais, elas são mencionadas.

8 *Então, a verdade sombria*: "The Dreaming City", Michael Moorcock, *Science Fantasy* 47 (junho de 1961).

9 *Como alguns deles, ele começou a hackear o computador imediatamente:* o ataque hacker na BSU foi descrito por Max e David em entrevistas. David descreveu a velocidade e a impaciência de Max. O professor da BSU, Alexander Feldman, falou sobre o banimento de Max dos computadores em uma entrevista e disse que Max tinha sondado outros computadores.

10 *O xerife ligou para o administrador da rede da BSU às duas da manhã:* Entrevista com Greg Jahn, ex-administrador de sistemas da BSU responsável por bloquear a conta de Max e preservar seus arquivos.

Capítulo 3: Os Programadores Famintos

15 *A Côrte Suprema de Idaho julgou: Estado v. Townsend,* 124 Idaho 881, 865 P.2d972 (1993).

16 *Max encontrou um servidor de arquivos FTP desprotegido: Cinco Network, Inc. v. Max Butler,* 2:96-cv-1146, U.S. District Court, Western District of Washington. Max confirma o acontecimento, mas diz que tinha como principal interesse distribuir arquivos de música, e não software pirateado.

18 *Chris Beeson, um jovem agente:* Os detalhes da assistência de Max ao FBI vêm de documentos judiciais pelo advogado de defesa em seu caso criminal subsequente, *USA v. Max Ray Butler,* 5:00-cr-20096, U.S. District Court, Northern District of California. Os detalhes de seu recrutamento e seu relacionamento com os agentes vêm de entrevistas com Max e de escritos da internet de Max imediatamente após sua confissão de culpa. Ver http://www.securityfocus.com/comments/arti-

cles/203/5729/threaded (24 de maio de 2001). Max diz que ele não se considerava um informante e forneceu apenas informações técnicas.

Capítulo 4: O White Hat

19 *As primeiras pessoas a se identificar como hackers:* o trabalho seminal sobre os primeiros hackers é de Steven Levy, *Hackers: Heroes of the Computer Revolution* (Nova York: Anchor Press/Doubleday, 1984). Ver também Steve Wozniak e Gina Smith, *iWoz: From Computer Geek to Cult Icon: How I Invented the Personal Computer, Co-Founded Apple, and Had Fun Doing It* (Nova York: W. W. Norton and Company, 2006).

21 *Tim estava no trabalho um dia:* Esta anedota foi relembrada por Tim Spencer. Max mais tarde se lembrou do conselho de Spencer em uma carta enviada a seu juiz de condenação em Pittsburgh.

21 *Se havia algo de que Max:* Os detalhes sobre o relacionamento de Max com Kimi vieram principalmente de entrevistas com Kimi.

23 *Ele foi até a cidade para visitar Matt Harrigan:* O negócio de Harrigan e seu trabalho com Max foram descritos principalmente por Harrigan, com alguns detalhes confirmados por Max.

Capítulo 5: A Guerra Cibernética!

26 *Em 1998, especialistas em segurança descobriram a mais nova falha no código:* Este relato do ataque de Max ao BIND vem principalmente dos registros judiciais, incluindo a confissão escrita de Max, entrevistas com Kimi e entrevistas com o ex-investigador da força aérea Eric Smith. Trechos de e-mails entre Max e o FBI são dos registros judiciais. Os detalhes técnicos vêm principalmente de uma análise atual do código de Max, a qual pode ser encontrada em http://www.mail-archive.com/redhat-list@redhat.com/msg01857.html.

27 *Enviou um alerta:* "Inverse Query Buffer Overrun in BIND 4.9 e BIND 8 Releases", CERT Advisory CA-98.05.

30 *Ele mandou a Paxson uma mensagem anônima:* a mensagem foi fornecida ao autor por Vern Paxson. Max confirmou que a enviou.

Capítulo 6: Sinto Falta do Crime

34 *Kimi chegou da escola:* Kimi descreveu essa parte da busca do FBI e o resultado dela.

34 *Os agentes do FBI viram uma oportunidade no crime de Max:* Os detalhes vêm de arquivos judiciais do advogado de defesa em *USA v. Max Ray Butler*, 5:00-cr-20096, U.S. District Court, Northern District of California.

36 *Max estava no paraíso:* Entrevistas com Max e Kimi.

38 *Carlos Salgado Jr., um técnico de manutenção de computadores de 36 anos:* Os detalhes da operação de Salgado vêm de entrevistas com ele, com os compradores de Salgado interessados, com o ex-administrador de sistemas da empresa provedora de internet que ele hackeou, e de registros judiciais em *USA v. Carlos Felipe Salgado, Jr.*, 3:97-cr-00197, U.S. District Court, Northern District of California. O FBI se recusou a comentar o caso ou a identificar a vítima da violação do cartão de crédito.

40 *No dia seguinte, Max se encontrou com Harrigan no restaurante Denny's:* Entrevistas com Matt Harrigan e Max.

Capítulo 7: Max Vision

43 *No fim de 1998, um ex-funcionário de segurança cibernética da Agência Nacional de Segurança:* Entrevista com Marty Roesch.

45 *A razão por ter assinado a confissão:* Entrevistas com Kimi. Em entrevistas com o autor, Max expressou o sentimento de que sua ligação com Kimi piorou sua situação jurídica.

47 *"É uma coisa dele":* lista de e-mails IDS de Snort, 3 de abril de 2000. (http://archives.neohapsis.com/archives/snort/2000-04/0021.html).

47 *Patrick "MostHateD" Gregory: "Computer Hacker Sentenced"*, comunicado à imprensa do U.S. Department of Justice, 6 de setembro de 2000 (http://www.justice.gov/criminal/cybercrime/gregorysen.htm).

47 *Jason "Shadow Knight" Diekman: "Orange County Man in Federal Custody for Hacking into Government Computers"*, comunicado à imprensa do U.S. Department of Justice, 21 de setembro de 2000 (http://www.justice.gov/criminal/cybercrime/diekman.htm).

47 *Jonathan James, 16: "Juvenile Computer Hacker Sentenced to Six Months em Detention Facility"*, comunicado à imprensa do U.S. Department of Justice, 21 de setembro de 2000 (http://www.justice.gov/criminal/cybercrime/comrade.htm).

Capítulo 8: Bem-vindo à América

49 *Os dois russos:* Os detalhes da operação da Invita e o passado dos acusados russos vêm principalmente de registros judiciais, particularmente do *USA v. Vassily Gorshkov*, 2:00:mj:00561, U.S. District Court, Western District of Washington, assim como de uma entrevista com um ex-agente do FBI que trabalhou na operação. A descrição das vestimentas dos russos e a referência ao "Grupo de Especialistas" vêm da excelente história do *Washington Post* "A Tempting Offer for Russian Pair", de Ariana Eunjung Cha, 19 de maio de 2003. Citações de dentro do es-

critório da Invita vêm de uma transcrição da fita de vigilância, com pequenas alterações gramaticais para facilitar a leitura.

Capítulo 9: Oportunidades

54 *Max vestia um blazer e uma calça cargo amarrotada:* O autor estava presente na audiência de condenação de Max: ver "As the Worm Turns", SecurityFocus, *Businessweek* online, 21 de maio de 2001 (http://www.Businessweek.com/technology/content/jul2001/tec200010726-443.htm). As cartas escritas em nome de Max estão arquivadas no *USA v. Max Ray Butler*, 5:00-cr-20096, U.S. District Court, Northern District of California.

56 *Kimi estava conversando com ele pelo telefone:* Entrevista com Kimi.

57 *Max recebeu a notícia com uma calma estranha:* Entrevista com Max.

57 *"Tenho conversado com algumas pessoas":* Entrevista com Kimi.

57 *Jeffrey James Norminton:* Três dos associados próximos de Norminton, Chris Aragon, Werner Janer e uma fonte anônima descreveram o alcoolismo de Norminton, e Aragon falou sobre esse efeito na produtividade criminosa de Norminton. Os registros do tribunal federal mostram a inscrição de Norminton em um centro de reabilitação contra álcool e drogas, e registros do tribunal local refletem duas prisões por ele dirigir embriagado em 1990 (casos da Orange County Superior Court SM90577 e SM99355).

57 *A última travessura de Norminton: USA v. Jeffrey James Norminton,* 2:98-cr-01260, U.S. District Court, Central District of California.

58 *Norminton deixou claro que tinha visto um potencial de verdade em Max:* Entrevistas com Max, Chris Aragon, Werner Janer e outra fonte familiarizada com os planos de Max e Norminton na prisão.

59 *Max se recusou a assinar:* Kimi e Max concordam quanto a isso. Max diz que se recusou a assinar porque Kimi parecia estar tecendo seu compromisso de se divorciar dele.

59 *Eu tenho ido a lugares:* o apelo de Max à comunidade da segurança está arquivado em http://seclists.org/fulldisclosure/2002/Aug/257.

59 *Até mesmo o Projeto Honeynet:* Max diz que o projeto fugiu dele. O fundador Lance Spitzner não respondeu a um questionamento do autor.

61 *Uma pesquisa mundial:* conduzida pela companhia belga de segurança de computadores Scanit por meio de uma ferramenta online gratuita de avaliação de vulnerabilidade, 9 de julho de 2003.

Capítulo 10: Chris Aragon

64 *Max se encontrou com seu futuro amigo e parceiro de crimes Chris Aragon:* Chris Aragon forneceu esse relato de seu primeiro encontro com Max. Max não lembra onde se encontraram pela primeira vez.

65 *O primeiro roubo:* A primeira tentativa de roubo a banco e a última que foi um sucesso são descritas nos registros judiciais para *USA v. Christopher John Aragon and Albert Dwayne See*, 81-cr-133, U.S. District Court for the District of Colorado. Detalhes adicionais, incluindo o incidente na caçamba e o estilo de vida de Aragon na época vêm de entrevistas do autor com Albert See, ex-parceiro de crimes de Aragon. Em entrevistas, Aragon reconhecia geralmente sua condenação por roubo a bancos e seu uso de cocaína nesse período.

66 *Ele mergulhou na fraude de cartões de crédito:* Por Aragon, e confirmado por seus ex-sócios Werner Janer e Max.

66 *Pego em uma operação sigilosa, a nível nacional, do departamento de narcóticos:* Kathryn Sosbe, "13 arrested in marijuana bust/Colombian cartel used Springs as distribution point", *Colorado Springs Gazette-Telegraph,* 13 de setembro de 1991. A Agência Federal de Prisões confirmou a condenação de Aragon e o indiciamento a uma acusação de uma viagem por comércio interestadual em prol de uma empresa envolvendo a distribuição de maconha.

67 *Eles foram parar no prédio de 27 andares do Holiday Inn:* As descrições dos trabalhos conjuntos de Max e Aragon aqui e ao longo do livro vêm principalmente de entrevistas com ambos, assim como com de seus sócios Werner Janer, Jonathan Giannone, Tsengeltsetseg Tsetsendelger e outra fonte envolvida em seus crimes. Declarações fornecidas por Jeffrey Norminton ao FBI, resumidas nos documentos judiciais, também confirmam muitos dos detalhes.

68 *Um hacker White Hat tinha inventado um jogo chamado "war driving":* "Evil" Pete Shipley. Ver o "War Driving by the Bay" do autor, Securityfocus.com, 12 de abril de 2001 (http://www.securityfocus.com/news/192).

69 *Janer ofereceu US$5.000 a Max para invadir o computador de um inimigo pessoal:* De acordo com Aragon, Max e outras fontes. Janer diz que o dinheiro era um empréstimo. Charity confirma ter recebido o cheque em nome de Max.

70 *Charity tinha apenas uma vaga noção daquilo em que Max estava metido:* Entrevistas com Charity Majors.

71 *Por capricho, ele invadiu o computador de Kimi:* Entrevista com Max.

Capítulo 11: As Dumps de 20 Dólares de Script

73 *Na primavera de 2001, por volta de 150 criminosos de computador que falavam russo:* Greg Crabb, Serviço de Inspeção Postal dos Estados Unidos. Roman Vega, atualmente sob custódia dos EUA, se recusou a comentar, assim como o ucraniano altamente suspeito de ser Script.

73 *A discussão foi motivada pelo:* Esta história dos fóruns de fraude de cartão vêm de entrevistas com vários carders veteranos, registros judiciais, entrevistas com oficiais da polícia e de uma examinação detalhada dos arquivos da Counterfeit Library, do CarderPlanet e do Shadowcrew.

77 *O CVV começou a diminuir os custos por fraudes imediatamente:* As imagens das fraudes vêm de uma apresentação de Steven Johnson, diretor do Setor de Vendas ao Público da Visa dos EUA, na nona Conferência Anual da GSA Smartpay, na Filadélfia, 23 de agosto de 2007.

78 *Chris decidiu roubar cartões por conta própria:* Aragon descreveu seus negócios com Script e suas primeiras compras fraudulentas.

Capítulo 12: Amex Grátis!

80 *Max compartilhou dissimuladamente seu plano com Charity:* Entrevista com Charity Majors.

81 *O Internet Explorer pode processar mais do que páginas web:* Drew Copley e eEye Digital Security, "Internet Explorer Object Data Remote Execution Vulnerability", 20 de agosto de 2003. Ver Nota de Vulnerabilidade da CERT VU#865940. O autor localizou o código de ataque de Max em uma mensagem de 2003 em um fórum hacker na web, e o pesquisador sobre segurança computacional Marc Maitffret, um executivo na eEye, confirmou que o código explorou esse bug. Max se lembra de ter a vulnerabilidade antes de ela se tornar pública, mas não tem certeza de como a obteve. Ele diz que a eEye e seus pesquisadores nunca vazaram bugs antecipadamente.

83 *O disco estava lotado de relatórios do FBI:* Aragon, Max e Werner Janer todos relataram a história da invasão de Max ao computador do agente do FBI. Max, Janer e outra fonte confirmaram o nome do agente. O agente, E. J. Hilbert, insiste que ele nunca foi hackeado e que Max provavelmente invadiu um pote de mel do FBI recheado com informações falsas.

Capítulo 13: Villa Siena

86 *Chris recarregava a bandeja:* Aragon admitiu sua operação de cartões de crédito falsificados e forneceu alguns detalhes em entrevistas. O autor examinou o equipa-

mento de falsificação de Aragon e dezenas de seus cartões finalizados, no Departamento de Polícia de Newport Beach. O passo a passo de como o equipamento funciona vem de entrevistas com outros falsificadores de cartões experientes que usavam a mesma aparelhagem.

88 *Convocava suas garotas:* Nancy Diaz Silva e Elizabeth Ann Esquere se declararam culpadas por suas funções na operação de Aragon. As outras compradoras foram descritas de forma variada pelos ex-sócios de Aragon, Werner Janer, Jonathan Giannone e Tsengeltsetseg Tsetsendelger.

88 *Eles estariam "derrotando o sistema":* O Departamento de Polícia de Newport Beach entrevistou uma das últimas compradoras de Aragon, Sarah Jean Gunderson, em 2007. De acordo com o relatório da polícia: "Aragon afirmou que isso significava 'O sistema contra o qual estamos lutando'. Gunderson disse que sabia que isso era errado, entretanto, todas as suas contas estavam sendo pagas". Gunderson se declarou culpada.

Capítulo 14: A Busca

92 *Chris Toshok acordou com o barulho de sua campainha tocando:* Os detalhes da incursão vêm principalmente da mensagem do blog de Toshok intitulada "The whole surreal story", *I am Pleased Precariously,* em 15 de janeiro de 2004.

95 *O FBI tentou atrair Gembe até os Estados Unidos:* Cassell Bryan-Low, "Hacker Hitmen", *Wall Street Journal,* 6 de outubro de 2003. Ver também a matéria do autor *"Valve Tried to Trick Half-Life 2 Hacker into Fake Job Interview"*, Wired.com, 12 de novembro de 2008. (http://www.wired.com/threatlevel/2008/11/valve-tricked-h/).

96 *"Me liga de volta quando não estiver chapado":* Aragon e Max concordam que eles brigaram por dinheiro. Essa citação foi lembrada por Aragon.

97 *Mandava para o México para que colocassem números de chassi limpos:* Entrevistas com Werner Janer e Jonathan Giannone. Os registros judiciais da prisão de Aragon em São Francisco mostram que seu carro foi encontrado com chassis falsos, e, como parte do acordo para o caso, Aragon aceitou ter o veículo confiscado. Aragon se negou a detalhar esse aspecto de suas atividades nas entrevistas.

Capítulo 15: UBuyWeRush

98 *Cesar tinha chegado ao submundo por um terreno sinuoso:* Entrevista com Carranza.

100 *A venda de equipamentos não era algo ilegal em si:* Carranza se declarou culpado por lavagem de dinheiro, em dezembro de 2009, por comandar um serviço de trocas para carders no e-gold sob a marca UBuyWeRush. *U.S. v. Cesar Carranza,* 1:08-cr-

0026 U.S. District Court for the Eastern District of New York. Em 16 de setembro de 2010, ele foi condenado a seis anos de prisão.

101 *O médio Commerce Bank, em Kansas City, Missouri, pode ter sido o primeiro:* Entrevista com Mark J. Tomasic, ex-vice-presidente de segurança dos cartões de banco com o Commerce Bank. Ver também "Hey, banks, earn your stripes and fight ATM fraud scams", *Kansas City Star,* 1° de junho de 2008.

102 *O Citibank, o maior banco dos Estados Unidos em número de clientes, era a vítima mais famosa:* Os ataques ao CVV eram amplamente conhecidos como "saques do Citibank" no círculo dos carders. Um dos sacadores de King Arthur, Kenneth Flury, foi processado nos Estados Unidos após admitir roubar US$384 mil em saques nos caixas eletrônicos do Citibank, em dez dias, na primavera de 2004: *U.S. v. Kenneth J. Flury,* 1:05-cr-00515, U.S. District Court for the Northern District of Ohio. O Citibank se negou a comentar. Para desencorajar a concorrência, os gênios dos saques geralmente afirmavam ter algorítimos secretos à disposição deles para gerar tarjas magnéticas que funcionassem. Max e outros carders confirmaram que isso era um mito, assim como o agente do FBI, J. Keith Mularski. Nenhum dos dados funcionou.

103 *Uma vez deixou escapar a um colega que King estava ganhando US$1 milhão por semana:* Joseph Menn, "Fatal System Error", *Public Affairs,* janeiro de 2010.

103 *Max passou todos eles para Chris, que começou a utilizá-los como vingança:* Entrevista com Max. Werner Janer confirmou que Chris trabalhava nos saques ao Citibank com Max, mas Janer não sabia dos detalhes. Aragon se recusou a comentar sobre os saques.

104 *Em apenas um ano:* Avitan Litan, "Criminals Exploit Consumer Bank Account and ATM System Weaknesses", relatório de Gartner G00129989, 28 de julho de 2005. A estimativa de perda inclui dois tipos de dados "discricionários" de tarjas magnéticas que não estavam sendo verificados adequadamente: o CVV e uma confirmação opcional do PIN utilizada por alguns bancos.

Capítulo 16: Operação Firewall

105 *Banners com propagandas apareciam no topo do site:* Este e outros conteúdos reportados sobre o Shadowcrew vêm de uma imagem da parte pública do site capturada em outubro de 2004, imediatamente antes de ele ser fechado.

107 *As postagens desapareceram de uma vez:* Entrevistas com Max. Aragon afirmou independentemente que ele e Max tentaram avisar os membros do Shadowcrew com antecedência sobre as invasões da Operação Firewall.

108 *As transações variavam entre coisas pequenas a gigantescas:* Os detalhes das transações vêm da acusação da Operação Firewall, *U.S. v. Mantovani et al.*, 2:04-cr-00786, U.S. District Court for the District of New Jersey.

109 *O Serviço Secreto percebeu que Ethics estava vendendo:* o ataque hacker de Ethics ao agente do Serviço Secreto foi relatado pela primeira vez pelo autor: "Hacker penetrates T-Mobile systems", Securityfocus.com, 11 de janeiro de 2005. Seu uso do exploit dos Sistemas BEA veio de fontes próximas ao caso e foi relatada pela primeira vez pelo autor: "Known Hole Aided T-Mobile Breach", Wired.com, 28 de fevereiro de 2005 (http://www.wired.com/politics/security/news/2005/02/66735). Ver também *U.S. v. Nicolas Lee Jacobsen*, 2:04-mj-02550, U.S. District Court for the Central District of California.

110 *David Thomas era um golpista de longa data que tinha descoberto os fóruns de crime:* Para a história de Thomas com os fóruns e os detalhes de seus trabalhos para o FBI, ver Kim Zetter, "I was a Cybercrook for the FBI", Wired.com, 20 de janeiro de 2007. Uma fonte do governo americano confirmou ao autor que Thomas tinha trabalhado para a agência enquanto comandava seu fórum, o Grifters.

111 *Você não sabe em quem colocou suas mãos:* Do relatório da polícia da prisão de Thomas. "O problema da Agência e do Serviço Secreto é que eles olham para os maiores e mais amplos negócios em que eles podem entrar", Thomas disse em uma entrevista em 2005 com o autor. "Eles querem a panqueca grande".

113 *Seus alvos estavam marcados em um mapa dos Estados Unidos:* Brian Grow, "Hacker Hunters", *Businessweek*, 30 de maio de 2005 (http://www.businessweek.com/magazine/content/05_22/b3935001_mz001.htm). A identificação das armas dos agentes do Serviço Secreto também vem dessa história.

113 *Orgulhava-se o procurador-geral John Ashcroft numa coletiva de imprensa: "Nineteen Individuals Indicted in Internet 'Carding' Conspiracy"*, 28 de outubro de 2004 (http://www.justice.gov/usao/nj/press/files/pdffiles/fire1028rel.pdf).

Capítulo 17: Pizza e Plástico

116 *Seu escaneamento o colocou dentro de uma máquina Windows:* Max, Jonathan Giannone e Brett Johnson identificaram independentemente o Pizza Schmizza em Vancouver, Washington, como a fonte dos dumps de Max nesse período. O gerente da loja disse que o restaurante desde então mudou de dono e que ele não tinha conhecimento de uma invasão.

117 *Max não conseguia deixar de se sentir traído mais uma vez:* Entrevistas com Max.

117 *Giannone era um jovem esperto da classe média com hábito de cheirar cocaína:* Giannone confirmou o uso de cocaína e todos os detalhes de sua relação com Max e Aragon. Ele falou sobre o aperto dos botões do elevador e o trote do "roubo ao banco" em uma conversa com outro carder, cujos logs foram fornecidos ao autor. Giannone confirmou em uma entrevista que ele tinha falado sobre a brincadeira do roubo ao banco, mas disse que era uma glória inútil e que não chegou a executá-la, na verdade. Além disso, disse que não se lembrava da questão do elevador.

118 *Giannone juntou-se ao Shadowcrew e ao CarderPlanet sob a alcunha MarkRich:* a transição de Giannone por vários apelidos foi confirmada por ele em uma entrevista. Mensagens nos fóruns revisadas pelo autor confirmam que ele desistiu de seu apelido original após ter sido suspeito de informar sobre um associado enquanto era jovem.

118 *Fez um ataque de negação de serviço contra a JetBlue:* Giannone também falou sobre esse ataque nas logs do chat mencionadas acima. Ele confirmou isso em entrevistas com o autor.

118 *O adolescente estava comandando suas operações do computador no quarto de sua mãe:* Entrevistas com Max.

Capítulo 18: A Reunião

120 *Mularski queria ser agente do FBI desde seu primeiro ano:* Os detalhes biográficos de Mularski e seus primeiros trabalhos na NCFTA vêm de entrevistas com ele.

120 *A reunião com meia dúzia de agentes do FBI*: entrevistas com J. Keith Mularski e com o Inspetor Postal Greg Crabb.

Capítulo 19: Carders Market

124 *"Sherwood Forest" não era um nome que pegaria para um shopping criminoso:* A rejeição do nome por Aragon vem de entrevistas com Max e de uma carta que este escreveu ao seu juiz de condenação.

125 *Janer, um ávido colecionador de relógios, foi direto para a Richard's:* Janer explicou suas motivações para a operação mal sucedida dos relógios em entrevistas, a Aragon confirmou que tinha dado cartões a Janer de favor. O arquivo do caso criminal descreve como ele foi preso e sua cooperação subsequente, a qual Janer confirmou. *U.S. v. Werner William Janer,* 3:06-cr-00003, U.S. District Court for the District of Connecticut.

127 *Ele invadiu uma central de dados na Flórida administrada pela Affinity Internet:* Registros judiciais confirmam que o Carders Market era hospedado na Affinity naquela época e que a empresa forneceu mais tarde ao FBI a cópia do sistema

de arquivos. Max detalhou o ataque em entrevistas e em mensagens da época como "Iceman" em um fórum de internet.

128 *"Estou esperando ganhar uma bela pilha de dinheiro":* Logs de conversas aceitas como evidência em *U.S. v. Jonathan Giannone,*3:06-cr-01011, U.S. District Court for the District of South Carolina. Conversas online e mensagens em fóruns neste livro são literais quando aparecem entre aspas, exceto por pequenas adequações de gramática, pontuação ou digitação para facilitar a leitura.

Capítulo 20: A Starlight Room

130 *Tsengeltsetseg Tsetsendelger estava sendo beijada:* Aragon, Max e outras fontes confirmam que Tsetsendelger foi recrutada na Starlight Room e levada de volta ao hotel de Aragon. Os detalhes vêm da entrevista com Tsetsendelger. Liz e Michelle Esquere se recusaram a comentar.

Capítulo 22: Inimigos

140 *Que obrigava os técnicos a reiniciar a máquina a cada 49,7 dias:* As fontes incluem Linda Geppert, "Lost Radio Contact Leaves Pilots on Their Own", *IEEE Spectrum,* novembro de 2004 (http://spectrum.ieee.org/aerospace/aviation/lost-radio-contact-leaves-pilots-on-their-own).

141 *Giannone tinha certeza de que ele não podia hackear Macs:* Entrevista com Giannone. Max reconhece que hackeava Giannone frequentemente e rastreava seus movimentos, e também estava propenso a enviar longas mensagens a Giannone, e a outros, refletindo seus pensamentos. Ele também esclareceu que não tinha problemas para hackear Macs.

142 *Então ele conversou com Thomas pelo ICQ para tentar acabar com o problema:* Max e Aragon falaram sobre seus conflitos em curso com Thomas, que também detalhou suas suspeitas sobre o Carders Market e Johnson em seu próprio site, o Grifters. Além disso, o autor obteve as logs da conversa entre Aragon e Thomas citadas aqui.

Capítulo 23: Anglerphish

146 *Ele precisava do dinheiro, pura e simplesmente:* A história pessoal de Johnson vem de um depoimento que ele apresentou em seu processo criminal em 13 de abril de 2007, e de uma carta que escreveu para seu juiz de condenação em 1º de março de 2007. Ver *U.S. v. Brett Shannon Johnson,* 3:06-cr-01129, U.S. District Court for the District of South Carolina.

146 *exibido simultaneamente em um plasma de 42 polegadas pendurado na parede do escritório:* Transcrição do julgamento em *U.S. v. Jonathan Giannone,* 3:06-cr-01011, U.S. District Court for the District of South Carolina.

147 *O suspeito tinha feito tudo, menos limpar profundamente os carpetes e pintar as paredes:* Entrevista com Justin Feffer, investigador sênior, High Technology Crime Division, Los Angeles County District Attorney's Office. Ver também *The People of the State of California v. Shawn Mimbs,* BA300469, Superior Court of California, County of Los Angeles. Mimbs se negou a comentar.

147 *As agulhas ficaram estáveis enquanto Johnson respondia às duas primeiras perguntas:* De acordo com Johnson. O Serviço Secreto se recusou a falar sobre a Operação Anglerphish.

148 *"Eu vou caçá-lo pelo resto de sua vida":* Da carta de Johnson a seu juiz de condenação.

Capítulo 24: A Exposição

150 *"Tea, essas garotas são um lixo":* Entrevista com Tsengeltsetseg Tsetsendelger. Aragon mencionou seu carinho por Tsetsendelger em entrevistas e em uma carta para o autor.

151 *Ela achava que Iceman era muito legal:* Entrevista com Tsetsendelger. Max diz que ele era respeitoso em conversas com ela, mas não gostava dela confidencialmente.

152 *"Dá o fora daqui":* O incidente na piscina vem de entrevistas com Tsetsendelger e Giannone.

153 *O bug estava na breve sequência de reconhecimento:* Ver Nota de Vulnerabilidade da CERT VU#117929. O bug foi descoberto acidentalmente por Steve Wiseman do Intelliadmin.com, enquanto ele estava escrevendo e testando um cliente VNC. Os detalhes técnicos vêm de uma análise de James Evans; ver http://marc.info/?1=bugtraq&m=114771408013890&w=2.

156 Um blog sobre segurança lido amplamente: "Schneier on Security", por Bruce Schneier. http://www.schneier.com/blog/archives/2006/06/interview_with_1.html.

157 *Um blog qualquer chamado "Life on the Road":* Ver http://afterlife.wordpress.com/2006/06/19/cardersmarket-shadowcrew-and-credit-card-theft/ e http://afterlife.wordpress.com/2006/07/12/carding-web-sites/.

Capítulo 25: Tomada Hostil

162 *O Carders Market tinha agora seis mil membros:* Max, seu ex-administrador, Th3C0rrupted0ne e outros carders dizem que o site tinha mais de 6 mil usuários após a tomada hostil. No entanto, o Departamento de Justiça colocou o número na casa dos 4,5 mil.

166 *Segredo até de sua mãe:* De acordo com sua mãe, Marlene Aragon.

Capítulo 26: O que Tem na Sua Carteira?

171 *Relatório da Javelin Estratégia e Pesquisa, financiado pela indústria:* Javelin Estratégia e Pesquisa, "2007 Identity Fraud Survey Report", fevereiro de 2007. O relatório foi patrocinado pela VISA dos Estados Unidos, Wells Fargo e CheckFree, e depois destacadamente citado pela Visa dos EUA em uma apresentação de Power Point em uma oficina da Comissão Federal do Comércio: "50% of known thieves — *were known by the victim!"* (ênfase original). Ver também o artigo do autor "Stolen Wallets, Not Hacks, Cause the Most ID Theft?", Wired.com, 12 de fevereiro de 2009 (http://www.wired.com/threatlevel/2009/02/stolen-wallets/).

171 *Os números particulares da Visa contavam a história verdadeira:* Apresentação de Steven Johnson, diretor do Setor de Vendas ao Público da Visa dos EUA, na nona Conferência Anual da GSA Smartpay, na Filadélfia, 23 de agosto de 2007. A apresentação de slides está marcada como "Confidencial da Visa".

172 *C0rrupted descobriu o mercado da pirataria nos quadros de mensagem de conexão discada:* As informações biográficas vêm de entrevistas por telefone e online com Th3C0rrupted0ne, que falou sob a condição de que seu nome verdadeiro não fosse revelado.

173 *"Não posso acreditar no quanto você sabe sobre mim":* Entrevista com Aragon.

174 *"Não sigam links não solicitados":* Alerta Técnico de Segurança Cibernética da US-CERT TA06-262A (http://www.kb.cert.org/vuls/id/416092).

175 *Cada cópia da mensagem era personalizada:* O texto do e-mail para o roubo de dados vem de um depoimento do FBI apresentado em *U.S. v. Max Ray Butler,* 3:07-mj-00438, U.S. District Court for the Eastern District of Virginia. "Mary Rheingold" não é um nome verdadeiro e foi adicionado pelo autor no lugar de "[Primeiro Nome e Sobrenome do Recebedor]" no documento judicial original.

Capítulo 27: Primeira Guerra Digital

180 *"O Serviço Secreto e o FBI se recusaram a comentar sobre Iceman ou as tomadas":* Byron Acohido e Jon Swartz, "Cybercrime flourishes in online hacker foruns", *USA Today,* 11 de outubro de 2006.

180 *"Você perdeu a merda da sua cabeça":* Entrevista com Chris Aragon.

180 *Bank of America e Capital One, em particular, eram instituições enormes:* De seus ataques de roubo de dados, Max foi acusado apenas pela invasão ao Capital One. As outras vítimas foram identificadas por Max.

Capítulo 28: A Corte dos Carders

184 *Era apenas Silo tentando coletar informações sobre os membros do DarkMarket para a polícia:* Max, Mularski e Th3C0rrupted0ne identificaram Liske como Silo. Em longas entrevistas, Liske era evasivo sobre suas atividades nos fóruns, mas falou indiretamente sobre seu trabalho como informante e sua relação com Max. "Max era um bom caso. Você sabe, ele era um desafio". Sobre o Trojan da NCFTA, ele disse: "Não é sensato presumir que seja lá quem estivesse distribuindo Trojans estava, na verdade, distribuindo Trojans a todos do cenário?". Mais tarde: "Se fosse malicioso, eu podia ter — alguém poderia ter causado um dano de verdade". O Detetive Mark Fenton, do Departamento de Polícia de Vancouver, disse que as leis canadenses o proíbem de identificar ou confirmar a identidade de um informante. Sobre a questão de ter recebido evidências hackeadas de informantes, ele disse: "Eu sei que, lá nos EUA, se uma pessoa recebe qualquer informação que seja suspeita, isso é inaceitável. Aqui, se alguém me diz alguma coisa, eu digo: 'De onde você ouviu isso?'. Ele diz: 'Eu ouvi de um cara'". Ele comparou o acordo ao programa de denúncias Crime Stoppers. "O Crime Stoppers deveria ser desmantelado porque temos criminosos telefonando para dar pistas sobre outros criminosos?". Uma pergunta sem resposta é até onde, se é que isso ocorreu, o Serviço Secreto apoiou-se em informações hackeadas fornecidas pelo DPV para montar os casos nos Estados Unidos. O Serviço Secreto se recusou a disponibilizar os agentes ao autor: "Embora tenhamos escolhido não participar deste projeto em particular, sinta-se à vontade para falar conosco sobre outras ideias no futuro".

Capítulo 29: Um Platinum e Seis Clássicos

192 *"para 150 clássicos":* Depoimento do Agente Especial do Serviço Secreto, Roy Dotson, 24 de julho de 2007, usado em *USA v. E-Gold, LTD,* 1:07-cr-0019, U.S. District Court for the District of Columbia. Para a história completa do e--gold, ver Kim Zetter, "Bullion and Bandits: The Improbable Rise and Fall of E-Gold", Wired.com, 9 de junho de 2007.

193 *Eles estavam trabalhando de perto com o contato de Silo no Departamento de Polícia de Vancouver:* As palavras da reunião voltaram a Liske: "Havia uma acusação de que eu era Iceman", ele disse em uma entrevista. "E havia uma grande apresentação garantindo que esse cara era Iceman. E as pessoas que assistiram a essa apresentação sabiam muito bem que eu não era".

Capítulo 30: Maksik

195 *Diretamente do maciço banco de dados com cartões roubados de Maksik: U.S. v. Maksym Yastremski,* 3:06-cr-01989, U.S. District Court for the Southern District of California.

197 *No início de 2006, os ucranianos finalmente identificaram Maksik como um tal de Maksym Yastremski:* Entrevista com Greg Crabb.

198 *Eles copiaram secretamente seu disco rígido para análise:* Arquivamento do governo datado de 24 de julho de 2009, em *U.S. v. Albert Gonzalez,* 2:08-cr-00160, U.S. District Court for the Eastern District of New York.

199 *"Tivemos sorte nesse caso, pois o comprador de Salgado estava cooperando com o FBI":* Testemunho escrito de Robert S. Litt, vice-procurador-geral, diante do Subcomitê de Telecomunicações, Comércio e Proteção ao Consumidor, Comitê da Casa do Comércio, 4 de setembro de 1997 (http://www.justice.gov/criminal/cybercrime/daag9_97.htm).

199 *Mas os federais perderam essa guerra:* Para uma história detalhada, ver Steve Levy, *Crypt: How the Code Rebels Beat the Government — Saving Privacy in the Digital Age* (Nova York: Penguin Books, 2002).

Capítulo 31: O Julgamento

202 *"Então quer dizer que agora você leva minhas garotas para se divertir?":* Entrevista com Giannone.

202 *Com um júri uma vez formado, as chances de absolvição de um acusado são de aproximadamente 1 em 10:* Ano fiscal 2006. Calculado a partir das "Estatísticas da Justiça Federal, 2006 — Tabelas Estatísticas", U.S. Department of Justice, Bureau of Justice Statistics, 1º de maio de 2009 (http://bjs.ojp.usdoj.gov/index.cfm?ty=pbdetail&iid=980).

203 *"E suspeito que vocês nunca mais olharão para a internet da mesma forma novamente":* Transcrição do julgamento em *U.S. v. Jonathan Giannone,* 3:06-cr-01011, U.S. District Court for the District of South Carolina. Algumas alterações gramaticais foram feitas para facilitar a leitura.

204 *"Quem é Iceman?":* Entrevista com Giannone.

Capítulo 32: O Shopping

208 *Seu novo parceiro, Guy Shitrit, de 23 anos:* As informações sobre os problemas de Shitrit em Miami vêm de Aragon. O Detetive Robert Watts, do Departamento de

Polícia de Newport Beach, confirmou que tinha ouvido o mesmo relato. Shitrit, agora sob custódia, não respondeu a uma carta do autor.

208 *Sua esposa, Clara, tinha conseguido US$780 mil no eBay em pouco mais de três anos:* Baseado nos números de vendas a partir da conta de Clara Aragon no eBay, obtida pelo Departamento de Polícia de Newport Beach. Aragon se negou a falar sobre seus lucros.

208 *Chris sentia que Max estava ignorando a Whiz List, o projeto deles de conseguir um grande ganho e cair fora:* Entrevista com Aragon. Quando a polícia fez uma busca no celular de Aragon, eles encontraram o seguinte registro em sua lista de afazeres eletrônica: "pôr em prática a Whiz List".

209 *Com planilhas meticulosas feitas a mão que calculavam quanto Chris devia a ela por cada aparição nas lojas:* Uma dessas planilhas foi apreendida pelo Departamento de Polícia de Newport Beach e vista pelo autor.

209 *Vigo estava procurando por uma forma de liquidar uma dívida de US$100 mil com a máfia mexicana:* De acordo com as declarações de Vigo à polícia após sua prisão. O Departamento de Polícia de Newport Beach encontrou uma cópia da nota de expedição no escritório de Vigo.

211 *O pessoal da segurança da loja não gostava de constranger seus clientes:* Entrevista com o Detetive Robert Watts.

211 *31 bolsas da Coach, 12 novas câmeras digitais Powershot da Cannon:* de acordo com os registros de apreensão do mandado de busca.

Capítulo 33: Estratégia de Saída

214 *Max decidiu investir em uma escada de corda:* Entrevista com Max.

214 *Max finalmente soube da prisão de Giannone por um artigo de um jornal:* Kim Zetter, "Secret Service Operative Moonlights as Indentity Thief", Wired.com. 6 de junho de 2007 (http:// www .wired.com/politics/law/news/2007/06/secret_service).

215 *Ele estava ficando mais assustado a cada dia:* Baseado em uma entrevista com Charity Majors. Max diz que ele estava alerta, mas não assustado.

215 *Um juiz aprovou a mudança de seu nome legal de Max Butler para Max Ray Vision:* Em *Re: Max Ray Butler*, CNC-07-543988, County of San Francisco, Superior Court of California.

216 *Silo havia escondido uma segunda mensagem:* Entrevista com Max. Lloyd Liske não confirmou nem negou a informação.

217 *A empresa anunciava abertamente seu produto como uma forma de contornar a vigilância do FBI:* "Em alguns países, projetos patrocinados pelo governo foram configurados para coletar grandes quantidades de dados da internet, incluindo e-mails, e armazená-los para futuras análises [...] Um exemplo de tal programa foi o projeto Carnivore, do FBI. Utilizando o Hushmail, você pode ter certeza de que seus dados estarão protegidos desse tipo de vigilância ampla do governo". http://www.hushmail.com/about/technology/security/.

217 *Forçava os funcionários do Hushmail a sabotar seu próprio sistema e a comprometer as chaves de decodificação dos alvos de vigilância específicos:* Ryan Singel, "Encrypted E-Mail Company Hushmail Spills to Feds", Wired.com. 7 de novembro de 2007. O Detetive Mark Fenton, do Departamento de Polícia de Vancouver, disse que forneceu ao Serviço Secreto o e-mail de Max no Hushmail.

217 *Era para ter sido um treinamento para uma das novas recrutas de Chris:* Entrevistas com Tsengeltsetseg Tsetsendelger e Chris Aragon.

218 *Uma agente do Serviço Secreto disfarçada de camareira:* A vigilância do Serviço Secreto, incluindo a subida no elevador com Max, foi descrita em um depoimento em *U.S. v. Max Ray Butler,* 2:07-cr-00332, U.S. District Court for the Western District of Pennsylvania. Max disse em uma entrevista que a agente estava vestida como camareira. O agente do FBI, Mularski, disse que a vigilância era ativada e desativada fazia meses.

218 *Chris pegou o mugshot de Max das fotos: U.S. v. Max Ray Butler,* 2:07-cr-00332, U.S. District Court for the Western District of Pennsylvania. Aragon diz que o governo o enganou ao lhe dizer que Max já tinha sido preso, mas Aragon também deu ao governo informações sobre as medidas de segurança de Max, o que mina essa afirmação. Os registros judiciais para o caso criminal de Aragon em Orange County indicam que uma carta selada de Dembosky está no arquivo. *The People of the State of California vs. Christopher John Aragon, et al.,* 07HF0992, Superior Court of California, County of Orange.

220 *Dois tinham desligado quando um agente tropeçou em um fio elétrico:* De acordo com Max.

220 *Max levantou a cabeça para olhar para Mestre Splyntr:* Entrevista com Mularski.

221 *"Você estava certa":* Entrevista com Charity Majors.

221 *"Por que você nos odeia?":* Entrevista com Max.

Capítulo 34: DarkMarket

225 *Ele contou uma história angustiante:* "Son bilgiyi verecekken yok oldu!" Haber 71, 12 de agosto de 2008 (http://www.haber7.com/haber/20080812/Son-bilgiyi-verecekken-yok-oldu.php).

226 *Apontando um membro conhecido da organização de Cha0 como o remetente:* Mularski descreveu o nascimento da investigação. O papel desempenhado pelas empresas de envio foi detalhado por Uri Rivner, da RSA, em uma mensagem de blog (http://www.rsa.com/blog/blog_entry.aspx?id=1451). A Polícia Nacional Turca mencionou contatos com sua embaixada em Washington, DC, que se recusou a liberar os detetives para entrevistas.

226 *Um homem alto e musculoso, com cabelo raspado, usando uma camiseta preta estampada com o Ceifador:* De acordo com o vídeo da polícia da prisão e da busca. Ver também "Enselenen Chao sanal şemayı anlattı", Haber 7, 12 de setembro de 2008 (http://www.haber7.com/haber/20080912/Enselenen-Chao-sanal-semayi-anlatti.php).

226 *Comparando suas aparições no Java Bean com as mensagens de JiLsi:* Entrevista com Mularski. Ver também Caroline Davies, "Welcome to DarkMarket — global one-stop shop fpr cybercrime and banking fraud", *Guardian,* 4 de janeiro de 2010 (http://www.guardian.co.uk/technology/2010/jan/14/darkmarket-online-fraud-trial-wembley).

226 *O sócio de JiLsi, John "Devilman" McHugh, de 17 anos,* Ibidem.

227 *Erkan "Seagate" Findikoglu:* Entrevista com Mularski. Ver também Fusun S. Nebil, "FBI Siber Suçlarla, ABD Içinde ve Dışında İşbirlikleri ile Mücadele", Turk.internet.com, 15 de junho de 2010 (http://www.turk.internet.com/portal/yazigoster.php?yaziid=28171).

228 *Um repórter da Südwestrundfunk, a rádio pública do sudoeste da Alemanha:* o repórter era Kai Laufen. Ver http://www.swr.de/swr2/programm/sendungenwissen/-/id=660374/did=3904422/p6601i/index.html.

228 *A imprensa americana publicou a história:* O autor foi o primeiro a identificar J. Keith Mularski pelo nome como o agente do FBI se passando por Mestre Splyntr, em "Cybercrime Supersite 'DarkMarket' Was FBI Sting, Documents Confirm", Wired.com, 13 de outubro de 2008 (http://www.wired.com/threatlevel/2008/10/darkmarket-post/).

Capítulo 35: A Condenação

229 *Os investigadores da EREC levaram apenas duas semanas para encontrar a chave de encriptação:* Max sabia bem que a chave era vulnerável enquanto estivesse na RAM, mas ele acreditava que o software de segurança em seu servidor evitaria que alguém conseguisse acessar sua memória. Matt Geiger, da EREC, que liderou a equipe forense, se negou a comentar sobre como ele burlou essa segurança, mas disse que conseguiu rodar um software de aquisição de memória no computador de Max.

230 *Max tinha roubado 1,1 milhão de cartões a partir de sistemas de pontos de venda:* Max não questionou essa quantia para a condenação, mas em entrevistas ele demonstrou descrença de que o número pudesse ser tão alto.

Capítulo 36: O Resultado

234 *Um agente do Serviço Secreto disfarçado o atraiu a uma casa noturna: "2010 Data Breach Investigations Report"*, Verizon RISK Team em parceria com o Serviço Secreto dos Estados Unidos, 28 de julho de 2010.

234 *O usuário do ICQ 201679996:* Depoimento em apoio ao Mandado de Prisão, 8 de maio de 2007, *U.S. v. Albert Gonzales,* 2:08-mj-00444, U.S. District Court for the Eastern District of New York.

236 *Foi Jonathan James quem pagou o preço mais caro:* Ver o artigo do autor "Former Teen Hacker's Suicide Linked to TJX Probe", Wired.com, 9 de julho de 2009 (http://www.wired.com/threatlevel/2009/07/hacker/).

237 *Eles recrutam consumidores comuns como lavadores de dinheiro inconscientes:* Para mais detalhes sobre as chamadas "mulas de dinheiro", ver o blog do ex-repórter do Washingtonpost.com, Brian Krebs, que cobriu o crime extensivamente: http://krebsonsecurity.com/.

238 *O Serviço Secreto vinha pagando a Gonzalez um salário anual de US$75.000:* Relatado pela primeira vez por Kim Zetter, "Secret Service Paid TJX Hacker US$75,000 a Year", Wired.com, 22 de março de 2010.

238 *Movida por procuradores-gerais de 41 estados:* As fontes incluem Dan Kaplan, "TJX settles over breach with 41 states for US$9.75 million", *SC Magazine,* 23 de junho de 2009 (http://www.scmagazineus.com/tjx-settles-over-breach-with-41-states-for-975-million/article/138930/).

238 *Outros US$40 milhões aos bancos emissores da Visa:* Mark Jewell, "TJX to pay up to US$40.9 million in settlement with Visa over data breach", Associated Press, 30 de novembro de 2007.

238 *A Heartland tinha sido certificada por seguir as normas do ICP:* As fontes incluem Ellen Messmer, "Heartland breach raises questions about PCI standard's effectiveness", *Network World*, 22 de janeiro de 2009 (http://www.networkworld.com/news/2009/012209-heartland-breach.html).

238 *A Hannaford Brothers recebeu o certificado de segurança mesmo enquanto os hackers estavam em seus sistemas:* As fontes incluem Andrew Conry-Murray, "Supermarket Breach Calls PCI Compliance into Question", *Information Week*, 22 de março de 2008.

238 *Os restaurantes entraram com um ação coletiva:* http://www.prlog.org/10425165-secret-service-investigation-lawsuit-cast-shadow-over-radiant-systems-and-distributo.html. Também, "Radiant Systems and Computer World responsible for breach affecting restaurants — lawsuit", Databreaches.net, 24 de novembro de 2010 (http://www.databreaches.net/?p=8408) e Kim Zetter, "Restaurants Sue Vendor for Unsecured Card Processor", Wired.com, 30 de novembro de 2009 (http://www.wired.com/threatlevel/2009/11/pos).

239 *Os Chapéus brancos criaram ataques contra o chip e PIN:* Ver Steven J. Murdoch, Saar Drimer, Ross Anderson e Mike Bond, "Chip and PIN is Broken", University of Cambridge Computer Laboratory, Cambridge, UK. Apresentado no Simpósio do IEEE sobre Segurança e Privacidade, maio de 2010 (http://www.cl.cam.ac.uk/research/security/banking/nopin/). A resposta da Associação dos Cartões do Reino Unido está disponível em http://www.theukcardsassociation.org.uk/view_point_and_publications/what_we_think/-/page/906/.

239 *Centenas de milhares de terminais de venda com novos aparelhos:* Os cartões em si são mais caros, também. Para uma discussão mais detalhada sobre os problemas atrasando a adoção do chip e do PIN nos Estados Unidos, ver Clases Bell, "Are chip and PIN credit cards coming?" Bankrate.com, 18 de fevereiro de 2010 (http://www.foxbusiness.com/story/personal-finance/financial-planning/chip-pin-credit-cards-coming/). Ver também Allie Johnson, "U.S. Credit cards becoming outdated, less usable abroad", Creditcards.com (http://www.creditcards.com/credit-card-news/outdated-smart-card-chip-pin-1273.php).

Epílogo

241 *Sua mãe lhe sugeriu que arrumasse um agente:* Uma carta de Aragon ao autor.

AGRADECIMENTOS

Encontrei Max Vision pela primeira vez uns dez anos atrás, quando eu era um repórter novato para o site de segurança de computadores SecurityFocus.com. Ele estava, então, respondendo por acusações sobre seus ataques com scripts a milhares de sistemas do Pentágono, e eu estava fascinado com a história se desenrolando no tribunal do Vale do Silício, onde o sistema da justiça federal vencia um respeitado especialista em segurança de computadores que tinha mudado de vida com um único ataque quixotesco.

Anos mais tarde, depois de fazer reportagens sobre centenas de crimes computacionais, vulnerabilidades e falhas em softwares, Max foi preso novamente, e uma nova acusação federal expôs a vida secreta que ele levara após cair em desgraça. Enquanto investigava, eu tinha certeza de que Max, mais do que qualquer outra pessoa, personificava a mudança da maré que eu tinha testemunhado no mundo dos hackers, e, então, seria a lente perfeita pela qual explorar o submundo moderno dos computadores.

Felizmente, outros concordaram. Devo muitos agradecimentos ao meu agente, David Fugate, que me guiou pelo processo de desenvolver minha ideia em uma proposta de livro, e ao meu editor na Crown, Julian Pavia, que trabalhou incansavelmente para me manter no caminho e só um pouco atrasado com o prazo ao longo de um ano de relatos, escritas e reescritas.

Também foi crucial o enorme apoio de meu chefe, Evan Hansen, editor-chefe da Wired.com. E sou grato aos meus colegas do blog Threat Level na Wired.com, Kim Zetter, Ryan Singel e David Kravets, que, coletivamente, não apenas suportaram o fardo de minha ausência por dois meses, enquanto eu terminava o livro, mas também, depois, enfrentaram o fardo de meu retorno irritadiço, com olhos turvos, na sequência.

Meus agradecimentos também para Joel Deane e Todd Lapin, que me mostraram o caminho quando me tornei um jornalista em 1998, e para Al Huger e Dean Turner, do SecurityFocus.com. Jason Tanz, da revista *Wired*, fez um trabalho incrível com meu artigo sobre Max, "Prenda-me se For Capaz", na edição de janeiro de 2009.

Entre os meus guias neste livro, estiveram os tiras, os federais, os hackers e o carders que falaram comigo longamente, sem benefício algum em troca. O Agente de Supervisão Especial do FBI, J. Keith Mularski, foi particularmente generoso com seu tempo, e Max Vision passou várias horas no telefone da prisão, além de escrever longos e-mails e cartas para compartilhar sua história comigo.

Meus agradecimentos ao Inspetor Postal dos Estados Unidos, Greg Crabb, ao Detetive Bob Watts do Departamento de Polícia de Newport Beach, ao ex-agente do FBI, E.J. Hilbert, e ao Advogado Assistente dos Estados Unidos, Luke Debomsky, este que não me contava muita coisa, mas foi sempre gentil quanto ao assunto. E sou grato a Lord Cyric, Lloyd Liske, Th3C0rrupted0ne, Chris Aragon, Jonathan Giannone, Tsengeltsetseg Tsetsendelger, Werner Janer, Cesar Carranza e a outros veteranos do cenário dos carders que pediram para permanecer anônimos.

A história de Max Vision teria pesado bastante para seu lado criminoso não fosse por Tim Spencer e Marty Roesch, que compartilharam suas vivências de Max como um hacker White Hat, além de Kimi Mack, que conversou sinceramente sobre seu casamento com Max. Meus agradecimentos também ao prodígio da segurança Marc Maiffret, que ajudou a isolar algumas das façanhas de Max.

O submundo em que *Chefão* mergulha foi elucidado por inúmeros jornalistas de primeira classe, incluindo Bob Sullivan, Brian Krebs, Joseph Menn, Byron Acohido, Jon Swartz e minha colega da *Wired*, Kim Zetter.

Finalmente, meus agradecimentos à minha esposa, Lauren Gelman, cujo apoio amoroso e sacrifício foram fundamentais para a existência deste livro, e a Sadelle e Asher, que serão supervisionados de perto para usar seus computadores até completarem 18 anos.

SOBRE O AUTOR

KEVIN POULSEN é editor sênior no Wired.com e colaborador da revista *Wired*. Ele supervisiona coberturas sobre crime cibernético, privacidade e política para o Wired.com e edita o premiado blog Threat Level (wired.com/threatlevel), fundado por ele em 2005. Além disso, deu o furo de inúmeras histórias nacionais, incluindo a do uso de spywares pelo FBI em investigações criminais e de segurança nacional; a penetração de um hacker a arquivos confidenciais de um agente do Serviço Secreto; e a prisão secreta de um oficial da inteligência do Exército acusado de vazar documentos ao site de denúncias WikiLeaks. Em 2009, ele foi indicado ao Hall da Fama Digital da MIN (Media Industry Newsletter) por jornalismo online e, em 2010, foi votado como um dos "Melhores Jornalistas de Segurança Cibernética" por seus colegas de profissão.

Impresso na Rotaplan Gráfica e Editora LTDA
www.rotaplangrafica.com.br
Tel.: 21-2201-1444